わくわく ポイント確認カード

教科書ワーク

アプリでバッチリ！ポイント確認！

JN085443

ホウセンカ

縦に切る　横に切る

くきの切り口はどう変化する？

変化した部分は何の通り道？

❶

葉の表面

この名前は？

ここから何が出ていく？

❷

リトマス紙の変化

何性の水よう液？

水よう液の例は？

❸

リトマス紙の変化

何性の水よう液？

水よう液の例は？

❹

リトマス紙の変化

何性の水よう液？

水よう液の例は？

❺

ムラサキキャベツ液の変化

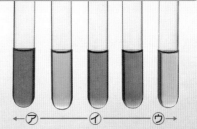

㋐　㋑　㋒

㋐は何性？

㋑は何性？

㋒は何性？

❻

電気の利用

㋐信号機　㋑電気ストーブ

㋐では電気を何に変えている？

㋑では電気を何に変えている？

❼

月の表面

月はどのようにかがやく？

満月は夕方どの方位に見える？

❽

地層のつぶ

れき　砂　どろ

つぶの形の特ちょうは？

つぶが小さい順にならべよう。

❾

火山灰のつぶ

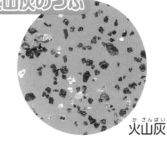

火山灰

つぶの形の特ちょうは？

何のはたらきでできた？

❿

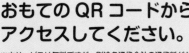

使 い 方

● きりとり線にそって切りはなしましょう。

● 写真や図を見て、質問に答えてみましょう。

● 使い終わったら、あなにひもなどを通して、
　まとめておきましょう。

葉の表面

水は水蒸気になって、出ていくんだ。

気こう

気こうから水蒸気（水）が出ていく。

❷

ホウセンカ

色のついたところは、水の通り道なんだ。

くきの切り口は赤くそまる。

赤くそまった部分は水の通り道。

中性の水よう液

リトマス紙は、ピンセットを使って持とう。

中性（どちらも変わらない）

例

食塩水
砂糖水

など

❹

酸性の水よう液

炭酸水のあわは、二酸化炭素なんだ。

例

塩酸
炭酸水

など

酸性（青→赤）

ムラサキキャベツ液の変化

色の変化を調べると、液の性質がわかるんだ。

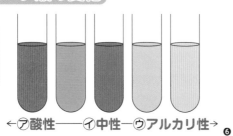

←㋐酸性──㋑中性─㋒アルカリ性→ ❻

アルカリ性の水よう液

アルカリ性（赤→青）

危険な水よう液のあつかい方には注意しよう。

例

石灰水
アンモニア水
重そう水

など

月の表面

表面のくぼみを、クレーターというんだ。

太陽の光を反射してかがやく。

満月は夕方東の空に見える。

❽

電気の利用

電気は、音や運動にも変えられているんだ。

㋐電気を光に変える。

㋑電気を熱に変える。

信号機　　　電気ストーブ

火山灰のつぶ

火山がふん火すると、よう岩も流れ出るんだ。

角ばっている。

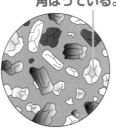

火山のはたらきでてきた。

地層のつぶ

同じ地層から、化石が見つかることもあるんだ。

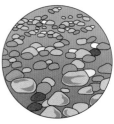

丸みを帯びている

小さい順にどろ・砂・れき

空気中の気体の割合

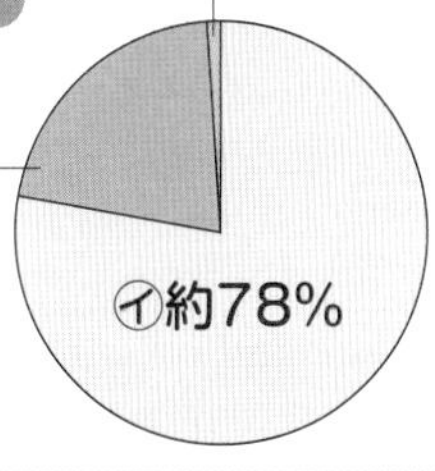

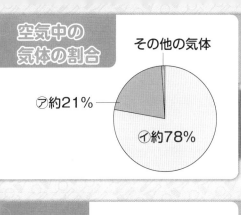

㋐の気体は？

㋑の気体は？

11

酸素の中でろうそくを燃やす

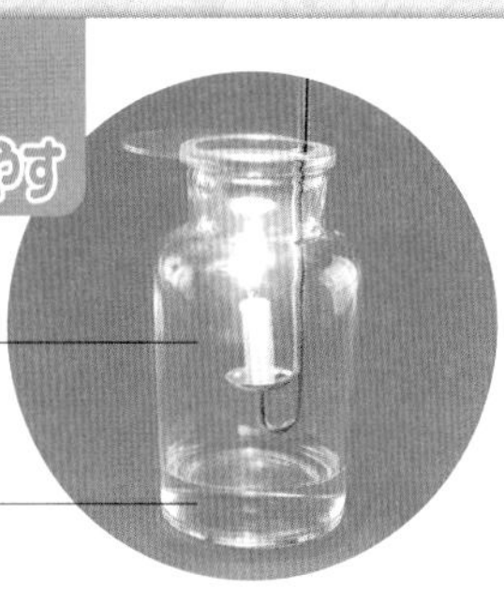

ろうそくの燃え方は？

酸素のはたらきは？

12

人の臓器①

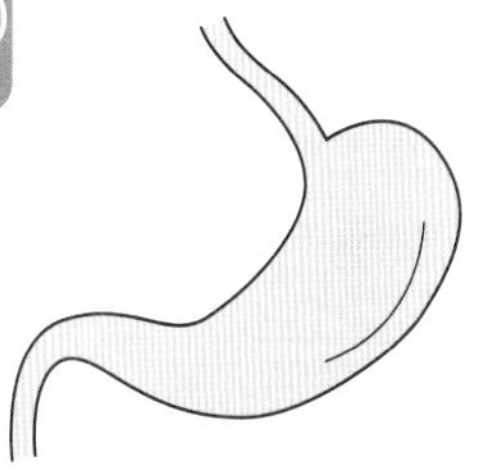

この臓器の名前は？

この臓器のはたらきは？

13

人の臓器②

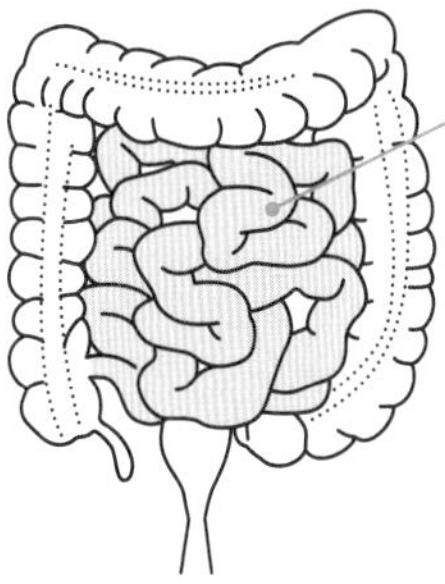

この臓器の名前は？

この臓器のはたらきは？

14

人の臓器③

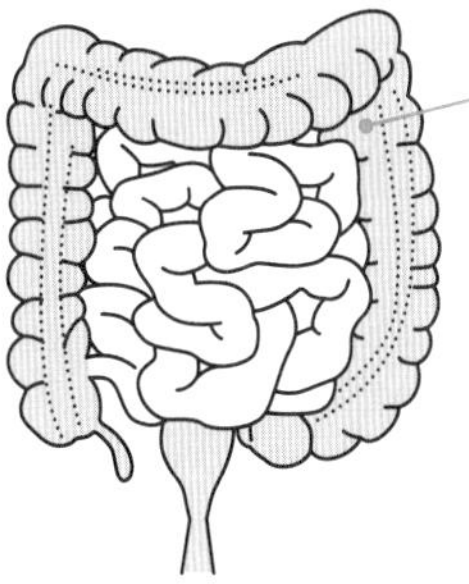

この臓器の名前は？

この臓器のはたらきは？

15

人の臓器④

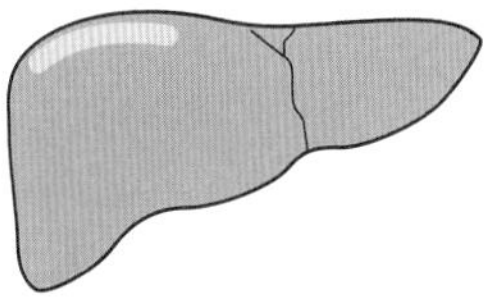

この臓器の名前は？

この臓器のはたらきは？

16

人の臓器⑤

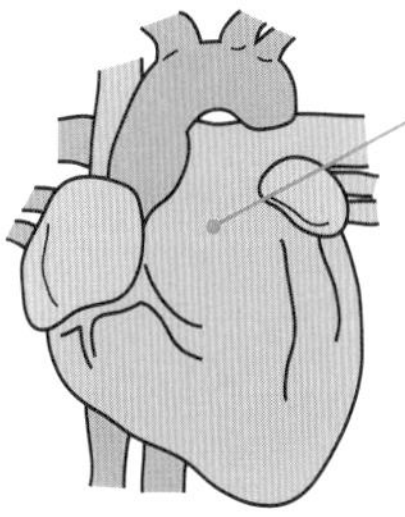

この臓器の名前は？

この臓器のはたらきは？

17

人の臓器⑥

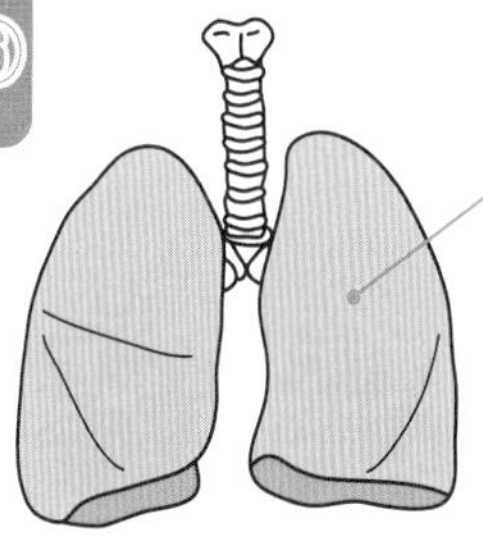

この臓器の名前は？

この臓器のはたらきは？

18

人の臓器⑦

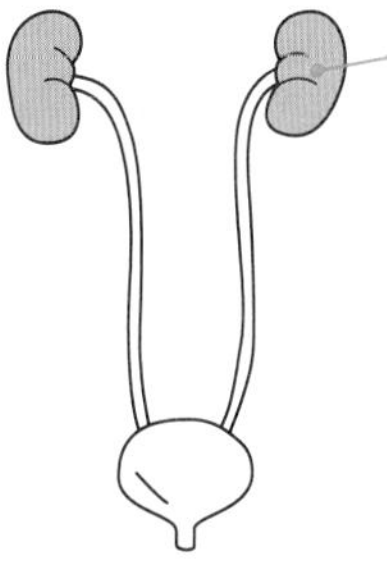

この臓器の名前は？

この臓器のはたらきは？

19

ピンセット

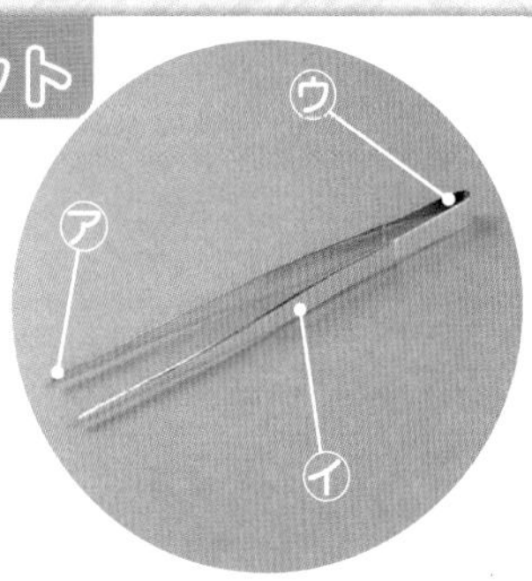

支点は？

力点は？

作用点は？

20

はさみ

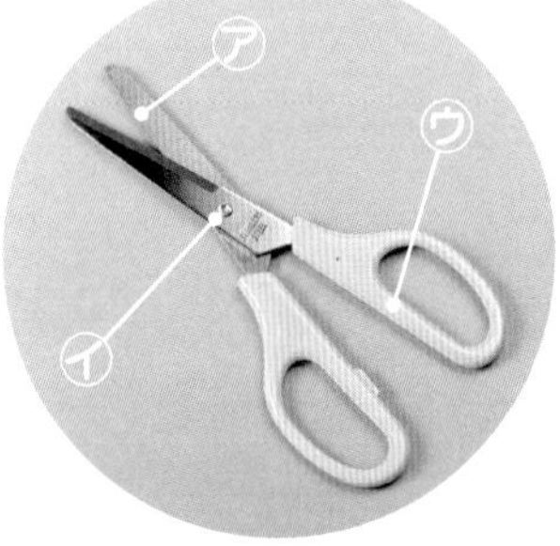

支点は？

力点は？

作用点は？

21

せんぬき

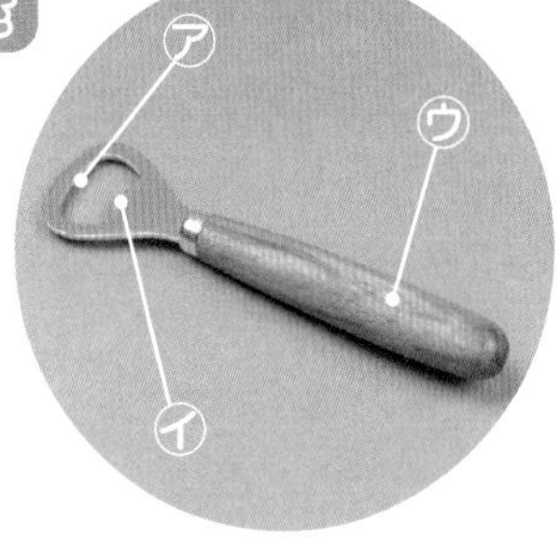

支点は？

力点は？

作用点は？

22

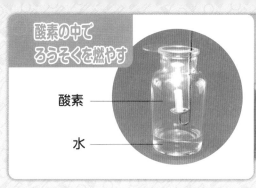

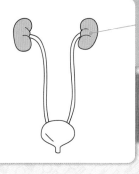

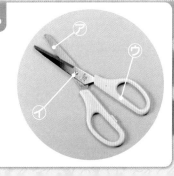

酸素の中でろうそくを燃やす

酸素の体積の割合が減ると、火は消えてしまうんだ。

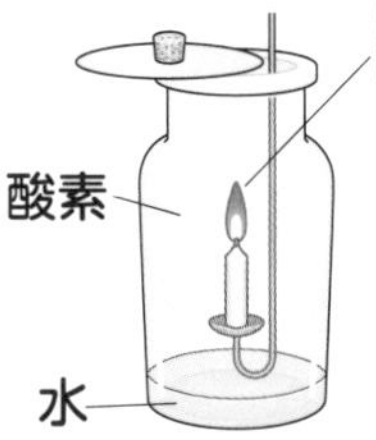

激しく燃える。
酸素
水

酸素には、ものを燃やすはたらきがある。

12

空気中の気体の割合

その他の気体には、二酸化炭素などがあるんだ。

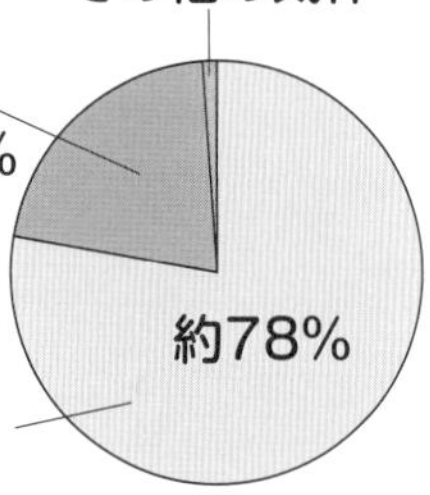

その他の気体
㋐酸素
約21%
約78%
㋑ちっ素

小腸

小腸の内側はひだになっているんだ。

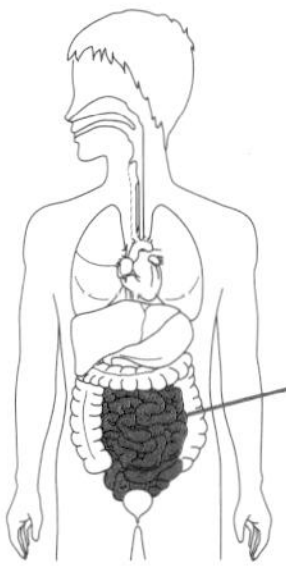

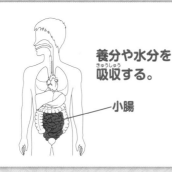

小腸

養分や水分を吸収する。

14

胃

だ液や胃液などのことを消化液というんだ。

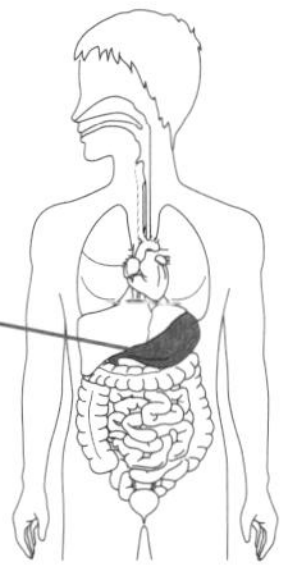

胃

胃液が出される。食べ物を消化する。

かん臓

かん臓にはたくさんのはたらきがあるんだ。

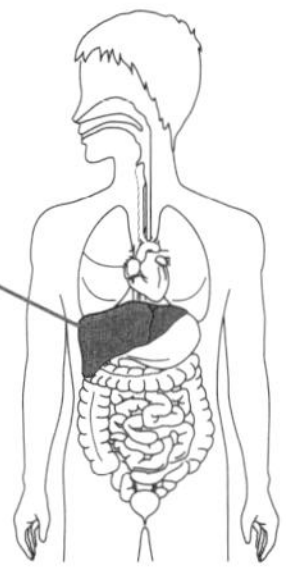

かん臓

吸収された養分の一部をたくわえ、必要なときに送り出す。

16

大腸

残ったものは便としてこう門から出されるよ。

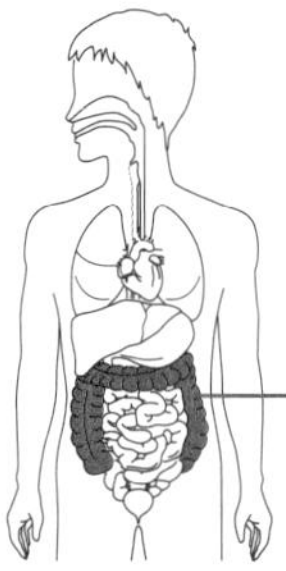

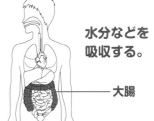

大腸

水分などを吸収する。

肺

人は肺で、魚はえらで呼吸しているんだ。

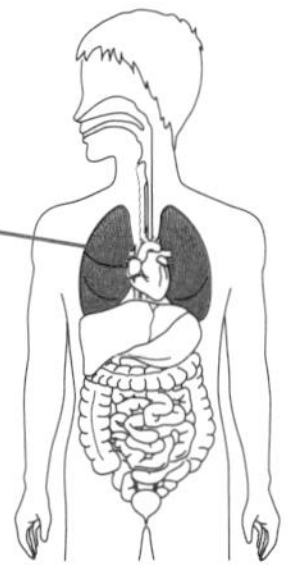

肺

血液中に酸素をとり入れる。

血液中から二酸化炭素を出す。

18

心臓

血液は、酸素や養分を全身に運んでいるんだ。

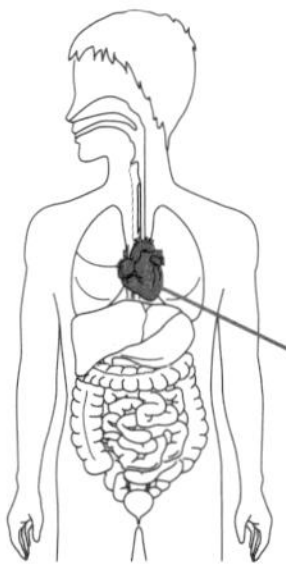

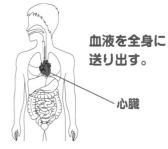

心臓

血液を全身に送り出す。

ピンセット

力点が作用点と支点の間にあると、はたらく力を小さくできるんだ。

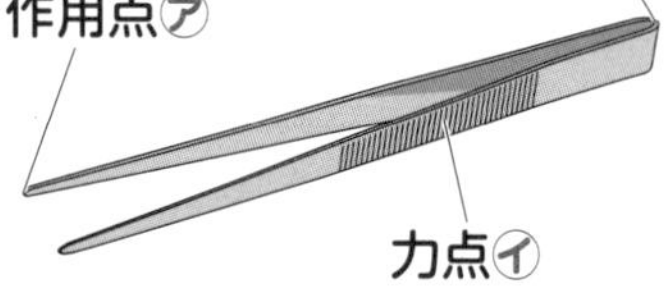

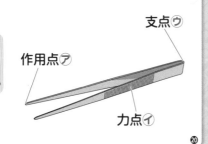

支点㋒
作用点㋐
力点㋑

20

じん臓

にょうは、ぼうこうにためられるんだ。

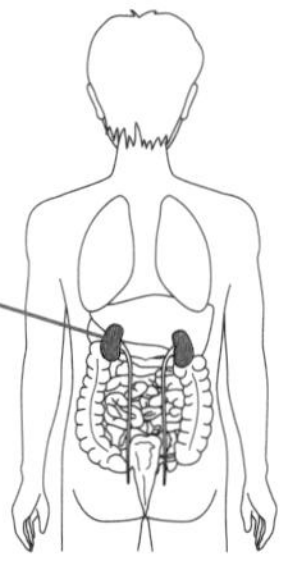

じん臓

血液中の不要なものをこし出し、にょうをつくる。

せんぬき

作用点が支点と力点の間にあるから、小さな力でせんをあけられるんだ。

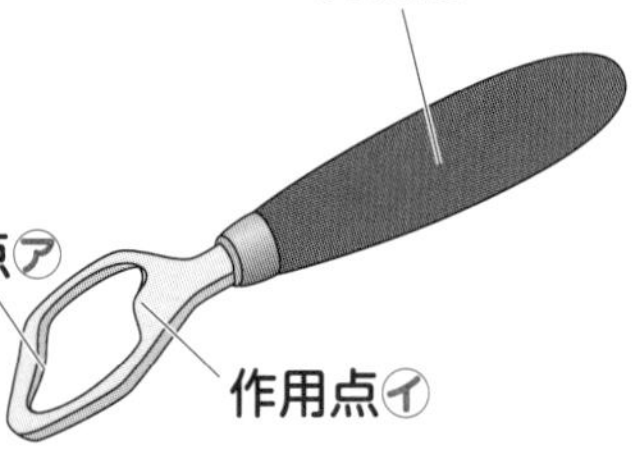

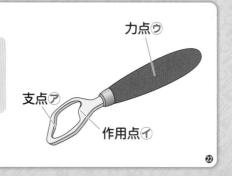

力点㋒
支点㋐
作用点㋑

22

はさみ

支点から作用点までを短くすると、小さな力で切れるんだ。

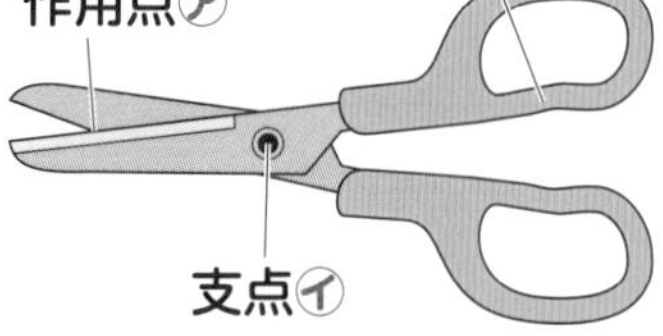

力点㋒
作用点㋐
支点㋑

わくわくシール

★学習が終わったら、ページの上に好きなふせんシールをはろう。
　がんばったページやあとで見直したいページなどにはってもいいよ。
★実力判定テストが終わったら、まんてんシールをはろう。

ふせんシール

まんてんシール

ばっちり！　　　おめでとう！

かんぺき！

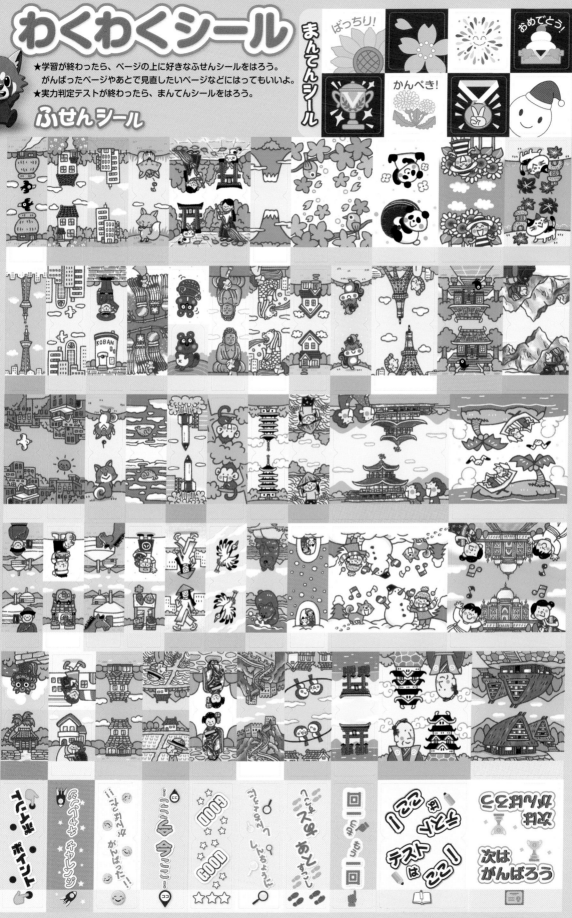

食べたものの旅

※おとなのおよその数字です。

口

消化 でんぷん
消化液：だ液

↓

食道

長さ：25cm

30秒〜1分後 ↓

胃

消化 たんぱく質
消化液：胃液

2〜5時間後 ↓

小腸

消化 でんぷん、しぼう、たんぱく質
吸収 養分、水分

長さ：6〜7m

7〜15時間後 ↓

大腸

吸収 水分

長さ：1.5m

← 24〜48時間後

吸収する表面の面積はおよそ200㎡。
テニスコートくらい！

こう門

1日の便の量：100〜200g

消化管（口からこう門まで）の長さ：8〜9m（身長の5〜6倍）

本のふしぎ①

本のふしぎ①

教科書ワーク

胃のふしぎ

胃はたんぱく質でできているよ。

胃液はたんぱく質を消化するよ。

胃液は胃を消化してしまう？？

消化するぞ！

胃液には塩酸がふくまれているんだ。

だいじょうぶ！！

消化するぞ！

胃を守るぞ！

胃は、ねん液で守られています。

背のふしぎ

骨（ほね）がのびると、背（せ）がのびるんだって。骨は、いつのびる？？

子どもの骨は、「成長ホルモン」というものの命令で成長します。

バランスのよい食事や適度な運動も大切だよ。

成長ホルモンは、夜、寝ているときにたくさん出ます。

ということは…

夜、しっかり寝ましょう。

「寝る子は育つ」というよね。

教科書ワーク
もくじ

東京書籍版
理科6年

▶動画 コードを読みとって、下の番号の動画を見てみよう。

●写真提供：アーテファクトリー、アフロ、PIXTA

学習の目標
ろうそくの火が消えるときと、燃え続けるときの条件を理解しよう。

1　物が燃え続けるには①

基本のワーク

教科書　10〜15ページ　　答え　1ページ

図を見て、あとの問いに答えましょう。

① ろうそくを燃やし続ける方法

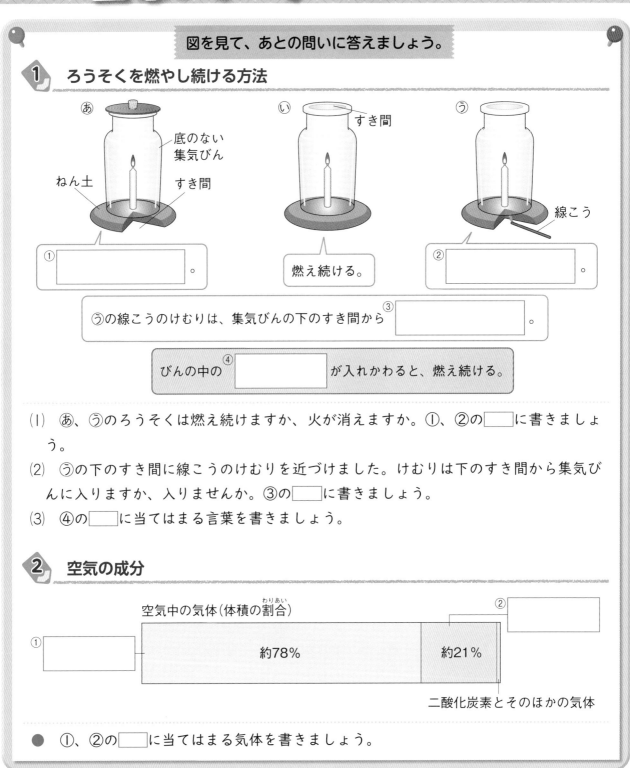

あ　底のない集気びん　ねん土　すき間
① _____。

い　すき間
燃え続ける。

う　線こう
② _____。

うの線こうのけむりは、集気びんの下のすき間から③ _____。

びんの中の④ _____ が入れかわると、燃え続ける。

(1)　あ、うのろうそくは燃え続けますか、火が消えますか。①、②の□に書きましょう。

(2)　うの下のすき間に線こうのけむりを近づけました。けむりは下のすき間から集気びんに入りますか、入りませんか。③の□に書きましょう。

(3)　④の□に当てはまる言葉を書きましょう。

② 空気の成分

空気中の気体（体積の割合）

① _____　約78%　　約21%　　② _____

二酸化炭素とそのほかの気体

● ①、②の□に当てはまる気体を書きましょう。

まとめ　〔 入れかわる　酸素 〕から選んで（　）に書きましょう。

● 物が燃え続けるためには、空気が①（　　　　　　）必要がある。
● 空気は、ちっ素、②（　　　　　　）、二酸化炭素などが混じり合っている。

かまどでまきがよく燃えるようにするために、うちわを使うことがあります。これは、うちわであおいで新しい空気を送り、空気の入れかわりを助けるためです。

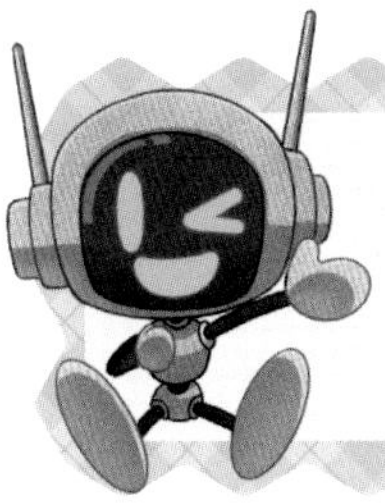

練習のワーク

教科書　10～15ページ　答え　1ページ

できた数　　/10問中

1　**右の図のように、燃えているろうそくに、集気びんをかぶせました。次の問いに答えましょう。**

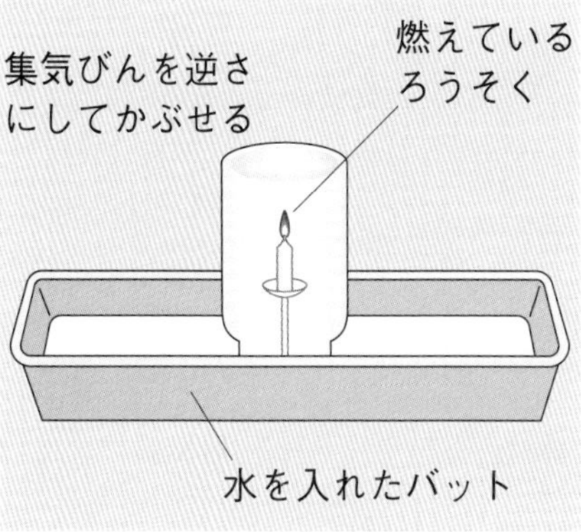
集気びんを逆さにしてかぶせる
燃えているろうそく
水を入れたバット

(1)　集気びんをかぶせてしばらくすると、ろうそくの火はどうなりますか。ア～ウから選びましょう。（　　　）

ア　しだいに大きくなる。　　イ　消える。

ウ　変わらない。

(2)　このとき、集気びんに新しい空気は入りますか。

（　　　　　　　　　　）

2　**次の図のように、集気びんの上や下にすき間をつくり、ろうそくの燃え方を調べました。あとの問いに答えましょう。**

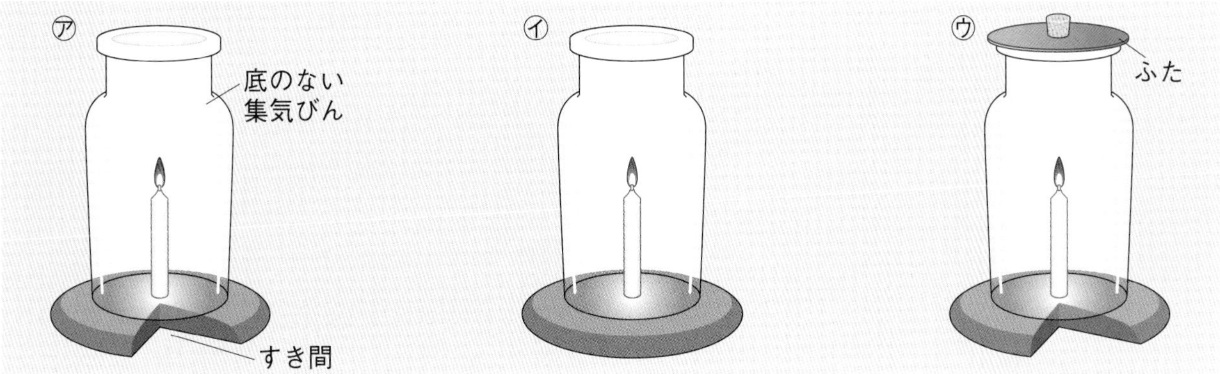
㋐
㋑
㋒
底のない集気びん
ふた
すき間

(1)　㋐～㋒のうち、ろうそくが燃え続けるのは、どれですか。2つ選びましょう。

（　　　）（　　　）

(2)　㋐で、集気びんの下のすき間に線こうのけむりを近づけました。けむりはどのように動きますか。右の[あ]～[う]から選びましょう。（　　　）

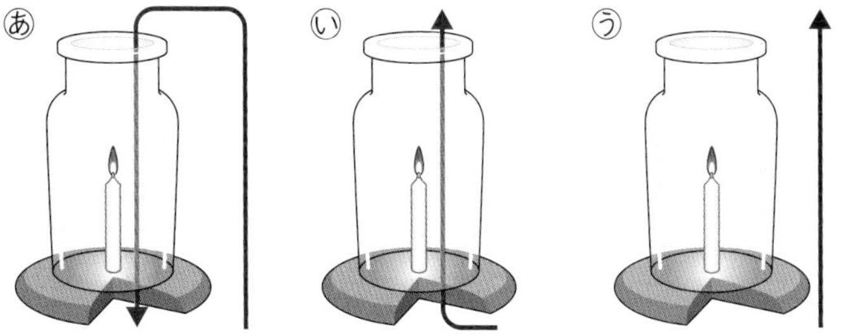
[あ]
[い]
[う]

(3)　線こうのけむりの動きから、何の動き方を調べることができますか。（　　　　　）

(4)　ろうそくが燃え続けるためには、常に何が入れかわり続ける必要がありますか。（　　　　　）

3　**右の図は、空気中の気体の体積の割合を調べたものです。㋐～㋒に当てはまる気体は何ですか。下の〔　〕から選んで書きましょう。**

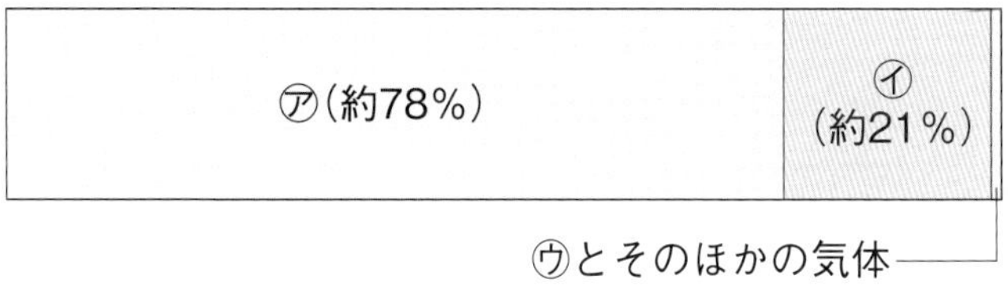
㋐(約78%)
㋑(約21%)
㋒とそのほかの気体

㋐（　　　　　　）㋑（　　　　　　）㋒（　　　　　　）

〔　ちっ素　　酸素　　二酸化炭素　〕

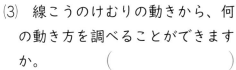

勉強した日 月 日

学習の目標
物が燃えるために必要な気体は何かを理解しよう。

1 物が燃え続けるには②

基本のワーク

教科書 15~17ページ　答え 1ページ

図を見て、あとの問いに答えましょう。

1 気体の中で燃やす

調べる気体をびんに入れる

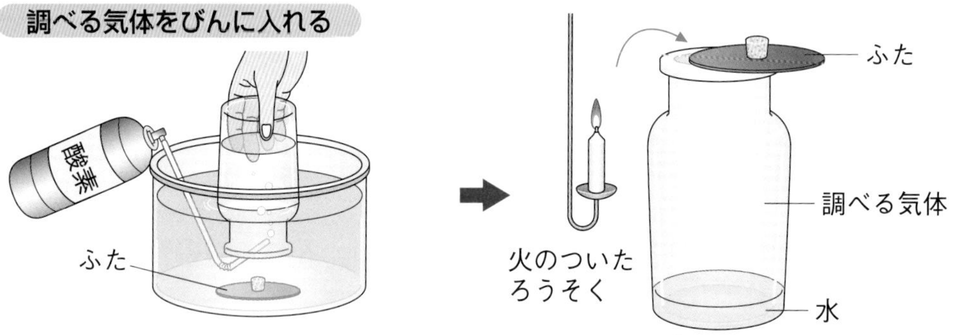

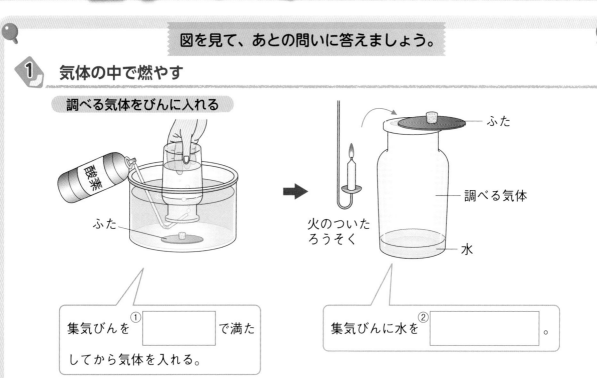

集気びんを①[ ]で満たしてから気体を入れる。

集気びんに水を②[ ]。

気体	ちっ素	酸素	二酸化炭素
ろうそくの燃え方	③	④	⑤
物を燃やすはたらき	⑥	⑦	⑧

(1) ①の[ ]に当てはまる言葉を書きましょう。
(2) 気体を入れるとき、集気びんに水を残しますか、残しませんか。②の[ ]に書きましょう。
(3) それぞれの気体を入れた集気びんに、火のついたろうそくを入れました。ろうそくは激(はげ)しく燃えますか、火がすぐに消えますか。表の③~⑤に書きましょう。
(4) それぞれの気体に、物を燃やすはたらきはありますか。表の⑥~⑧にあるかないかを書きましょう。

まとめ 〔 燃やす　二酸化炭素 〕から選んで(　)に書きましょう。

- 酸素には、物を①(　　　　)はたらきがある。
- ちっ素や②(　　　　)には、物を燃やすはたらきはない。

わくわくたんてい団 物が燃えるためには、燃える物、酸素、高い温度の3つが必要です。消火器で火を消すには、例えば、あわで酸素をしゃ断するなどの方法があります。

練習のワーク

1 次の図のように、3つの集気びんにそれぞれちっ素、酸素、二酸化炭素を入れ、火のついたろうそくを入れました。あとの問いに答えましょう。

(1) ろうそくの火がすぐに消えるのはどれですか。㋐〜㋒からすべて選びましょう。

( )

(2) ろうそくが激しく燃えるのはどれですか。㋐〜㋒からすべて選びましょう。

( )

(3) ちっ素、酸素、二酸化炭素のそれぞれの気体には、物を燃やすはたらきがありますか。

ちっ素( ) 酸素( ) 二酸化炭素( )

2 次の図のように、㋐〜㋒の集気びんに空気、酸素、二酸化炭素のどれかを入れ、火のついたろうそくを入れたときの燃え方を調べました。あとの問いに答えましょう。

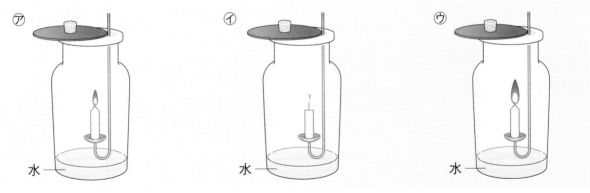

(1) ろうそくの燃え方から、㋐〜㋒の集気びんに入れた気体は、それぞれ空気、酸素、二酸化炭素のどれだとわかりますか。

㋐( ) ㋑( ) ㋒( )

(2) 物を燃やすはたらきのある気体は何ですか。 ( )

(3) 空気の中と、酸素の中に火のついたろうそくを入れたときのろうそくの燃え方について、
( )に当てはまる言葉を、下の〔 〕から選んで書きましょう。

①( )は、酸素、二酸化炭素、②( )などが
混じり合ってできているので、空気の中よりも酸素の中のほうが、ろうそくが
③( )燃えた。

〔 ちっ素 空気 激しく おだやかに 〕

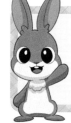

まとめのテスト①

勉強した日 月 日

1 物の燃え方と空気

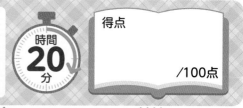

時間 20分

得点 /100点

教科書 10〜17ページ　答え 2ページ

よく出る

1 [燃え方と空気] 次の図のように、底のない4つの集気びんを用意し、火のついているろうそくにかぶせました。あとの問いに答えましょう。 1つ4〔24点〕

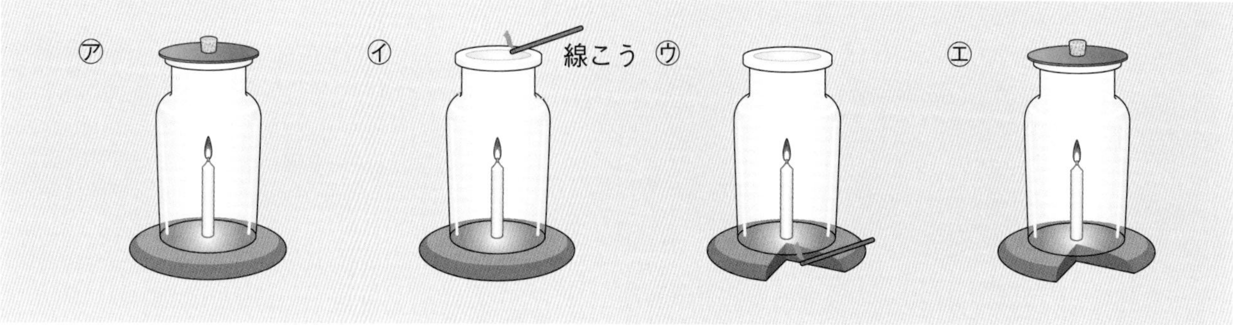

(1) ㋐〜㋓のうち、ろうそくが燃え続けるのはどれですか。2つ選びましょう。 (　　)(　　)

(2) 図のように、㋑、㋒の集気びんのすき間に線こうのけむりを近づけました。けむりの動き方から、何を調べることができますか。 (　　)

(3) ㋑、㋒の線こうのけむりは、それぞれ集気びんの中に入りますか。

㋑(　　)

㋒(　　)

記述

(4) (1)で選んだ集気びんの中で、ろうそくが燃え続けるのはなぜですか。

(　　)

チャレンジ!

2 [物が燃えるとき] 次の図のように、かんの中で木を燃やしました。あとの問いに答えましょう。 1つ4〔20点〕

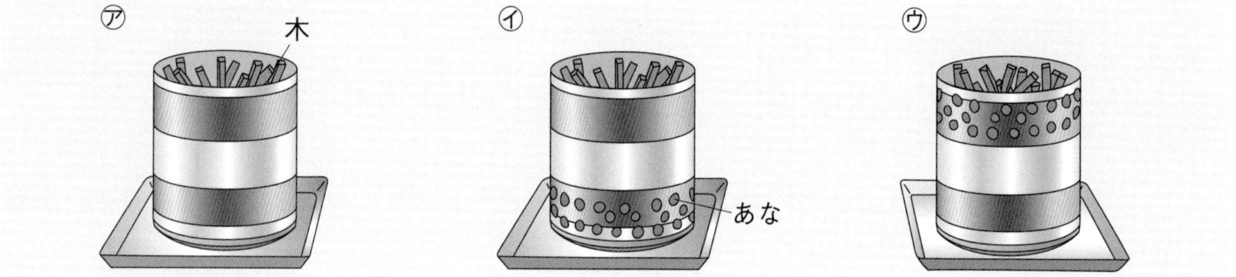

あなをあけない。　かんの下にあなをあける。　かんの上にあなをあける。

(1) 木が最もよく燃えるのは、㋐〜㋒のどれですか。 (　　)

(2) (1)で選んだかんの中には、空気が入っていきますか。 (　　)

(3) (1)で選んだかんの中からは、空気が出ていきますか。 (　　)

(4) 物が燃え続けるためには、何が入れかわる必要がありますか。 (　　)

(5) ㋑のかんに入れる木の本数をふやしました。木の燃え方はどのようになりますか。次のア〜ウから選びましょう。 (　　)

ア よく燃えるようになる。　イ 燃えにくくなる。　ウ ㋑のときと変わらない。

3 **空気中の気体** **空気は、いろいろな気体が混じり合ってできています。次の問いに答えましょう。**

1つ4〔20点〕

(1) 右の図は、空気中にふくまれる気体の体積の割合を表したものです。㋐、㋑の気体は何ですか。

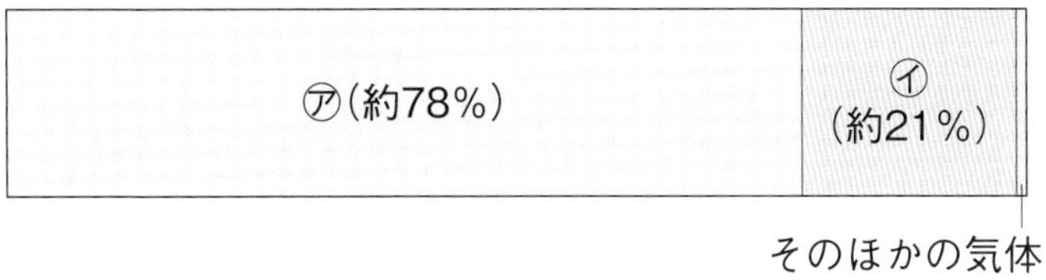

㋐(　　　　　　　　)
㋑(　　　　　　　　)

(2) 物を燃やすはたらきがある気体は何ですか。 (　　　　　　　　)

(3) 火のついた物を㋐、㋑の気体の中に入れると、どのようになりますか。それぞれ次のア～ウから選びましょう。 ㋐(　　　) ㋑(　　　)

ア 空気の中よりも激しく燃える。

イ 火がすぐに消える。

ウ 空気の中と同じように燃える。

4 **気体の中での燃え方** **3つの集気びんを用意し、それぞれちっ素、酸素、二酸化炭素を入れました。次に、火のついたろうそくをそれぞれの集気びんに入れて、燃え方を調べました。あとの問いに答えましょう。**

1つ4〔36点〕

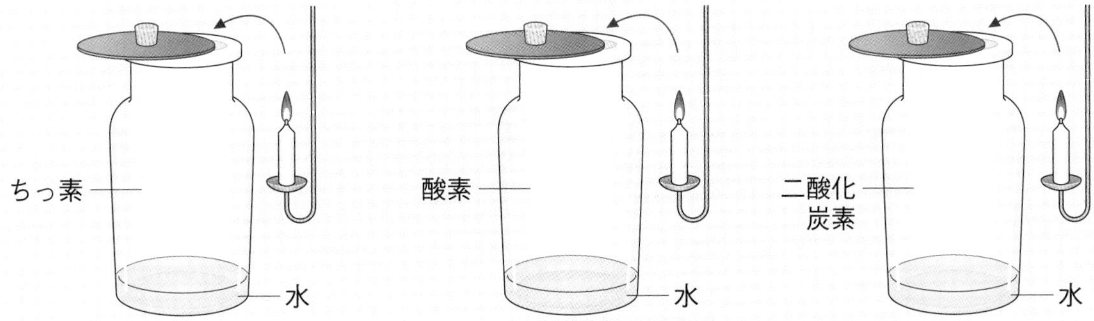

(1) 気体を集気びんに入れるとき、初めにびんを何で満たしておきますか。 (　　　　　　)

(2) 気体は、集気びんのどのぐらいまで入れてからとり出しますか。ア～ウから選びましょう。

(　　　)

ア 集気びんの半分ぐらいまで。

イ 集気びんの7～8分目まで。

ウ 集気びんが気体でいっぱいになるまで。

(3) それぞれの気体を入れた集気びんに火のついたろうそくを入れると、ろうそくはどのようになりますか。

ちっ素(　　　　　　　　　　　　　　　　)

酸素(　　　　　　　　　　　　　　　　)

二酸化炭素(　　　　　　　　　　　　　　　　)

(4) 酸素には、どのようなはたらきがあることがわかりますか。

(　　　　　　　　　　　　　　　　　　　　　　　　　　　　　　)

(5) ちっ素や二酸化炭素に、(4)のはたらきはありますか。 ちっ素(　　　　)

二酸化炭素(　　　　)

(6) 空気を入れた集気びんの中では、ろうそくが燃え、やがて火が消えました。ろうそくが燃えたのは、空気に何という気体がふくまれているからですか。 (　　　　　　　)

勉強した日　　月　　日

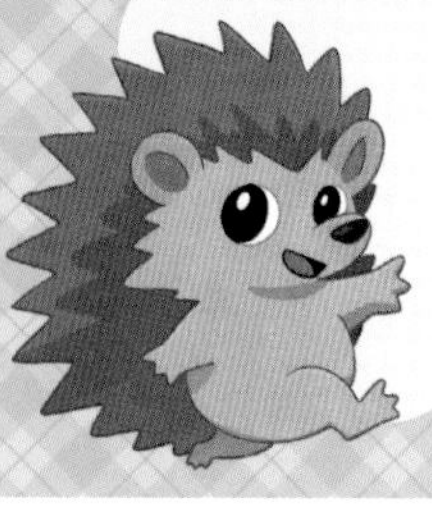

2　空気の変化

基本のワーク

学習の目標
物が燃えると空気の成分がどのように変化するのか理解しよう。

教科書 18～25、190～191ページ　答え 3ページ

図を見て、あとの問いに答えましょう。

1 物が燃える前と燃えた後の空気の変化

気体検知管で調べる

気体の体積の割合

〈燃える前〉

①［　　　　］用検知管 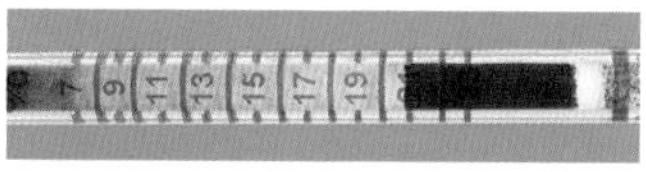 ⑤［　　］%ぐらい

②［　　　　］用検知管 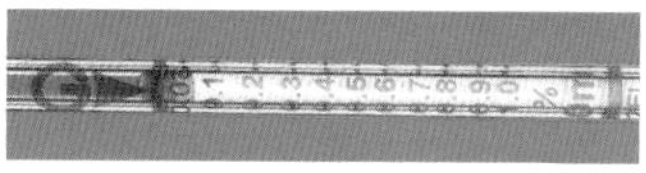 0.04%ぐらい

↓

〈燃えた後〉

③［　　　　］用検知管  17%ぐらい

④［　　　　］用検知管 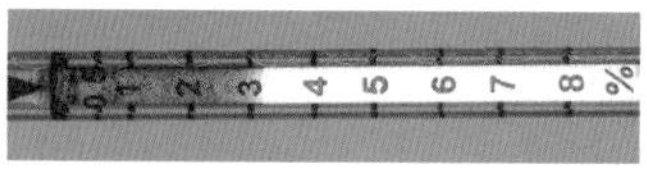 ⑥［　　］%ぐらい

石灰水で調べる

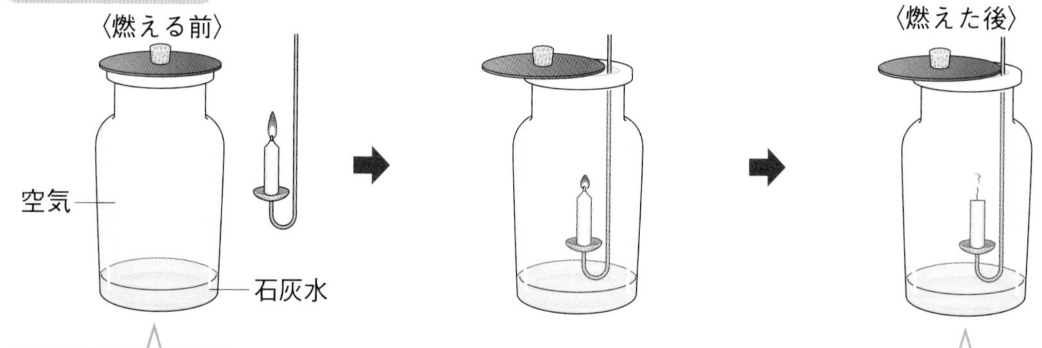

石灰水（せっかいすい）は⑦［　　　　］。　　石灰水は⑧［　　　　］。

(1)　①～④の［　］に、酸素か二酸化炭素かを書きましょう。

(2)　気体検知管の目盛り（めもり）を読みとり、⑤、⑥の［　］に書きましょう。

(3)　ろうそくが燃える前と燃えた後の集気びんをふったとき、石灰水は白くにごりますか、変化しませんか。⑦、⑧の［　］に書きましょう。

燃える前と燃えた後で、ちっ素の割合は変化していないよ。

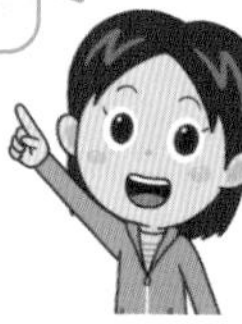

まとめ　〔 酸素　二酸化炭素 〕から選んで（　）に書きましょう。

●物が燃えると、空気中の①（　　　　）の一部が使われて、石灰水を白くにごらせる気体である②（　　　　）ができる。

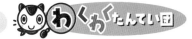

わくわくたんてい団　石油や石炭などの化石燃料は大昔の生き物が変化した物です。化石燃料を大量に燃やすと二酸化炭素がふえて、気候や生き物のくらしにえいきょうがあると考えられています。

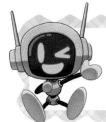

練習のワーク

できた数 /11問中

[教科書] 18~25、190~191ページ　[答え] 3ページ

1 空気の入った集気びん㋐と、中でろうそくが燃えた後の集気びん㋑を用意しました。気体検知管でそれぞれの集気びんの中の酸素と二酸化炭素の体積の割合を調べると、下のあ~えのようになりました。あとの問いに答えましょう。

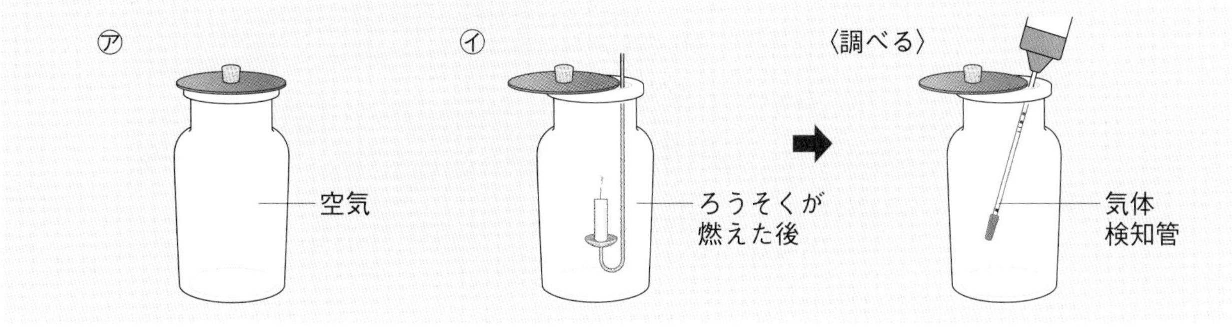

(1) ㋐の集気びんの中の酸素の体積の割合は何%ですか。あ~えを見て答えましょう。（　　　）

(2) ㋑の集気びんの中の二酸化炭素の体積の割合は何%ですか。あ~えを見て答えましょう。（　　　）

(3) 石灰水を入れてびんをふったとき、石灰水が白くにごるのは㋐、㋑のどちらですか。（　　　）

(4) (3)で石灰水が白くにごった集気びんの中には、何という気体が多くふくまれていますか。（　　　）

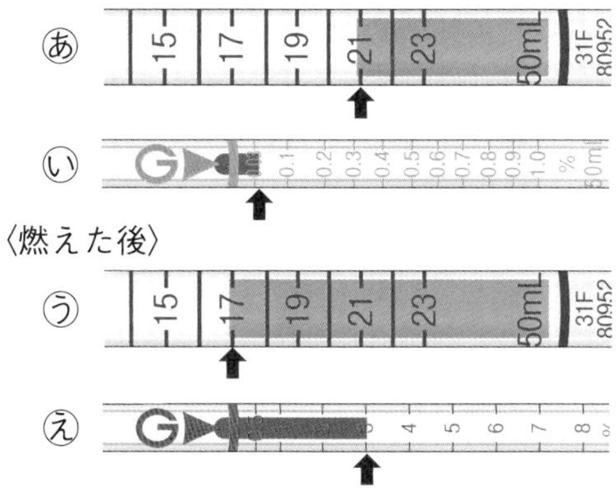

(5) ろうそくが燃えると、酸素や二酸化炭素の体積の割合はどのようになりますか。それぞれ次のア~ウから選びましょう。　酸素（　　　）　二酸化炭素（　　　）

ア　大きくなる。　イ　小さくなる。　ウ　変わらない。

(6) 次の（　）に当てはまる気体を下の〔　〕から選んで書きましょう。

物が燃えるとき、空気中の①（　　　）の一部が使われ、②（　　　）ができる。③（　　　）の体積の割合は変わらない。

〔 ちっ素　酸素　二酸化炭素 〕

2 右の図のような酸素センサーを使って、ろうそくが燃える前とろうそくが燃えた後の集気びんの中の空気にふくまれる酸素の体積の割合を調べました。次の問いに答えましょう。

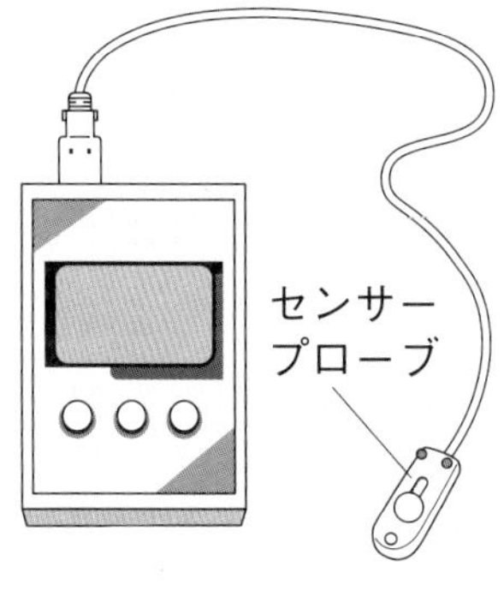

(1) 酸素センサーの数値（すうち）を何に合わせてからセンサープローブを集気びんに入れますか。ア~ウから選びましょう。（　　　）

ア　3.0%　イ　17.0%　ウ　21.0%

(2) 集気びんの中の空気にふくまれる酸素の体積の割合を調べると、16.9%と表示されました。このとき調べたのは、ろうそくが燃える前の空気と燃えた後の空気のどちらですか。（　　　）

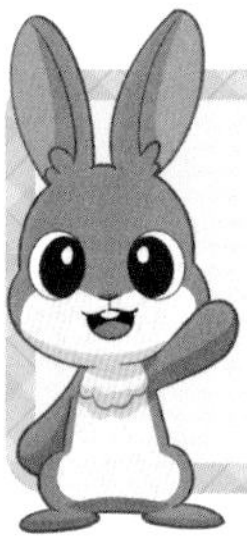

まとめのテスト②

1　物の燃え方と空気

勉強した日　　月　　日

時間 20分

得点　　/100点

教科書 18~25、190~191ページ　答え 3ページ

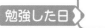

1 [気体検知管の使い方] 気体検知管を使って、空気にふくまれている気体の体積の割合を調べました。あとの問いに答えましょう。　1つ6〔24点〕

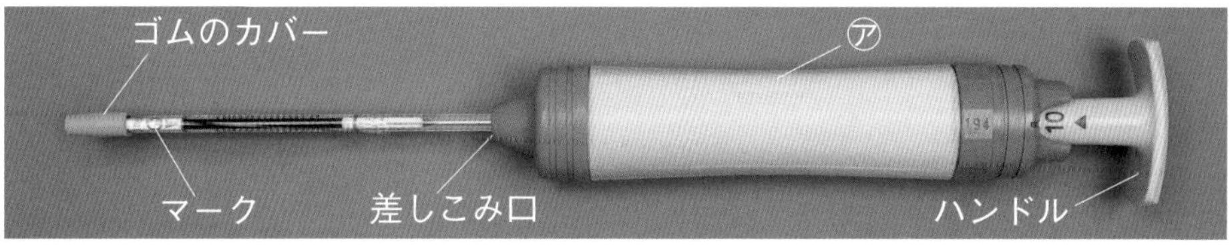

(1) ㋐の部分を何といいますか。　(　　　　)

(2) 気体検知管を㋐にとりつける前にすることを、次のア、イから選びましょう。(　　　　)

ア　気体検知管の片方（かたほう）のはしを折り、マークがついているほうの先にゴムのカバーをつける。

イ　気体検知管の両はしを折り、マークがついているほうの先にゴムのカバーをつける。

(3) 右の図は、空気を調べた後の酸素用検知管と二酸化炭素用検知管の一部です。酸素用検知管は、[あ]、[い]のどちらですか。　(　　　　)

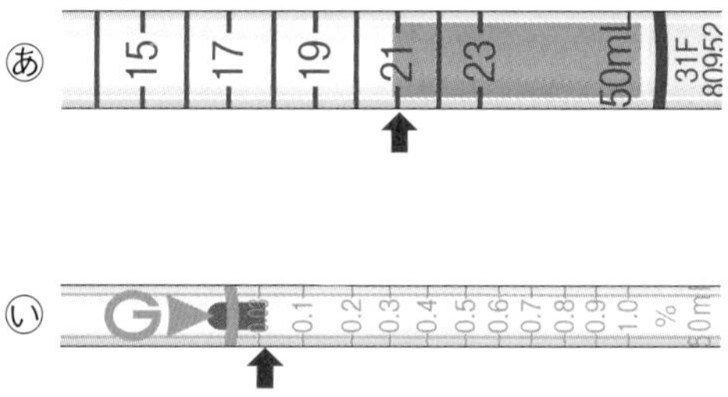

[記述] (4) [あ]の目盛りを読みとると、空気中に何という気体が、体積の割合でどのぐらいふくまれていることがわかりますか。

(　　　　　　　　)

[よく出る] **2** [空気の変化] 火のついたろうそくを集気びんの中に入れて燃やしました。あとの問いに答えましょう。　1つ7〔28点〕

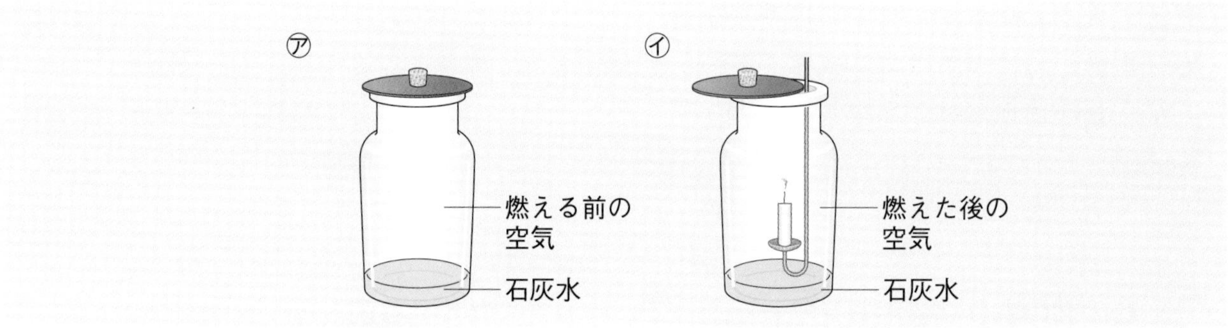

(1) ろうそくが燃える前の集気びん㋐をふると、石灰水はどのようになりますか。

(　　　　)

(2) ろうそくが燃えた後の集気びん㋑にもういちど火のついたろうそくを入れると、火はどのようになりますか。　(　　　　)

(3) ろうそくが燃えた後の集気びん㋑をふると、石灰水はどのようになりますか。

(　　　　)

(4) ろうそくが燃えるとき、何という気体ができることがわかりますか。

(　　　　)

3 **[空気の変化]** **次の表は、集気びんの中でろうそくを燃やし、燃える前後の空気にふくまれる気体㋐、㋑の体積の割合を調べたものです。あとの問いに答えましょう。** 1つ6〔36点〕

	①	②
㋐	21%	17%
㋑	0.04%	3%

(1) 表の㋐、㋑に当てはまる気体はそれぞれ何ですか。

㋐(　　　　　　　)　㋑(　　　　　　　)

(2) 表の①、②に当てはまる言葉を、次のア、イからそれぞれ選びましょう。

①(　　　)　②(　　　)

ア　燃える前の空気　　イ　燃えた後の空気

(3) ろうそくが燃えると、空気中のちっ素の体積の割合はどのようになりますか。次のア～ウから選びましょう。(　　　)

ア　大きくなる。　　イ　小さくなる。　　ウ　変わらない。

(4) ろうそくが燃えた後の空気のようすを図で表すと、どのようになりますか。次の[あ]～[う]のうち、最もよいものを選びましょう。ただし、△はちっ素、●は酸素、×は二酸化炭素を表しています。(　　　)

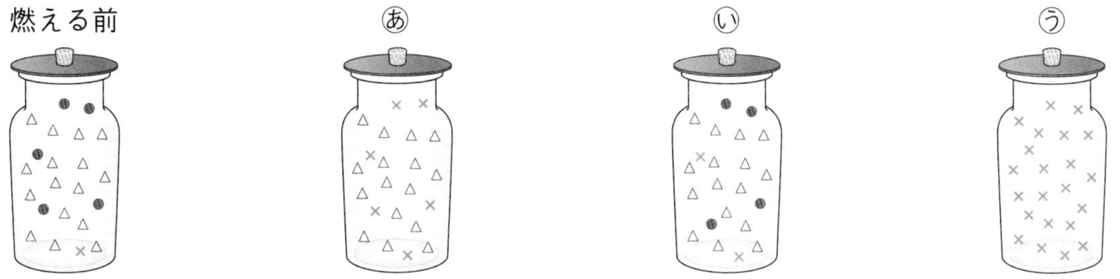

4 **[木や紙を燃やす]** **木や紙が燃えたときの空気の変化を調べました。あとの問いに答えましょう。** 1つ4〔12点〕

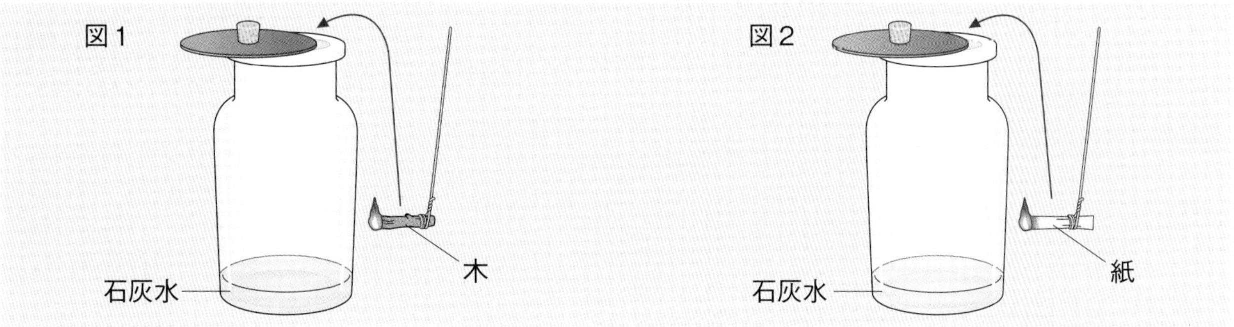

(1) 図1のように、火のついた木を集気びんに入れました。火が消えた後、集気びんをふると石灰水はどのようになりますか。(　　　　　　　)

(2) 図2のように、火のついた紙を集気びんに入れました。火が消えた後、集気びんをふると石灰水はどのようになりますか。(　　　　　　　)

(3) 図1、図2で、木や紙が燃える前と燃えた後の集気びんの中の空気を、酸素用気体検知管と二酸化炭素用気体検知管で調べました。木や紙が燃えると空気はどのように変化しますか。

(　　　　　　　　　　　　　　　　　　　　)

1 食べ物のゆくえ

基本のワーク

学習の目標
食べ物を消化するはたらきと、そのためのつくりを知ろう。

教科書　26〜33ページ　　答え　4ページ

図を見て、あとの問いに答えましょう。

1 だ液のはたらき

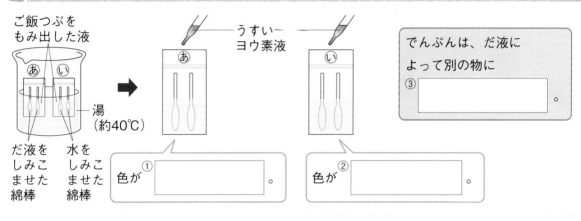

ご飯つぶをもみ出した液

うすいヨウ素液

でんぷんは、だ液によって別の物に
③ [　　　　　]。

湯（約40℃）

だ液をしみこませた綿棒　水をしみこませた綿棒

色が① [　　　　　]。

色が② [　　　　　]。

(1) うすいヨウ素液を入れると、色が変化しますか、変化しませんか。①、②の□に書きましょう。

(2) ③の□に、変化するか変化しないかを書きましょう。

2 消化管のつくり

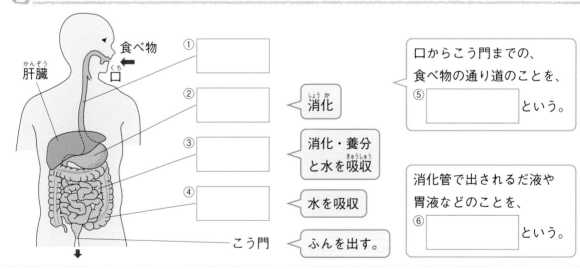

食べ物

肝臓（かんぞう）

口（くち）

① [　　　　　]

② [　　　　　]　消化（しょうか）

③ [　　　　　]　消化・養分と水を吸収（きゅうしゅう）

④ [　　　　　]　水を吸収

こう門　ふんを出す。

口からこう門までの、食べ物の通り道のことを、⑤ [　　　　　] という。

消化管で出されるだ液や胃液などのことを、⑥ [　　　　　] という。

(1) ①〜④の□に当てはまるつくりの名前を書きましょう。

(2) ⑤、⑥の□に当てはまる言葉を書きましょう。

まとめ 〔 だ液　消化管　でんぷん 〕から選んで（ ）に書きましょう。

● ①（　　　　　）は、②（　　　　　）を別の物に変化させる。

● 口→食道→胃（い）→小腸（しょうちょう）→大腸（だいちょう）→こう門と続く食べ物の通り道を③（　　　　　）という。

わくわくたんてい団　かたい草を食べるウシなどの胃は4つに分かれ、そのうちの1つでいったん食べた物を口にもどし、かみ直しています。その後、4番目の胃でゆっくり消化します。

練習のワーク

できた数 /16問中

教科書 26～33ページ 答え 4ページ

1 右の図のようにして、だ液のはたらきを調べました。次の問いに答えましょう。

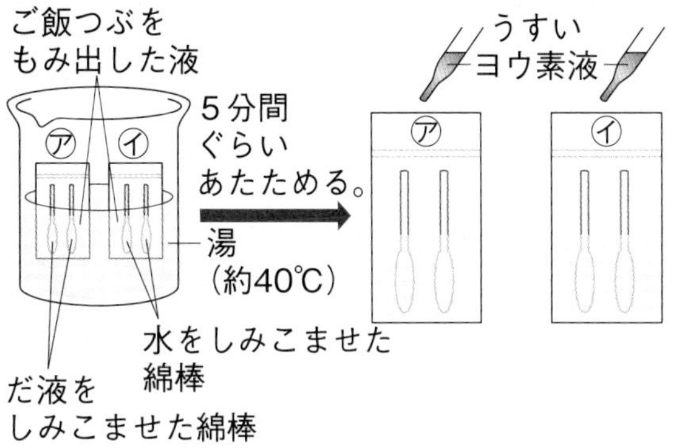

ご飯つぶを
もみ出した液
㋐
㋑
５分間
ぐらい
あたためる。
湯
（約40℃）
水をしみこませた
綿棒
だ液を
しみこませた綿棒
うすい
ヨウ素液

(1) でんぷんにうすいヨウ素液をつけると、色は変化しますか。（ ）

(2) あたためた後の㋐、㋑にうすいヨウ素液を入れたとき、色が変化するのはどちらですか。（ ）

(3) あたためた後の㋐、㋑にでんぷんはありますか。
㋐（ ）
㋑（ ）

(4) だ液のはたらきとして正しいものを、次のア、イから選びましょう。（ ）

ア だ液は、すべての食べ物を吸収されやすい別の物に変える。

イ だ液は、でんぷんを吸収されやすい別の物に変える。

2 右の図は、食べ物の通り道などを表したものです。次の問いに答えましょう。

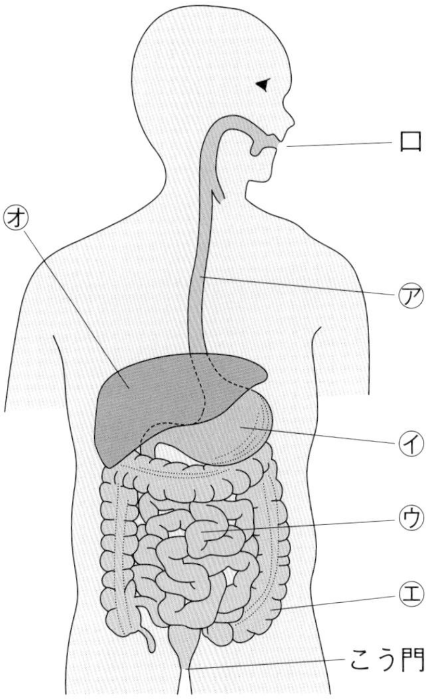

口
㋐
㋑
㋒
㋓
㋔
こう門

(1) ㋐～㋔のつくりをそれぞれ何といいますか。
㋐（ ） ㋑（ ）
㋒（ ） ㋓（ ）
㋔（ ）

(2) 食べ物は、口から㋐、㋑、㋒、㋓を通ってこう門まで運ばれます。この通り道のことを何といいますか。（ ）

(3) 食べ物がからだに吸収されやすい養分に変えられることを、何といいますか。（ ）

(4) 養分は、主にどのつくりから血液にとり入れられますか。その名前を答えましょう。（ ）

(5) 吸収された養分の一部を一時的にたくわえるのは、どのつくりですか。その名前を答えましょう。（ ）

(6) ㋑ではたらく消化液（しょうかえき）を何といいますか。（ ）

(7) 消化や吸収についての説明として正しいものを、次のア～ウから選びましょう。（ ）

ア 食べ物を消化するはたらきをもつ液を消化液という。

イ 消化された養分は小腸で吸収され、水は小腸と胃から吸収される。

ウ 食べ物の一部は肝臓で消化された後、小腸にもどってくる。

学習の目標・
人やほかの動物は、空気を吸って何をとり入れるのかを理解しよう。

2　吸う空気とはく空気

基本のワーク

教科書　34〜37ページ　　答え　5ページ

図を見て、あとの問いに答えましょう。

1　吸う空気とはき出した空気

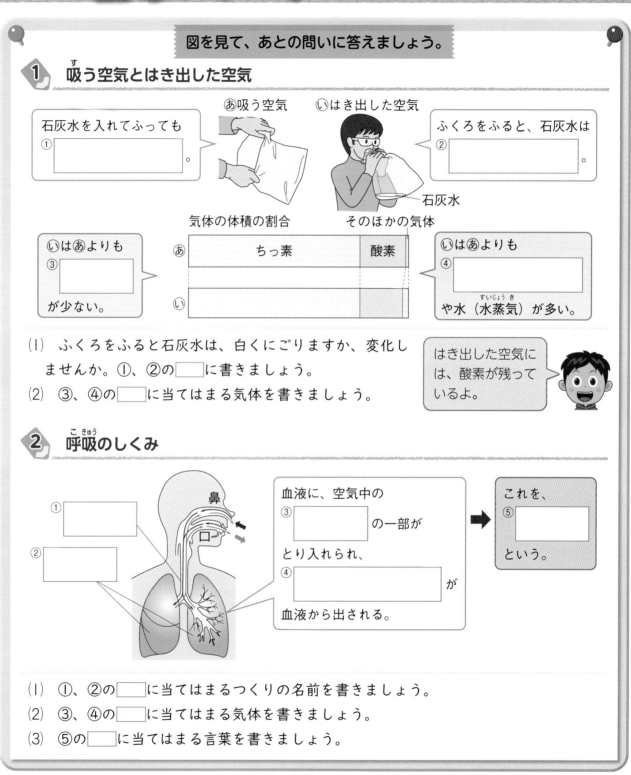

あ吸う空気　　い はき出した空気

石灰水を入れてふっても
①〔　　　　　　　　　〕。

ふくろをふると、石灰水は
②〔　　　　　　　　　〕。

石灰水

気体の体積の割合　　　そのほかの気体

い はあよりも
③〔　　　　　　〕
が少ない。

あ	ちっ素	酸素
い		

い はあよりも
④〔　　　　　　〕
や水（水蒸気）が多い。

(1)　ふくろをふると石灰水は、白くにごりますか、変化しませんか。①、②の□に書きましょう。

(2)　③、④の□に当てはまる気体を書きましょう。

はき出した空気には、酸素が残っているよ。

2　呼吸のしくみ

鼻

①〔　　　　　　〕

②〔　　　　　　〕

口

血液に、空気中の
③〔　　　　　　〕の一部が
とり入れられ、
④〔　　　　　　　　　　〕が
血液から出される。

これを、
⑤〔　　　　　　〕
という。

(1)　①、②の□に当てはまるつくりの名前を書きましょう。

(2)　③、④の□に当てはまる気体を書きましょう。

(3)　⑤の□に当てはまる言葉を書きましょう。

まとめ　〔 肺　酸素　二酸化炭素 〕から選んで（　）に書きましょう。

● はき出した空気は吸う空気より①（　　　　　　　）が少なく、②（　　　　　　　）が多い。

● 人の呼吸は、③（　　　　　　　）で行われる。

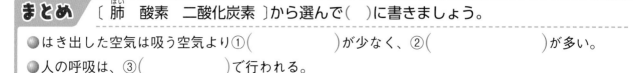

14 わくわくたんてい団　運動をするとき、筋肉ではたくさんの酸素が必要になります。走るとたくさんの酸素をとりこむために、呼吸が多くなります。

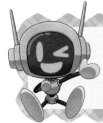

練習のワーク

できた数 /14問中

教科書 34～37ページ　答え 5ページ

1 吸う空気とはき出した空気にちがいがあるのかを、2つの方法で調べました。次の問いに答えましょう。

(1) 石灰水を使うと、何という気体があるかどうかを調べることができますか。（　　　）

(2) ふくろをふったときに石灰水が白くにごるのは、㋐、㋑のどちらですか。（　　　）

(3) ふくろをふったときの変化のちがいから、はき出した空気に何が多くふくまれていることがわかりますか。

（　　　）

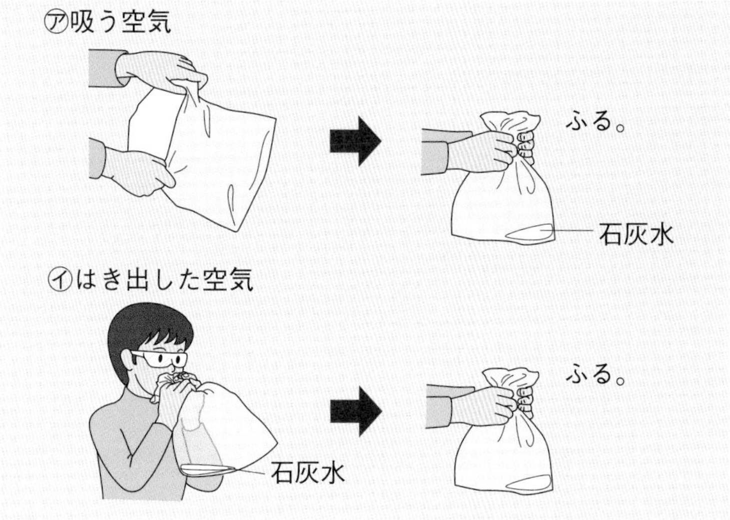

(4) 気体検知管を使って気体の体積の割合を調べました。次の①～④の割合を下のア～エから選び、記号で答えましょう。

① 吸う空気にふくまれる酸素の体積の割合（　　　）

② 吸う空気にふくまれる二酸化炭素の体積の割合（　　　）

③ はき出した空気にふくまれる酸素の体積の割合（　　　）

④ はき出した空気にふくまれる二酸化炭素の体積の割合（　　　）

〔 ア 約0.04%　イ 約3%　ウ 約18%　エ 約21% 〕

(5) (4)から、人は空気中の何をとり入れ、空気中に何を出していることがわかりますか。

とり入れる（　　　）　出す（　　　）

(6) (5)のはたらきを何といいますか。（　　　）

2 次の図は、人、ウサギ、魚の呼吸に関係するつくりを表したものです。

〈人〉

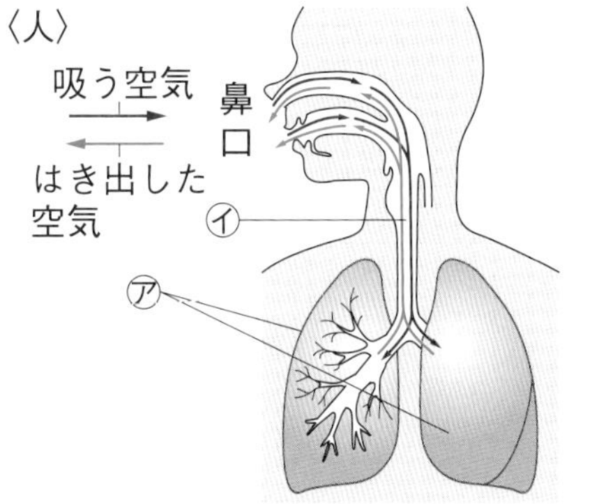

〈ウサギ〉

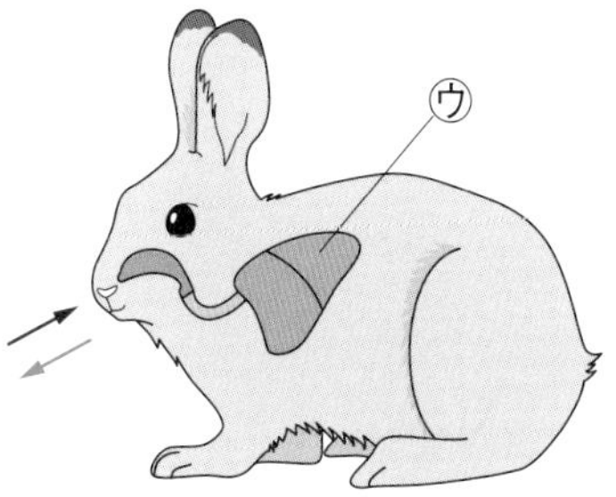

〈魚〉

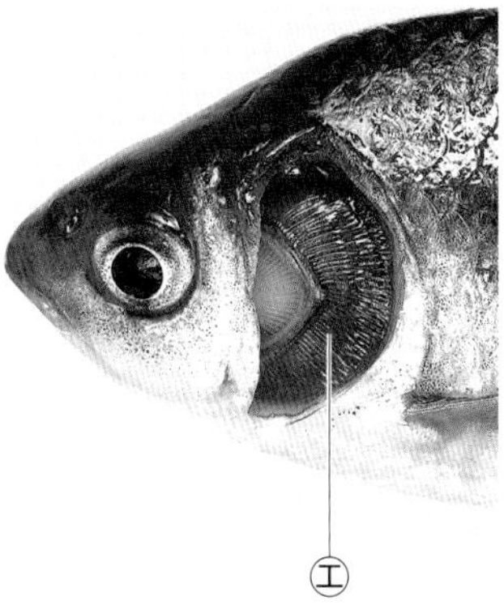

(1) ㋐、㋑のつくりをそれぞれ何といいますか。　㋐（　　　）㋑（　　　）

(2) ウサギの㋒は、人の㋐、㋑のどちらと同じはたらきをしていますか。（　　　）

(3) 魚は㋓で呼吸しています。このつくりを何といいますか。（　　　）

まとめのテスト①

2 動物のからだのはたらき

勉強した日 月 日

時間 **20**分

得点

/100点

教科書 26〜37ページ   答え 5ページ

1 消化と吸収 人の消化や吸収のしくみについて、次の問いに答えましょう。　1つ3〔48点〕

(1) 次のはたらきをしているのは、からだのどのつくり
ですか。図の記号とつくりの名前を答えましょう。

① 食べ物と胃液をよく混ぜて、消化する。

記号（　　　） 名前（　　　　　　　）

② 食べ物を細かくして、だ液と食べ物をよく混ぜる。

記号（　　　） 名前（　　　　　　　）

③ 内側にはひだがあり、食べ物にふくまれている養
分を血液にとり入れる。

記号（　　　） 名前（　　　　　　　）

④ 吸収された養分の一部を一時的にたくわえる。

記号（　　　） 名前（　　　　　　　）

⑤ 主に水を吸収する。

記号（　　　） 名前（　　　　　　　）

⑥ 食べ物を胃に送る。

記号（　　　） 名前（　　　　　　　）

(2) ㋐から㋜まで（㋑と㋒は除く）の食べ物の通り道を何といいますか。（　　　　　　　）

(3) (2)で出される、だ液や胃液などの食べ物を消化するはたらきをもつ液を何といいますか。

（　　　　　　　）

(4) だ液には何を消化するはたらきがありますか。　（　　　　　　　）

記述 (5) 消化、吸収されなかった物は、どのようになりますか。

（　　　　　　　）

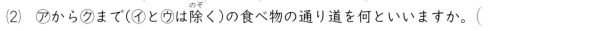

2 動物のからだ ウサギやコイのからだのしくみについて、次の問いに答えましょう。

1つ2〔6点〕

(1) ウサギやコイの消化管はどのようになって
いますか。それぞれア、イから選びましょう。

ウサギ（　　　）

コイ（　　　）

ア 口からこう門まで、ひと続きにつながっ
ている。

イ 口からこう門まで、ひと続きにはつなが
っていない。

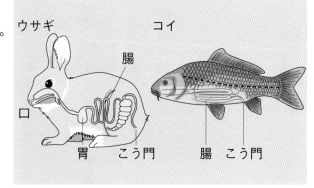

(2) ウサギやコイのからだで、食べ物の養分が吸収されるのはどの部分ですか。図から選びま
しょう。

（　　　　　　　）

16

3 吸う空気とはき出した空気 吸う空気とはき出した空気のちがいについて、次の図のような実験をしました。あとの問いに答えましょう。 1つ4〔40点〕

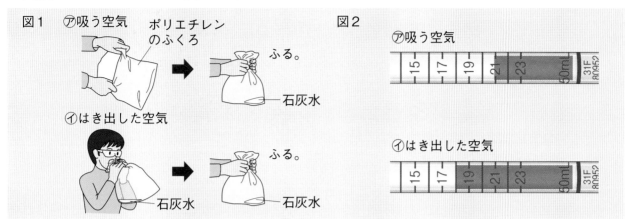

(1) 図１のように、㋐、㋑のふくろをふると、石灰水はそれぞれどのようになりますか。
　　　　　　　　　　　　　　㋐（　　　　　　　　　　　） ㋑（　　　　　　　　　　　）

(2) (1)の結果から、はき出した空気には何が多くふくまれていることがわかりますか。
　　　　　　　　　　　　　　　　　　　　　　　　　　　　　（　　　　　　　　　　　）

(3) ふくろに息をふきこむと、内側が水滴でくもりました。このことから、はき出した空気には、(2)の気体のほかに何が多くふくまれていることがわかりますか。 （　　　　　　　）

(4) 図２は、㋐、㋑のふくろの中の酸素の体積の割合を気体検知管で調べた結果です。それぞれ何％ぐらいですか。図２の目盛りを読みとりましょう。　図３
　　　　　　　　　　　　　　㋐（　　　　　　　　）
　　　　　　　　　　　　　　㋑（　　　　　　　　）

(5) 図３は、人が空気を出し入れすることに関係しているつくりを表したものです。㋺、㋑のつくりをそれぞれ何といいますか。　　㋺（　　　　　　　　）
　　　　　　　　　　　　　　㋑（　　　　　　　　）

(6) 人は㋺のつくりで血液に何をとり入れて、血液から何を出しますか。
　　（　　　　　　　　　　　　　　　　　　　　　　　　　　　　　　　　　）

(7) (6)のはたらきのことを何といいますか。　　　　　　（　　　　　　　　）

4 動物のからだ ウサギやコイの呼吸について、あとの問いに答えましょう。 1つ2〔6点〕

ウサギ　　　　　　　　　　　　　　コイ

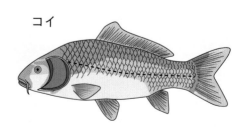

(1) ウサギとコイは、それぞれどこで呼吸をしていますか。
　　　　　　　　　　　　　ウサギ（　　　　　　　　） コイ（　　　　　　　　）

(2) コイはどこにある酸素をとり入れていますか。ア、イから選びましょう。 （　　　　）
　　ア　空気中　　イ　水中

3　血液のはたらき
4　人のからだのつくり

基本のワーク

学習の目標・
心臓やそのほかの臓器のはたらきを理解しよう。

教科書　38〜45ページ　答え　6ページ

図を見て、あとの問いに答えましょう。

1　血液の流れとはたらき

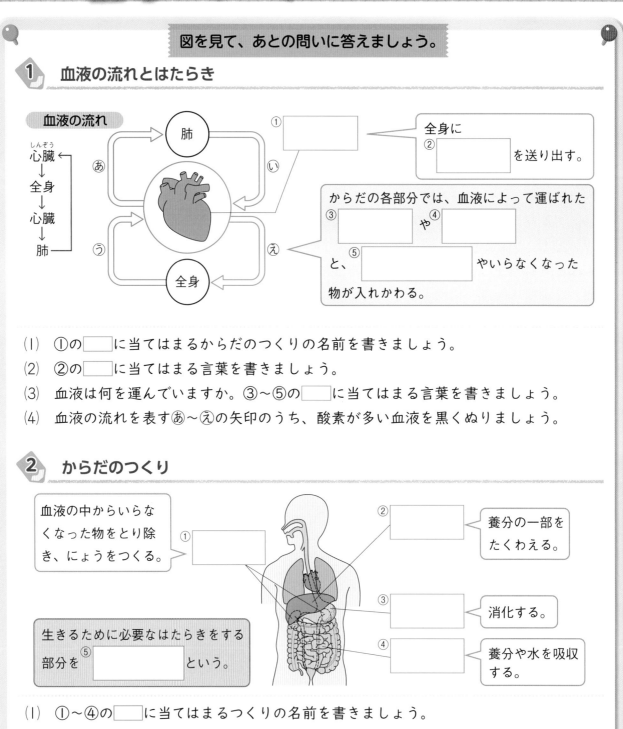

血液の流れ

心臓（しんぞう）←
全身
↓
心臓
↓
肺

肺
あ　い
う　え
全身

① ☐
全身に
② ☐ を送り出す。

からだの各部分では、血液によって運ばれた
③ ☐ や ④ ☐
と、⑤ ☐ やいらなくなった
物が入れかわる。

(1)　①の ☐ に当てはまるからだのつくりの名前を書きましょう。

(2)　②の ☐ に当てはまる言葉を書きましょう。

(3)　血液は何を運んでいますか。③〜⑤の ☐ に当てはまる言葉を書きましょう。

(4)　血液の流れを表すあ〜えの矢印のうち、酸素が多い血液を黒くぬりましょう。

2　からだのつくり

血液の中からいらな
くなった物をとり除
き、にょうをつくる。
① ☐

② ☐
養分の一部を
たくわえる。

③ ☐
消化する。

④ ☐
養分や水を吸収
する。

生きるために必要なはたらきをする
部分を ⑤ ☐ という。

(1)　①〜④の ☐ に当てはまるつくりの名前を書きましょう。

(2)　⑤の ☐ に当てはまる言葉を書きましょう。

まとめ　〔 心臓　腎臓（じんぞう）　酸素 〕から選んで（　）に書きましょう。

●血液は①（　　　　　）から送り出され、養分、②（　　　　　）、二酸化炭素などを運ぶ。

●いらなくなった物は、③（　　　　　）でとり除かれた後、にょうとして体の外へ出される。

血液を送り出す心臓の動きを拍動（はくどう）といいます。拍動が血管を伝わってどくどくと感じるも
のが脈拍（みゃくはく）で、大人のからだではどちらの回数もふつう、1分間に約70回です。

練習のワーク

教科書　38〜45ページ　答え　6ページ

1 右の図1は、血液が全身をめぐるようす、図2は、血液の中からいらなくなった物をとり除く臓器(ぞうき)を表しています。次の問いに答えましょう。

(1) 図1の㋐の臓器を、何といいますか。

（　　　　　　　　）

(2) 血液がからだの各部分に運んでいる物は何ですか。2つ答えましょう。

（　　　　　　　）（　　　　　　　）

(3) 血液は、からだの各部分からいらなくなった物と何を受けとりますか。　（　　　　　　　　）

(4) 酸素が多い血液の流れを表しているのは、図1の㋑、㋒のどちらですか。　　　　　　（　　　　　）

(5) 心臓の規則正しい動きのことを、何といいますか。

（　　　　　　　　）

(6) 手首や首に指を当てると感じられる、(5)の動きが伝わったものを何といいますか。　（　　　　　　）

(7) からだの中でいらなくなった物は、図2の㋐に運ばれ、血液の中からとり除かれます。㋐の臓器を何といいますか。　　　　　　　　（　　　　　　）

(8) 図2の㋑では、にょうが一時的にためられた後、からだの外に出されます。㋑の臓器を何といいますか。

（　　　　　　　　）

図1

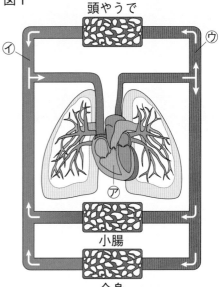

頭やうで

小腸

全身

図2

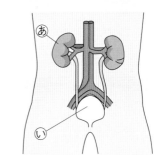

2 右の図は、人のからだのつくりを、前から見たようすを表したものです。次の問いに答えましょう。

(1) 血液を全身に送り出している臓器は、どれですか。図の記号と名前を答えましょう。

記号（　　　）名前（　　　　　　）

(2) 血液に酸素をとり入れ、血液から二酸化炭素を出している臓器は、どれですか。図の記号と名前を答えましょう。

記号（　　　）名前（　　　　　　）

(3) 消化された養分や水を吸収している臓器は、どれですか。図の記号と名前を答えましょう。

記号（　　　）名前（　　　　　　）

(4) 吸収された養分の一部を一時的にたくわえている臓器は、どれですか。図の記号と名前を答えましょう。

記号（　　　）名前（　　　　　　）

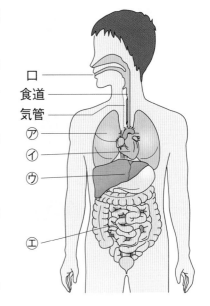

口
食道
気管
㋐
㋑
㋒
㋓

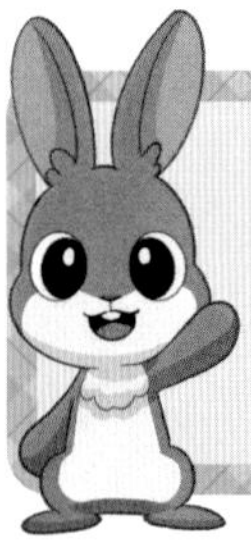

まとめのテスト②

2 動物のからだのはたらき

勉強した日 月 日

時間 20分

得点 /100点

教科書 38〜45ページ　答え 7ページ

よく出る **1** [血液の流れ] **血液の流れについて、次の問いに答えましょう。** 1つ3〔24点〕

(1) 図1の㋐、㋑は、それぞれ何というつくりですか。

㋐(　　　　)
㋑(　　　　)

(2) ㋐では、血液に何がとり入れられますか。 (　　　　)

(3) ㋐では、血液から何が出されますか。 (　　　　)

記述 (4) ㋑はどのようなはたらきをしていますか。

(　　　　　　　　　　)

(5) ㋑は、規則正しく縮(ちぢ)んだりゆるんだりすることをくり返しています。この動きを何といいますか。

(　　　　)

(6) (5)の動きは血管を伝わって、図2のように手首などを指でおさえると感じることができます。これを何といいますか。 (　　　　)

(7) 15秒間の(5)の数と(6)の数を比べました。次のア〜ウから正しいものを選びましょう。 (　　)

ア (5)の数のほうが多い。　イ (6)の数のほうが多い。　ウ 同じである。

図1

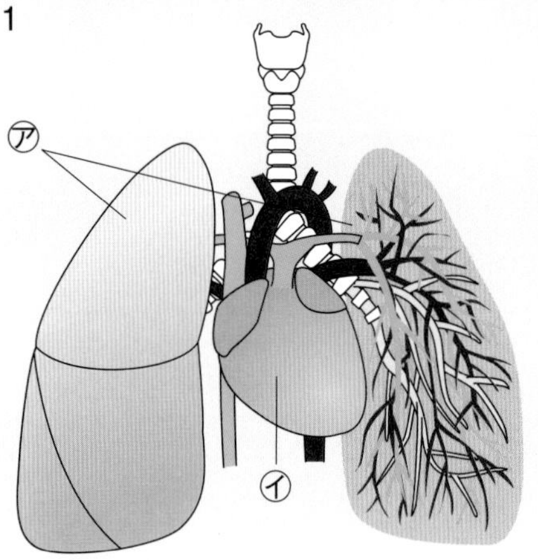

図2

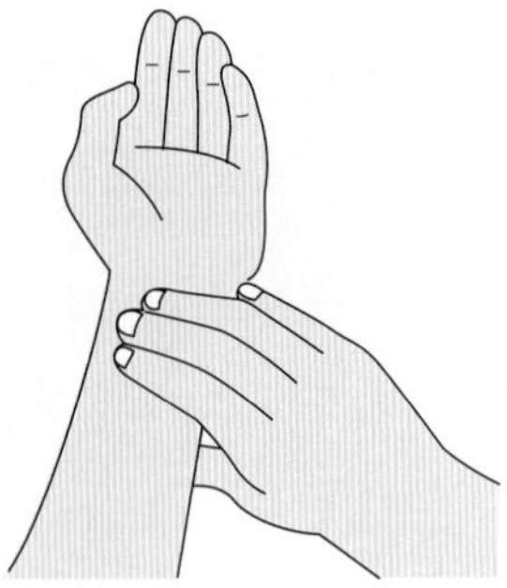

2 [血液の流れ] **右の図は、人のからだの中を血液がめぐるようすを、簡単(かんたん)に表したものです。→は血液の流れる向きを表しています。次の問いに答えましょう。** 1つ4〔20点〕

(1) ㋐、㋑は、それぞれ何というつくりを表していますか。

㋐(　　　　) ㋑(　　　　)

チャレンジ (2) 血液は、どのような順で全身をめぐっていますか。次のア〜ウから選びましょう。 (　　)

ア 全身→肺→心臓→全身

イ 全身→心臓→肺→全身

ウ 全身→心臓→肺→心臓→全身

(3) 次の血液のうち、二酸化炭素が多い血液の流れは、どれですか。正しいものに2つ○をつけましょう。

①(　　)心臓から全身に運ばれる血液

②(　　)心臓から肺に運ばれる血液

③(　　)全身から心臓にもどる血液

④(　　)肺から心臓にもどる血液

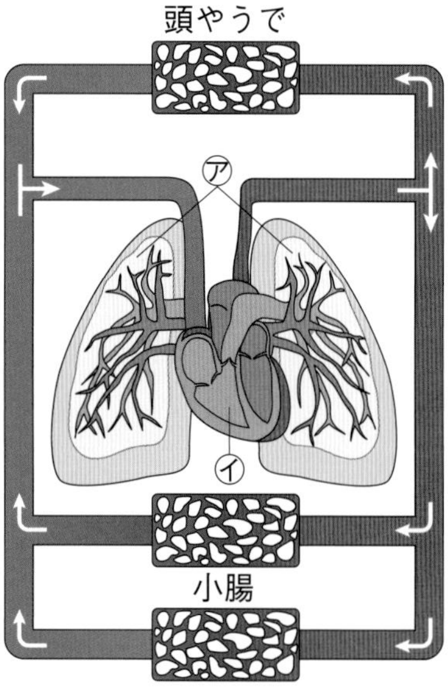

3 **メダカのおびれの観察** 右の写真は、メダカのおびれを、けんび鏡で観察したものです。次の問いに答えましょう。 1つ4〔8点〕

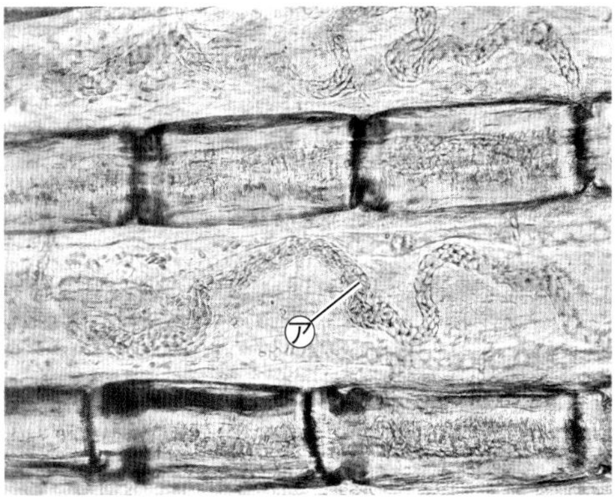

(1) ㋐のように、何かが流れているのが観察できました。㋐は何の流れですか。（　　　　）

(2) 人と同じように、メダカのからだのすみずみにも、血液はめぐっていますか。（　　　　）

4 **血液の中のいらなくなった物** 血液の中からいらなくなった物をとり除くしくみについて、次の問いに答えましょう。 1つ3〔12点〕

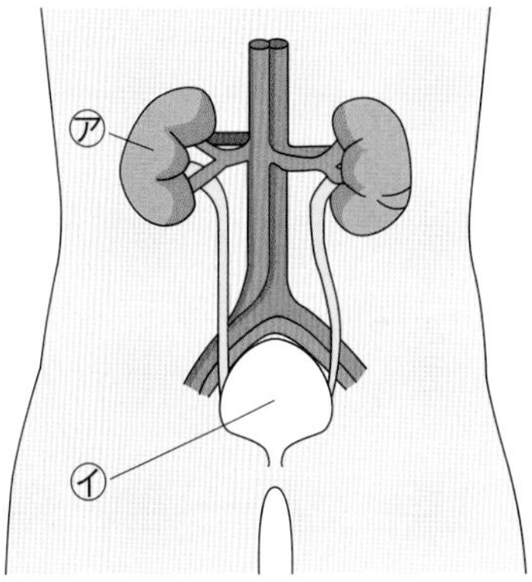

(1) 血液の中のいらなくなった物は、㋐でとり除かれ、㋑にためられます。㋐、㋑をそれぞれ何といいますか。

㋐（　　　　）　㋑（　　　　）

(2) ㋐は、いらなくなった物をとり除いて何をつくっていますか。（　　　　）

(3) (2)は、㋑でためられた後、どうなりますか。

（　　　　）

5 **人のからだのつくり** 人のからだのつくりとはたらきについて、次の問いに答えましょう。 1つ3〔36点〕

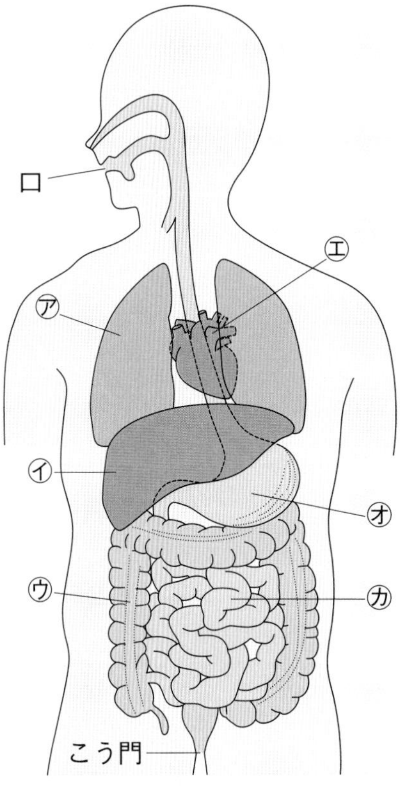

(1) からだの中で、生きるために必要なはたらきをしている部分を何といいますか。（　　　　）

(2) ㋒～㋕のつくりをそれぞれ何といいますか。

㋒（　　　　）　㋓（　　　　）

㋔（　　　　）　㋕（　　　　）

(3) 呼吸に関係するつくりを、㋐～㋕から選びましょう。（　　　　）

(4) 血液の流れに関係するつくりを、㋐～㋕から選びましょう。（　　　　）

(5) 血液はからだの各部分に何を運んでいますか。2つ答えましょう。（　　　　）（　　　　）

(6) 血液はからだの各部分でいらなくなった物や何を受けとっていますか。（　　　　）

(7) 消化や吸収、吸収された養分の一部をたくわえるはたらきに関係しているつくりを、㋐～㋕からすべて選びましょう。（　　　　）

(8) からだの中の(1)は、たがいにかかわり合っていますか。

（　　　　）

1　植物の水の通り道①

基本のワーク

教科書 46〜50ページ　答え 8ページ

学習の目標・
植物のからだには水の通り道があることを理解しよう。

図を見て、あとの問いに答えましょう。

1　水の通り道

ホウセンカを赤い色水に入れる。

葉の断面

④ [　]

くきの断面

② [　]

根の断面

③ [　]

だっし綿

初めの
水面の位置

水面は ① [　　　]。

水が蒸発をしないように、だっし綿を使うよ。

水は根から
とり入れられるね。

色の染まったところは
⑤ [　] の通り道。

(1)　時間がたつにつれて、水面の位置は上がりますか、下がりますか。①の □ に書きましょう。

(2)　水はどの順で通っていきますか。②〜④の □ に１〜３の数字を書きましょう。

(3)　⑤の □ に当てはまる言葉を書きましょう。

まとめ　〔 通り道　葉　根 〕から選んで（ ）に書きましょう。

⚫①（　　　　　）からとり入れられた水は根、くき、②（　　　　　）にある水の
　③（　　　　　）を通って全体に運ばれる。

わくわくたんてい団　植物に水をあたえないと、しおれてしまいます。しかし、かれる前に水をあたえると、水がからだ全体に運ばれて、しばらくするともとにもどります。

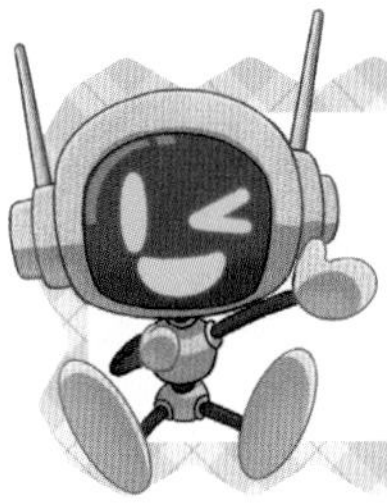

練習のワーク

できた数　　／9問中

教科書　46～50ページ　　答え　8ページ

1　右の図のように、ホウセンカの根を赤い色水に入れて、根、くき、葉の変化するようすを観察しました。次の問いに答えましょう。

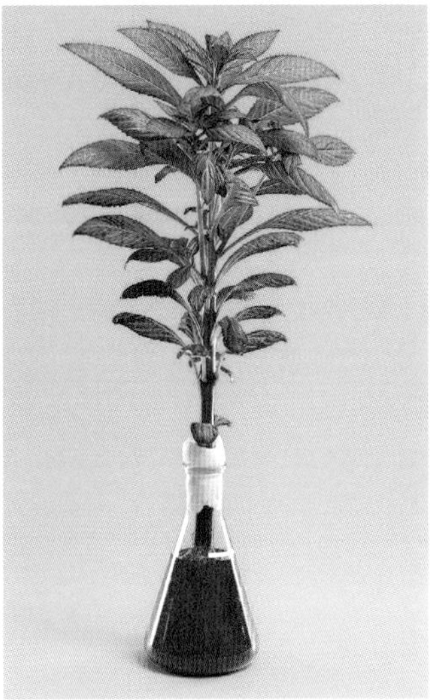

(1)　この実験で使うホウセンカは、どのように用意しますか。次のア、イから選びましょう。（　　）

ア　ホウセンカを根ごとほり上げ、根についた土を洗い落としてから色水に入れる。

イ　ホウセンカを根ごとほり上げ、そのまま色水に入れる。

(2)　根を入れていた赤い色水の水面の位置は、時間がたつにつれてどのようになりますか。次のア～ウから選びましょう。（　　）

ア　上がる。　　イ　変わらない。　　ウ　下がる。

(3)　赤く染まったくきを横と縦に切り、中のようすを観察しました。切り口のようすとして正しいものを、次の㋐～㋓から2つ選びましょう。　横（　　）　縦（　　）

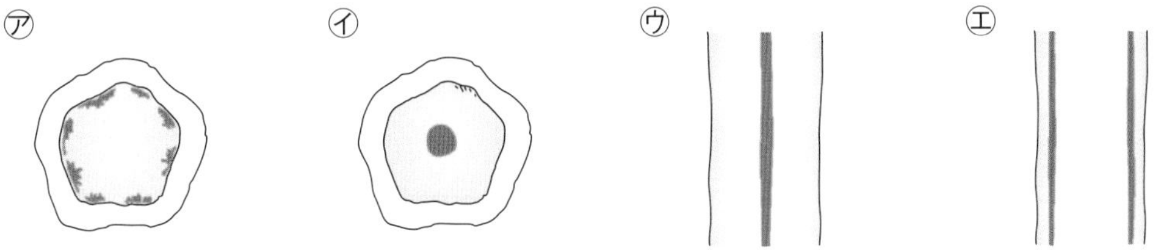

(4)　赤く染まった葉を切り、中のようすを観察しました。中のようすとして正しいものを、次の㋔～㋖から選びましょう。（　　）

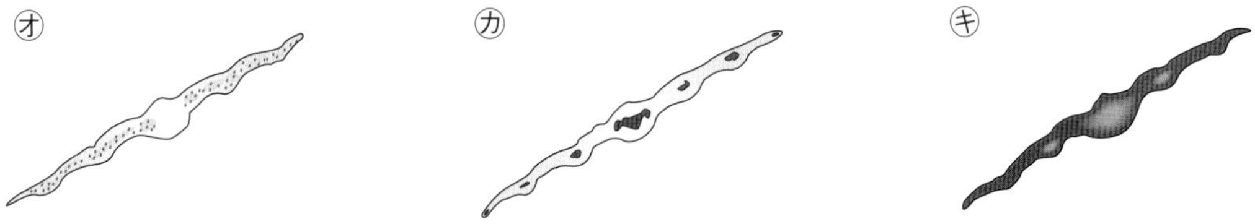

(5)　赤く染まった部分は何であるといえますか。（　　）

(6)　水は、植物のからだの中をどのような順で通っていきますか。次のア～ウから選びましょう。（　　）

ア　根 → 葉 → くき

イ　根 → くき → 葉

ウ　葉 → くき → 根

(7)　植物がとり入れた水について、次の（　）に当てはまる言葉を下の〔　〕から選んで書きましょう。

　根からとり入れられた水は、根、くき、葉にある①（　　　　）を通って植物の②（　　　　）に運ばれる。

〔　水の通り道　　空気の通り道　　からだ全体　　葉だけ　〕

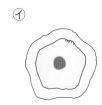

1　植物の水の通り道②

基本のワーク

教科書 51〜52ページ　答え 8ページ

図を見て、あとの問いに答えましょう。

1 植物から出ていく水

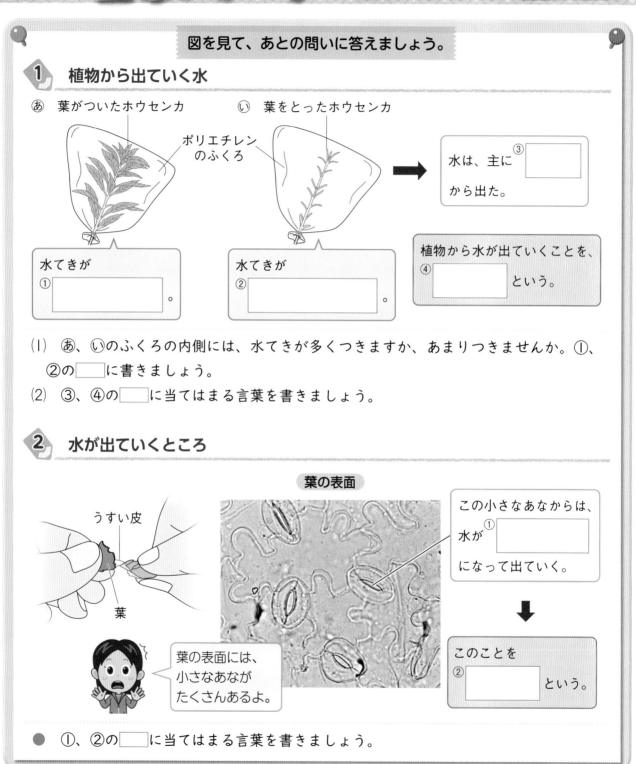

あ　葉がついたホウセンカ
い　葉をとったホウセンカ
ポリエチレンのふくろ

水は、主に③[　　]から出た。

水てきが①[　　]。

水てきが②[　　]。

植物から水が出ていくことを、④[　　]という。

(1)　あ、いのふくろの内側には、水てきが多くつきますか、あまりつきませんか。①、②の□に書きましょう。

(2)　③、④の□に当てはまる言葉を書きましょう。

2 水が出ていくところ

葉の表面

うすい皮
葉

この小さなあなからは、水が①[　　]になって出ていく。

葉の表面には、小さなあながたくさんあるよ。

このことを②[　　]という。

● ①、②の□に当てはまる言葉を書きましょう。

まとめ 〔 水蒸気　蒸散 〕から選んで（ ）に書きましょう。

●植物が根でとり入れた水が、①（　　　）となってからだの外へ出ていくことを、
②（　　　）という。

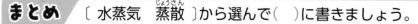

わくわくたんてい団　秋や冬には日光が弱く、植物の葉では養分ができにくくなります。大きな葉をもつ一部の木は、葉を落として葉からの蒸散をなくし、からだの水分を保ちます。

練習のワーク

| 勉強した日 | 月 | 日 |

できた数

／8問中

| 教科書 | 51〜52ページ | 答え | 8ページ |

1 葉がついたホウセンカと葉をとったホウセンカを使って、植物のどこから水が出ていくのかを調べました。あとの問いに答えましょう。

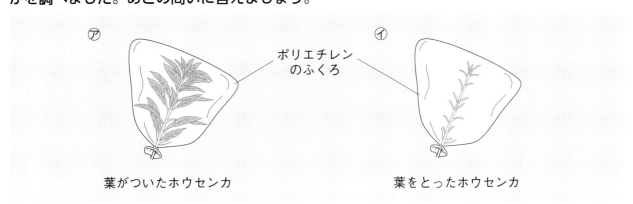

ポリエチレンのふくろ

葉がついたホウセンカ　　　　　　　　葉をとったホウセンカ

(1) この実験は、どのような日に行いますか。次のア、イから選びましょう。　（　　　）

　ア　気温の高い、晴れた日

　イ　気温の低い、くもりの日

(2) しばらくしたとき、ふくろの内側に水てきが多くついたのは、㋐、㋑のどちらですか。

（　　　）

(3) 調べた結果からわかることを、次のア〜ウから選びましょう。　（　　　）

　ア　水は、主に葉から出ていく。

　イ　水は、主にくきから出ていく。

　ウ　水は、葉からもくきからも同じぐらい出ていく。

2 次の図は、葉の裏側（うらがわ）のうすい皮をはがして、けんび鏡で観察したものです。あとの問いに答えましょう。

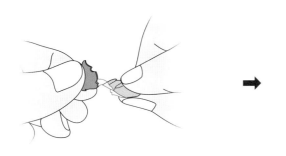 →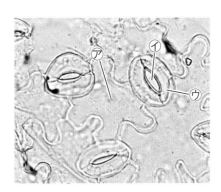

(1) 植物は、からだのどこから水をとり入れますか。　（　　　）

(2) 植物のからだにとり入れられた水は、主にからだのどこから外に出ていきますか。

（　　　）

(3) 水は、葉のどの部分から出ていきますか。図の㋐〜㋒から選びましょう。　（　　　）

(4) 水は、何になって植物のからだから出ていきますか。　（　　　）

(5) 水が植物のからだから出ていくことを何といいますか。　（　　　）

25

まとめのテスト①

勉強した日　　月　　日

3　植物のからだのはたらき

時間 20分

得点　　/100点

教科書 46〜52ページ　答え 8ページ

1 [水の通り道] **右の図のように、色水にホウセンカを入れました。次の日になると、くきや葉が赤くなってきたので、それぞれの部分を切って、中のようすを観察しました。次の問いに答えましょう。**

1つ4〔40点〕

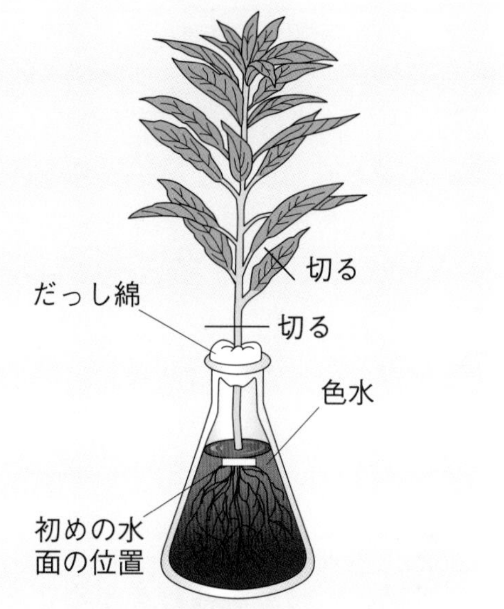

切る
だっし綿
切る
色水
初めの水面の位置

(1) 図のホウセンカは、どのようにして用意しますか。次のア、イから選びましょう。（　　）

ア　ホウセンカをほり上げて、根についた土を洗い落とす。

イ　ホウセンカをほり上げて、土のついた根を、すべて切り落とす。

(2) 水にホウセンカを入れた次の日、水面の位置はどのようになっていますか。次のア〜ウから選びましょう。（　　）

ア　上がっている。

イ　下がっている。

ウ　変わっていない。

(3) くきを縦と横に切ったときのようすを、次の㋐〜㋕からそれぞれ選びましょう。

縦（　　）　横（　　）

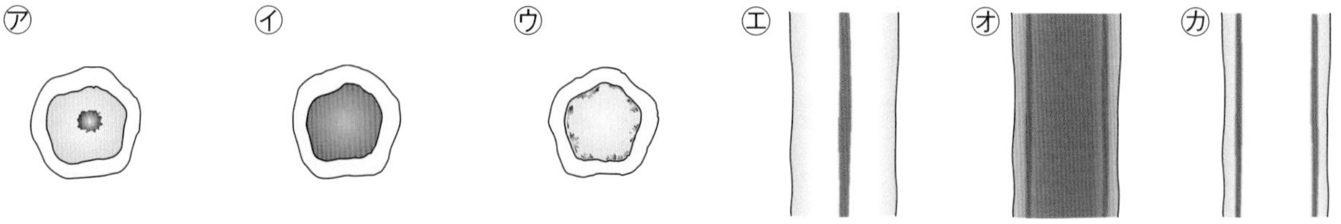

㋐
㋑
㋒
㋓
㋔
㋕

(4) 葉を切ったときのようすを、次の㋖〜㋘から選びましょう。（　　）

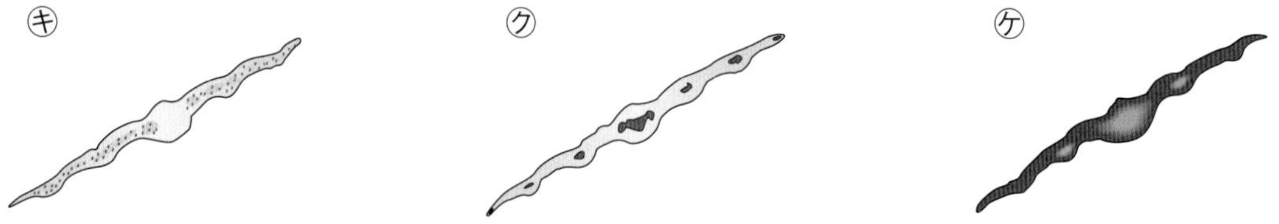

㋖
㋗
㋘

(5) 根を切って調べたとき、赤く染まっているところはありますか。（　　）

(6) 赤く染まっているところは、何の通り道を表していますか。（　　）

(7) この実験から、植物の根、くき、葉には、(6)の通り道があるといえますか。（　　）

(8) 水は、植物のからだのどこからとり入れられますか。根、くき、葉から選んで書きましょう。（　　）

(9) 水は根、くき、葉をどのような順で通っていきますか。通る順に並べましょう。

（　　→　　→　　）

2 水のゆくえ　植物がとり入れた水がどのようになるのかを調べるため、葉がついたホウセンカと、葉をとったホウセンカにふくろをかぶせ、しばらくしてからそれぞれのふくろの内側のようすを観察しました。あとの問いに答えましょう。　　　　　　　　　1つ5〔45点〕

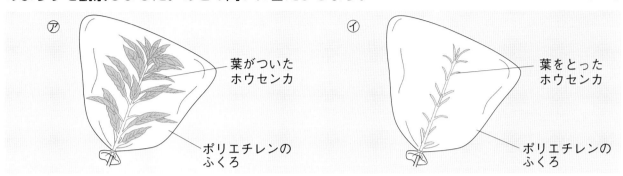

ⓐ　葉がついた　ホウセンカ　　ポリエチレンのふくろ
ⓑ　葉をとった　ホウセンカ　　ポリエチレンのふくろ

(1)　2本のホウセンカを使って調べたのはなぜですか。次のア～ウから選びましょう。　　　　　　　　　　　　　　　　　　　　　　　　　　　（　　　　　）

　　ア　葉とくきのどちらから水が多くとり入れられるのかを調べるため。
　　イ　葉とくきのどちらから水が多く出ていくのかを調べるため。
　　ウ　ホウセンカから出てきた水の量の平均を調べるため。

(2)　この実験はどのような日に行うとよいですか。気温と天気について答えましょう。
　　　　　　　　　　　　　　　　　　　（　　　　　　　　　　　　　　　　　）

(3)　しばらくすると、それぞれのふくろの内側はどのようになりますか。次のア～ウから選びましょう。　　　　　　　　　　　　　　　　　　　　　　（　　　　　）
　　ア　ⓐのほうが多くの水てきがついた。
　　イ　ⓑのほうが多くの水てきがついた。
　　ウ　ⓐとⓑで同じぐらいの量の水てきがついた。

(4)　(3)の結果から、水は主にどこから出ていくことがわかりますか。（　　　　　）

(5)　ホウセンカがとり入れた水のゆくえについて、次の（　）に当てはまる言葉を書きましょう。
　　・ホウセンカが①（　　　　　　　　　）からとり入れた水は、②（　　　　　　　　　）や
　　　③（　　　　　　　　　）にある通り道を通って、からだ全体に運ばれる。
　　・運ばれた水が④（　　　　　　　　　）となって、主に③から空気中に出ていくことを、
　　　⑤（　　　　　　　　　）という。

3 水のゆくえ　右の写真は、葉の表面を、けんび鏡を使って観察したものです。次の問いに答えましょう。　　　　　　　　　　　　　　　　　　　　　　　1つ5〔15点〕

(1)　けんび鏡は、どのような場所で使いますか。次のア～ウから選びましょう。　　　　　　　　　（　　　　　）
　　ア　日光が直接当たる、明るいところ。
　　イ　日光が直接当たらない、明るいところ。
　　ウ　日光が当たらない、暗いところ。

(2)　植物がとり入れた水は、どこからからだの外に出ていきますか。ⓐ～ⓒから選びましょう。（　　　　　）

(3)　(2)のあなは、葉の表面にたくさんありますか、1つしかないですか。　　　（　　　　　）

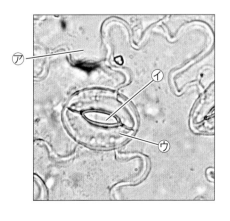

勉強した日　月　日

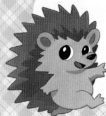

2　植物と日光のかかわり

基本のワーク

学習の目標：葉に日光が当たると、でんぷんができることを理解しよう。

教科書　53～59ページ　答え　9ページ

図を見て、あとの問いに答えましょう。

1　葉のでんぷん

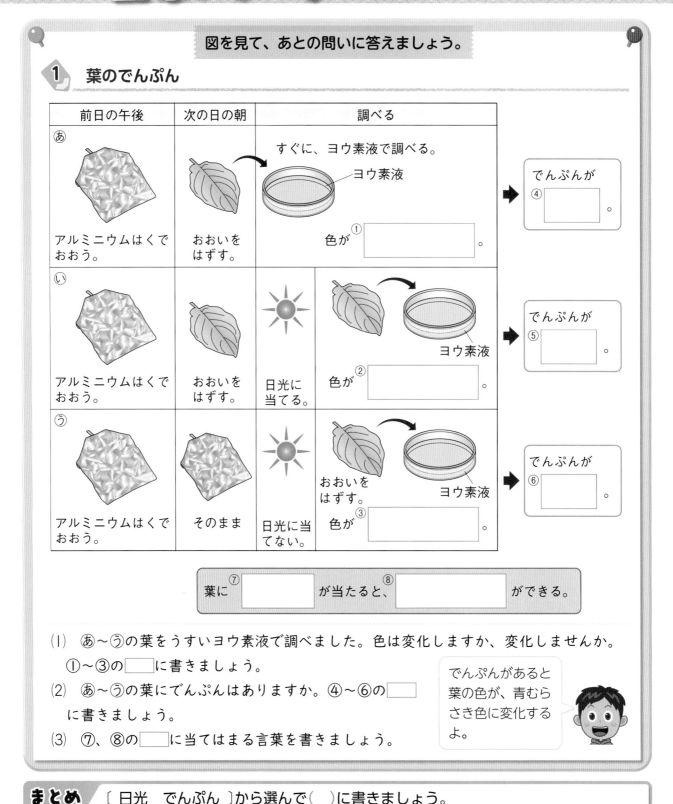

	前日の午後	次の日の朝	調べる		
あ	アルミニウムはくでおおう。	おおいをはずす。	すぐに、ヨウ素液で調べる。（ヨウ素液）	色が①［　　　］。	→ でんぷんが④［　　　］。
い	アルミニウムはくでおおう。	おおいをはずす。	日光に当てる。	（ヨウ素液）色が②［　　　］。	→ でんぷんが⑤［　　　］。
う	アルミニウムはくでおおう。	そのまま	日光に当てない。	おおいをはずす。（ヨウ素液）色が③［　　　］。	→ でんぷんが⑥［　　　］。

葉に⑦［　　　］が当たると、⑧［　　　］ができる。

(1)　あ～うの葉をうすいヨウ素液で調べました。色は変化しますか、変化しませんか。①～③の［　］に書きましょう。

(2)　あ～うの葉にでんぷんはありますか。④～⑥の［　］に書きましょう。

(3)　⑦、⑧の［　］に当てはまる言葉を書きましょう。

でんぷんがあると葉の色が、青むらさき色に変化するよ。

まとめ　〔 日光　でんぷん 〕から選んで（　）に書きましょう。

●植物は葉に①（　　　）が当たることで、成長するために必要な②（　　　）をつくることができる。

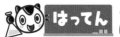

はってん　〈葉にできたでんぷんのゆくえ〉葉にできたでんぷんは、水にとける物に変わって全体に運ばれ、成長に使われたり、再びでんぷんになって、いもなどにたくわえられたりします。

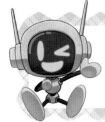

練習のワーク

できた数 /10問中

教科書 53～59ページ　答え 9ページ

1 葉のでんぷんを調べる２つの方法について、あとの問いに答えましょう。

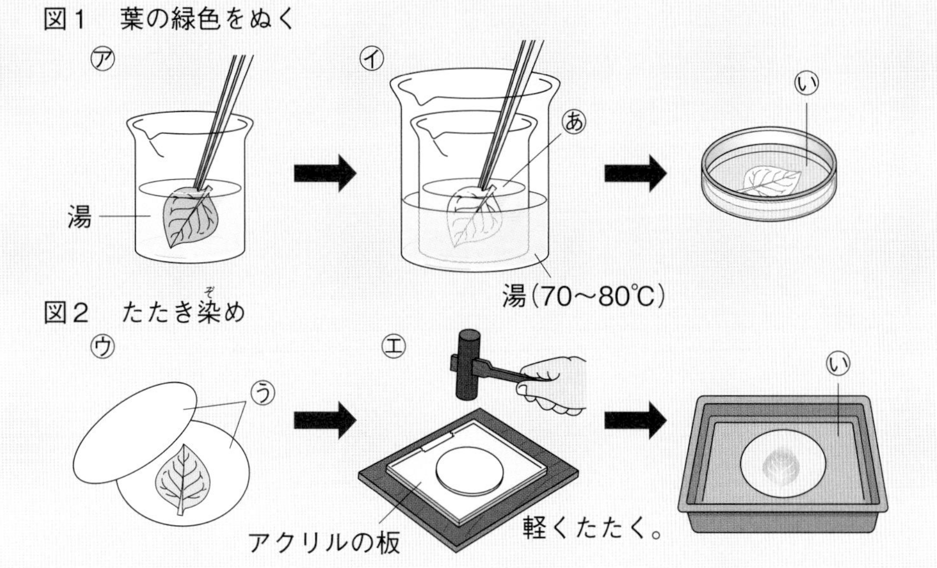
図１　葉の緑色をぬく
㋐
㋑
あ
い
湯
湯（70～80℃）
図２　たたき染め
㋒
㋓
う
い
アクリルの板
軽くたたく。

いの液につける前に、湯で洗おう。

(1) ㋐は、何のためにしていますか。次のア～エから選びましょう。（　　）
ア　葉の緑色を洗い流すため。
イ　葉の緑色をとかし出すため。
ウ　葉をやわらかくするため。
エ　葉についた物を洗い流すため。

(2) ㋑では、葉の緑色をとかし出しています。[あ]の液は何ですか。（　　）

(3) でんぷんを調べるために使う、[い]の液を何といいますか。（　　）

(4) でんぷんがあるとき、[い]にひたした葉の色は変化しますか。（　　）

(5) ㋒で、葉をはさんだ[う]の紙を何といいますか。（　　）

2 日光によく当てた葉㋐と、おおいをして日光に当てなかった葉㋑を用意しました。次の問いに答えましょう。

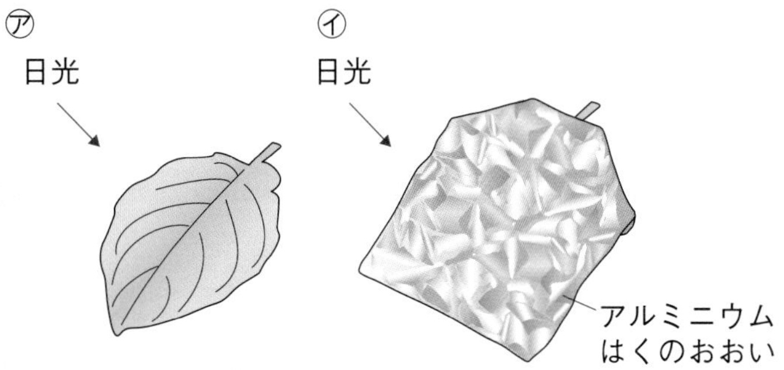
㋐
日光
㋑
日光
アルミニウムはくのおおい

(1) ㋐、㋑の葉をうすいヨウ素液にひたすと、それぞれ色は変化しますか。
㋐（　　）
㋑（　　）

(2) (1)で色が変化した葉には、何ができていますか。
（　　）

(3) (2)ができるためには、どのようなことが必要ですか。
（　　）

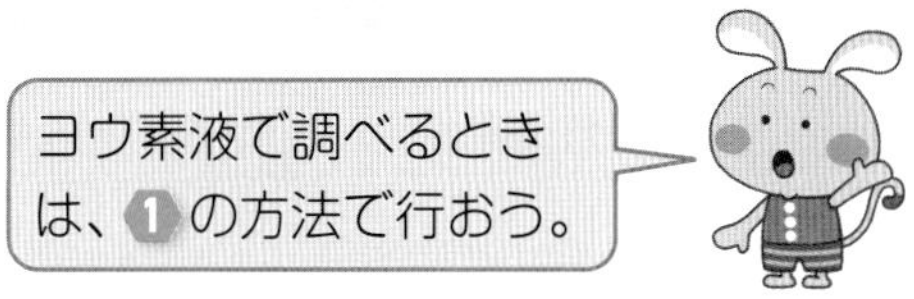
ヨウ素液で調べるときは、1の方法で行おう。

(4) 植物は、成長するための養分を自分でつくることができますか。（　　）

まとめのテスト②

勉強した日　月　日

3　植物のからだのはたらき

時間 20分

得点 /100点

教科書 53～59ページ　答え 9ページ

よく出る **1** [植物の葉と日光] 植物の葉と日光とのかかわりについて調べるため、次のような実験をしました。あとの問いに答えましょう。　1つ8〔56点〕

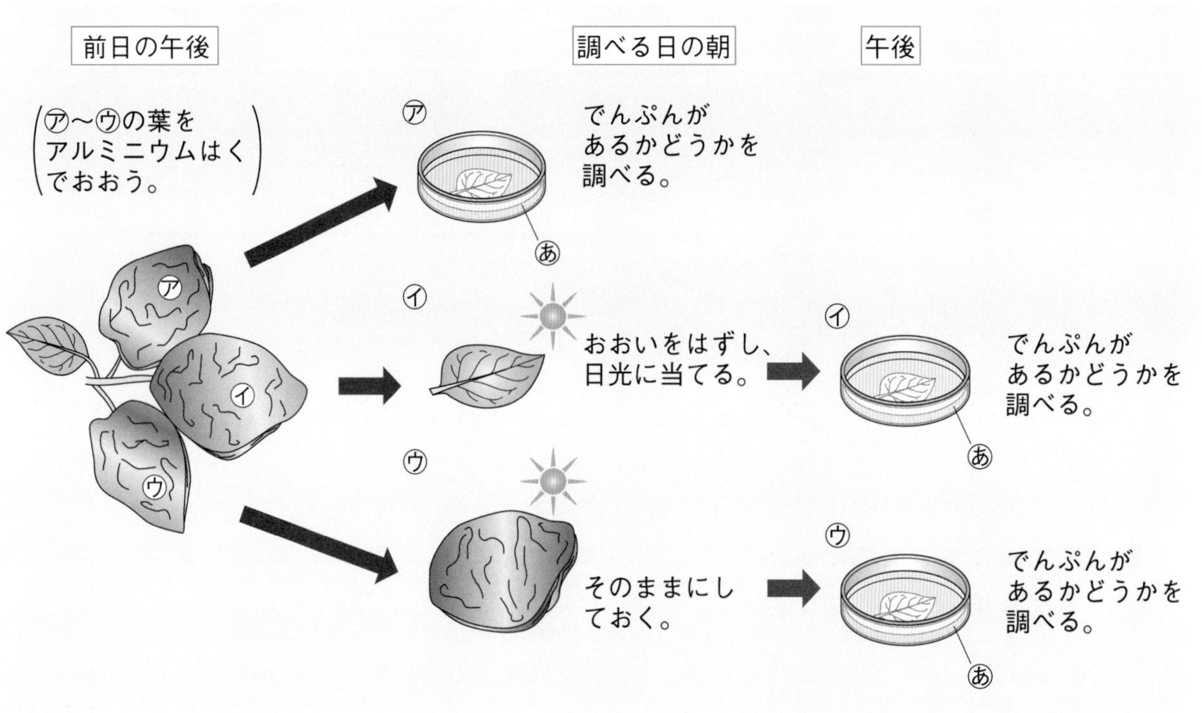

前日の午後
調べる日の朝
午後
（㋐～㋒の葉をアルミニウムはくでおおう。）
㋐
でんぷんがあるかどうかを調べる。
あ
㋑
おおいをはずし、日光に当てる。
㋑
でんぷんがあるかどうかを調べる。
あ
㋒
そのままにしておく。
㋒
でんぷんがあるかどうかを調べる。
あ

(1)　葉をアルミニウムはくでおおうのは、なぜですか。次のア～ウから選びましょう。（　　）

ア　葉をやわらかくするため。

イ　葉に日光が当たらないようにするため。

ウ　葉をあたためるため。

(2)　調べる日の朝に、㋐の葉にでんぷんがあるかどうかを調べたのはなぜですか。次のア、イから選びましょう。（　　）

ア　日光に当てる前の葉にでんぷんがないことを確かめるため。

イ　日光に当てる前の葉に水が運ばれてきていることを確かめるため。

(3)　でんぷんがあるかどうかを調べるために使ったあの液は何ですか。（　　）

(4)　あの液で調べたとき、色が変化した葉はどれですか。㋐～㋒から選びましょう。（　　）

(5)　(4)から、葉にでんぷんができていたのはどれですか。㋐～㋒から選びましょう。（　　）

記述 (6)　この実験からわかることを、「葉」と「日光」という言葉を使って答えましょう。

（　　）

(7)　植物は、成長のための養分を自分でつくることができるといえますか。（　　）

2 でんぷんを調べる方法 葉にでんぷんがあるかどうかを、次の図のような方法で調べました。あとの問いに答えましょう。 1つ6〔24点〕

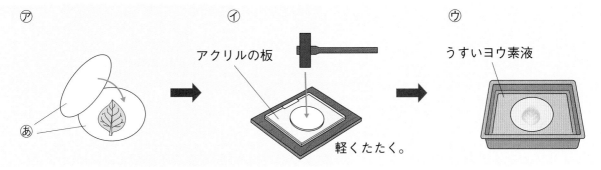

㋐ 葉を湯につける。
湯

㋑ 葉をあたためたエタノールに入れる。
エタノール

㋒ 湯に入れて洗い、うすいヨウ素液にひたす。

(1) ㋐で、葉を湯につけたのはなぜですか。次の**ア〜エ**から選びましょう。 (　　　　)

　ア　葉をかたくするため。

　イ　葉をやわらかくするため。

　ウ　葉のよごれを落とすため。

　エ　葉の緑色をとかし出すため。

(2) ㋑で、ビーカーに入れたエタノールをあたためる方法として正しいものを、次の**ア、イ**から選びましょう。 (　　　　)

　ア　70℃〜80℃の湯を入れたビーカーに入れる。

　イ　実験用ガスこんろでビーカーごと熱する。

(3) ㋑で、葉をあたためたエタノールに入れたのはなぜですか。

　(　　　　　　　　　　　　　　　　　　　　　　　　　　　　　　)

(4) ㋒で、うすいヨウ素液にひたしたときに色が変化したのは、日光に当てた葉ですか、日光に当てなかった葉ですか。 (　　　　　　　)

3 でんぷんを調べる方法 日光に当てた葉を、次の図のようなたたき染めで調べました。あとの問いに答えましょう。 1つ5〔20点〕

㋐
あ

㋑ アクリルの板
軽くたたく。

㋒ うすいヨウ素液

(1) ㋐で、葉をはさんでいる㋰の紙を何といいますか。 (　　　　　　　)

(2) ㋑の作業をするのはなぜですか。次の**ア、イ**から選びましょう。 (　　　　)

　ア　葉をやわらかくするため。

　イ　葉にできたものを㋰の紙にうつすため。

(3) ㋒で、うすいヨウ素液を使うと、何があるかどうかを調べられますか。

　(　　　　　　　　　　　　　　　　　　　　　　　　　　　　　　)

(4) 日光に当てた葉に、(3)はありますか。 (　　　　　　　)

1　食べ物をとおした生き物のかかわり

基本のワーク

学習の目標・
生き物どうしが食物連鎖でつながっていることを知ろう。

教科書 60〜67ページ　　答え 10ページ

図を見て、あとの問いに答えましょう。

1 食べ物のもと

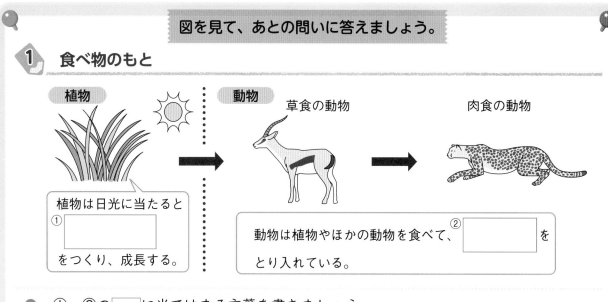

植物　　動物　草食の動物　　肉食の動物

植物は日光に当たると
①［　　　　　　　］
をつくり、成長する。

動物は植物やほかの動物を食べて、②［　　　　　　　］を
とり入れている。

● ①、②の□□に当てはまる言葉を書きましょう。

2 「食べる」「食べられる」という関係

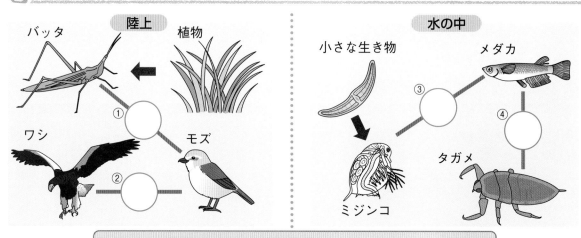

陸上　　　水の中

バッタ　　植物　　小さな生き物　　メダカ

① ○

ワシ　　モズ　　③ ○

② ○　　　　④ ○

ミジンコ　　タガメ

このような生き物どうしのつながりを⑤［　　　　　　　］という。

(1) 陸上や水の中の生き物について、食べられるものから食べるものに向けて①〜④の
○に→をかきましょう。

(2) ⑤の□□に当てはまる言葉を書きましょう。

まとめ　〔 食物連鎖（しょくもつれんさ）　養分 〕から選んで（　）に書きましょう。

● 植物はでんぷんをつくり、動物は、植物や動物を食べて①（　　　　　　　）をとり入れる。

● 生き物どうしは②（　　　　　　　）という関係でつながっている。

アイガモのひなは、イネを食べるこん虫を食べて育ちます。アイガモを田んぼに放すと、
若いイネをこん虫から守ることができます。これは食物連鎖を利用している例です。

練習のワーク

できた数 /10問中

教科書 60~67ページ　答え 10ページ

1 右の図は、カレーライスの材料のもとを表したものです。次の問いに答えましょう。

ウシ
米
タマネギ
イネ
ジャガイモ
ニンジン

(1) このカレーライスには、どのような材料が入っていますか。ア～ウから選びましょう。 (　　)

ア 動物だけ　イ 植物だけ

ウ 植物と動物の両方

(2) ウシは、植物と動物のどちらを食べていますか。 (　　)

(3) 人や動物は、自分で養分をつくることができますか。 (　　)

(4) 植物は、自分で養分をつくることができますか。 (　　)

2 生き物の、食べ物をとおしたかかわりについて、あとの問いに答えましょう。

図1

㋐落ち葉
㋑モズ
㋒トカゲ
㋓ダンゴムシ

図2

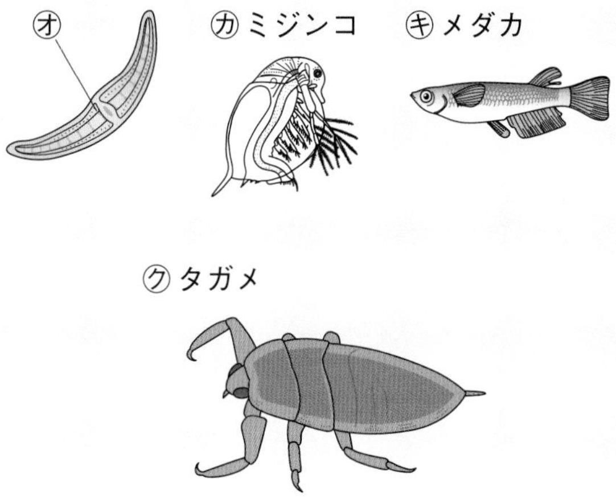
㋔
㋕ミジンコ
㋖メダカ
㋗タガメ

(1) 図1の㋐～㋓を、食べられるものから食べるものへと順に並べましょう。
(　　→　　→　　→　　)

(2) ダンゴムシの食べ物は、植物と動物のどちらですか。 (　　)

(3) 図2の㋔は水の中の小さな生き物です。何といいますか。 (　　)

(4) 図2の㋔～㋗を、食べられるものから食べるものへと順に並べましょう。
(　　→　　→　　→　　)

(5) 図2の、水の中の小さな生き物をけんび鏡で観察するために、スライドガラスに水をのせてカバーガラスをかけたものを何といいますか。 (　　)

(6) 図1も図2も、生き物どうしは「食べる」「食べられる」という関係で、くさりのようにつながっています。この生き物どうしのつながりを何といいますか。
(　　)

4 生き物どうしのかかわり

2 空気をとおした生き物どうしのかかわり
3 生き物と水とのかかわり

基本のワーク

学習の目標・

生き物と空気や水の関係を理解しよう。

教科書 68～75ページ　　答え 10ページ

図を見て、あとの問いに答えましょう。

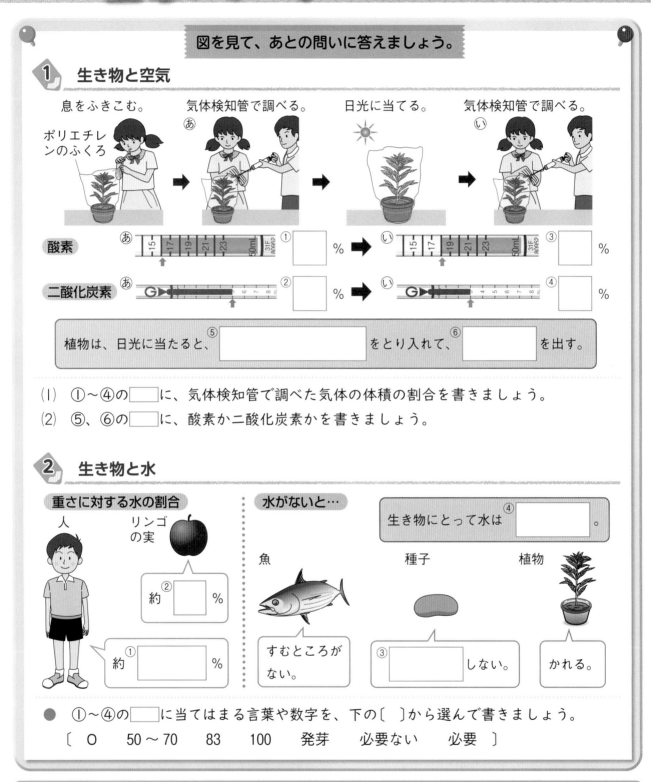

1　生き物と空気

植物は、日光に当たると、⑤〔　　　〕をとり入れて、⑥〔　　　〕を出す。

(1) ①～④の　　　に、気体検知管で調べた気体の体積の割合を書きましょう。

(2) ⑤、⑥の　　　に、酸素か二酸化炭素かを書きましょう。

2　生き物と水

● ①～④の　　　に当てはまる言葉や数字を、下の〔　〕から選んで書きましょう。

〔　0　　50～70　　83　　100　　発芽　　必要ない　　必要　〕

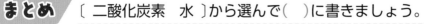

まとめ　〔二酸化炭素　水〕から選んで（　）に書きましょう。

● 植物は日光に当たると、空気中の①（　　　　　　　）をとり入れ、酸素を出す。

● 生き物は、②（　　　　　　　）がないと生きていけない。

冬には、植物の葉が減ってしまいますが、地球から酸素が減らないのでしょうか。実は、葉を落とさない植物や、ほかの場所で夏をむかえた植物が酸素を出してくれています。

34

勉強した日　月　日

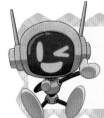

練習のワーク

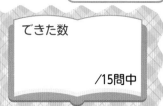

教科書 68～75ページ　答え 10ページ

できた数 /15問中

1 植物に日光が当たっているときの、酸素と二酸化炭素の出入りについて調べました。表は植物にポリエチレンのふくろをかぶせて息をふきこんだときと、1時間日光に当てた後に、ふくろの中の酸素と二酸化炭素の体積の割合を調べたものです。次の問いに答えましょう。

	酸素の体積の割合	二酸化炭素の体積の割合
息をふきこんだ空気	16%	5%
1時間日光に当てた後の空気	18%	3%

(1) 初めに息をふきこんだのは酸素と二酸化炭素のどちらの体積の割合を大きくするためですか。
（　　　　）

(2) 植物を日光に当てると、ふくろの中の酸素の体積の割合はどのようになりましたか。
（　　　　）

(3) 植物を日光に当てると、ふくろの中の二酸化炭素の体積の割合はどのようになりましたか。
（　　　　）

(4) この実験からわかることについて、（　）に当てはまる言葉を書きましょう。

植物は日光が当たると、①（　　　　）をとり入れ、②（　　　　）を出している。

2 植物と気体の出入りについて、次の問いに答えましょう。

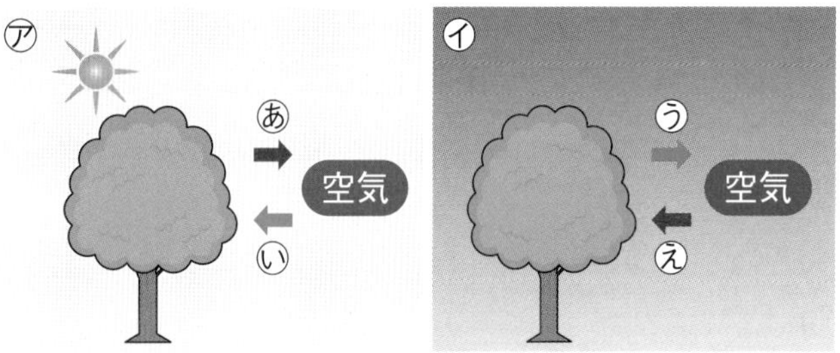

(1) ㋐は、昼に日光がよく当たっているときの気体の出入りです。あ、いの気体は何ですか。

あ（　　　　）
い（　　　　）

(2) ㋑は、夜に日光が当たっていないときの気体の出入りです。う、えの気体は何ですか。

う（　　　　）
え（　　　　）

(3) (2)のように気体が出入りする植物のはたらきを何といいますか。（　　　　）

(4) ㋐のとき、植物は(3)のはたらきをしていますか。（　　　　）

3 生き物と水について、次の問いに答えましょう。

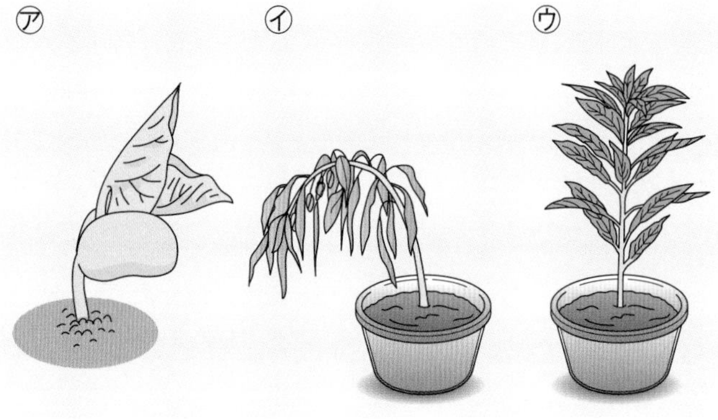

(1) ㋐は、インゲンマメの発芽のようすです。発芽に水は必要ですか。
（　　　　）

(2) はち植えの植物に、水をあたえないでおくと、㋑、㋒のどちらのようになりますか。（　　）

(3) 生き物のからだには、水がふくまれていますか。（　　　　）

(4) 生き物が生きていくために、水は必要ですか。（　　　　）

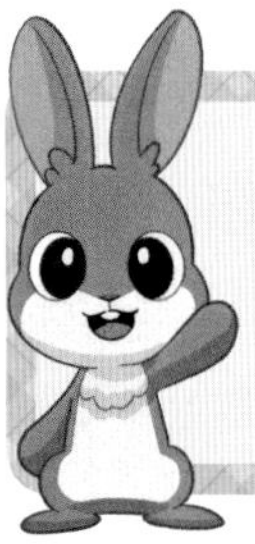

まとめのテスト

4　生き物どうしのかかわり

勉強した日　月　日

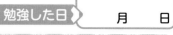

時間 20分

得点　/100点

教科書 60～75ページ　答え 11ページ

1 [生き物と食べ物] **生き物と食べ物とのかかわりについて、次の問いに答えましょう。**

1つ4〔24点〕

(1) 私(わたし)たちの食べ物について、次の(　)に植物か動物かを書きましょう。

私たちは、ブタ、ウシ、ニワトリなどの①(　　　　)や、米や野菜などの②(　　　　)を食べている。
ブタ、ウシ、ニワトリなどは③(　　　　)を食べている。

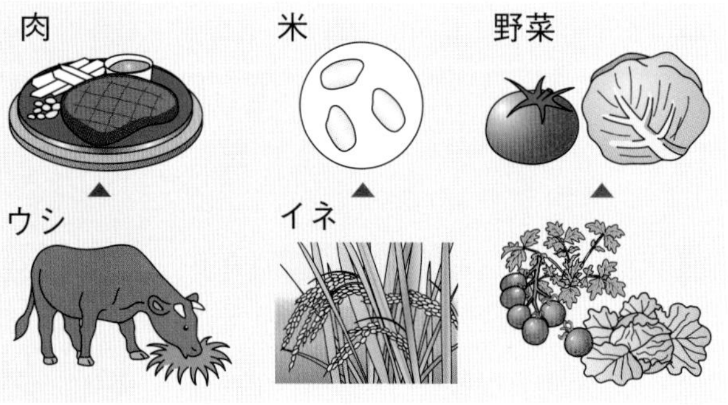

肉
米
野菜
ウシ
イネ

(2) ほかの生き物を食べて養分をとり入れるのは、動物と植物のどちらですか。(　　　　)

(3) 植物は日光に当たると、何という養分をつくりますか。(　　　　)

(4) 動物の養分となる植物について、ア～ウから正しいものを選びましょう。(　　)

ア　生きている植物だけが動物の養分になる。
イ　かれている植物だけが動物の養分になる。
ウ　生きている植物もかれている植物も、動物の養分になる。

よく出る **2** [生き物どうしのかかわり] **食べ物をとおした生き物どうしのかかわりについて、あとの問いに答えましょう。**

1つ4〔20点〕

図1

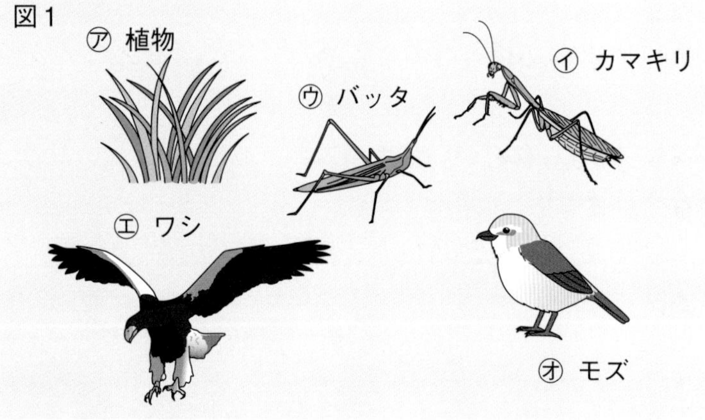

㋐ 植物
㋑ カマキリ
㋒ バッタ
㋓ ワシ
㋔ モズ

図2

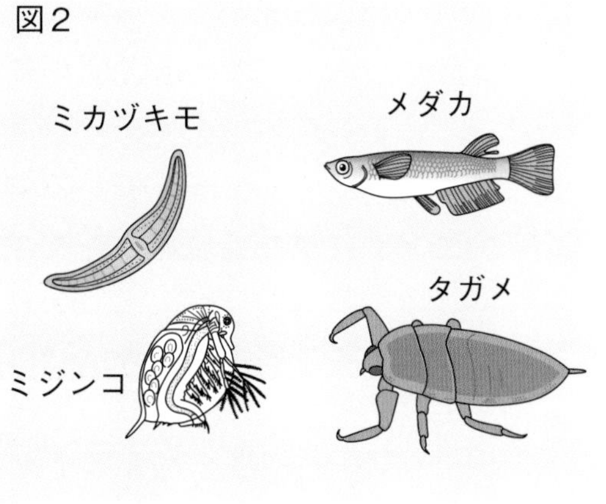

ミカヅキモ
メダカ
タガメ
ミジンコ

(1) バッタは何を食べますか。図1の㋐～㋔から選びましょう。(　　)

(2) モズは何に食べられますか。図1の㋐～㋔から選びましょう。(　　)

(3) 図1のワシはほかの動物を食べます。何食の動物といいますか。(　　　　)

(4) 図1の生き物に見られる、生き物どうしの「食べる」「食べられる」という関係のつながりを何といいますか。(　　　　)

(5) 図2は水の中の生き物です。これらの生き物どうしにも「食べる」「食べられる」という関係がありますか。(　　　　)

3 [植物と空気] ある晴れた日に、㋐のように植物にふくろをかぶせて息をふきこみました。㋑のようにふくろの中の気体の体積の割合を調べた後、よく日光に当て、1時間後にもういちどふくろの中の気体の体積の割合を調べました。次の問いに答えましょう。 1つ4〔32点〕

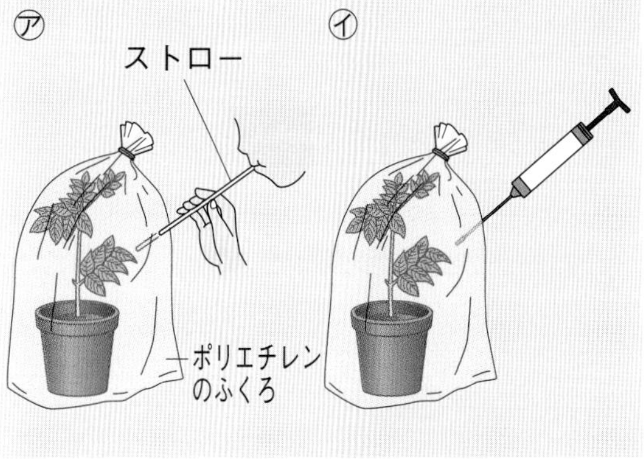

(1) 植物を日光に当てた後、ふくろの中の酸素の体積の割合は大きくなっていますか、小さくなっていますか。 (　　　　　　　)

(2) 植物を日光に当てた後、ふくろの中の二酸化炭素の体積の割合は大きくなっていますか、小さくなっていますか。 (　　　　　　　)

(3) 日光に当たっているとき、植物は何をとり入れて何を出していますか。

(　　　　　　　　　　　　　　　　　　　　)

(4) 次の文のうち、空気中の酸素について書かれているものを5つ選び、○をつけましょう。

①(　　)動物が、呼吸によってからだにとり入れる気体。
②(　　)動物が、呼吸によってからだから出す気体。
③(　　)植物が、呼吸によってからだにとり入れる気体。
④(　　)植物が、呼吸によってからだから出す気体。
⑤(　　)日光が当たっている植物が主にとり入れる気体。
⑥(　　)日光が当たっている植物から主に出される気体。
⑦(　　)物が燃えるときに使われる気体。
⑧(　　)物が燃えたときにできる気体。
⑨(　　)空気中にふくまれる体積の割合が最も多い気体。
⑩(　　)空気中にふくまれる体積の割合が2番目に多い気体。

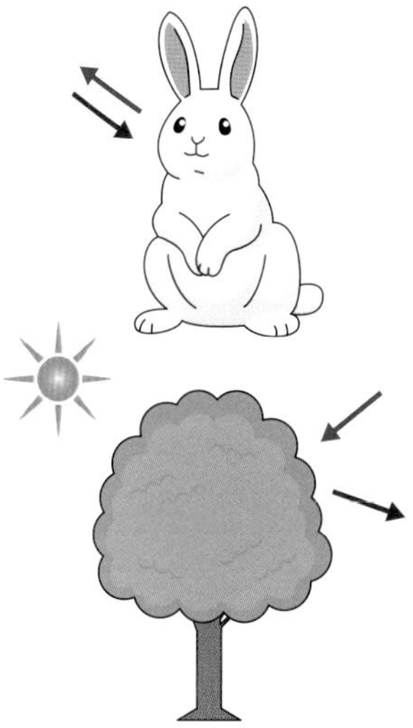

4 [生き物と水] 生き物と水とのかかわりや水のめぐりについて、次の問いに答えましょう。 1つ4〔24点〕

(1) 植物が生きていくために、水は必要ですか。 (　　　　)

(2) 動物が生きていくために、水は必要ですか。 (　　　　)

(3) 地上や空の水について、あとの(　)に当てはまる言葉を書きましょう。

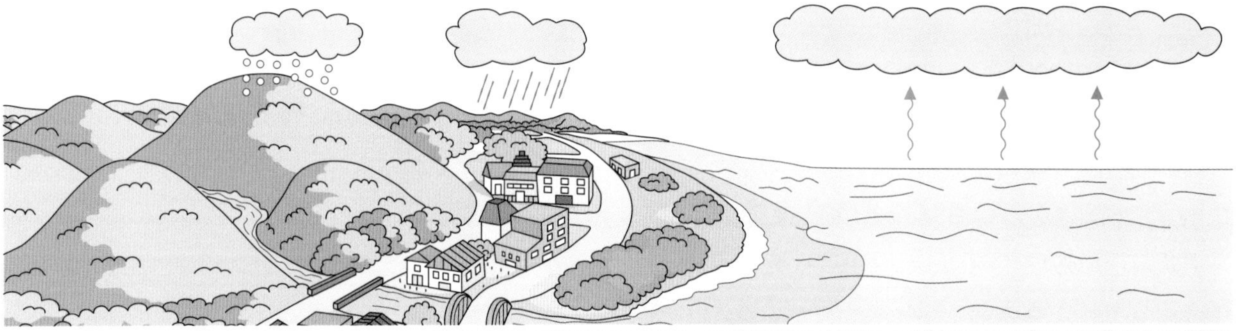

海や川などから水が蒸発して①(　　　　　)になり上空に運ばれて②(　　　　)になる。②からは水が③(　　　　)や雪となって降(ふ)り、海や川に流れていく。

(4) 水は、地上と空との間をめぐっていますか。 (　　　　　　)

1　月の形の見え方①

基本のワーク

図を見て、あとの問いに答えましょう。

1　月の光り方と太陽

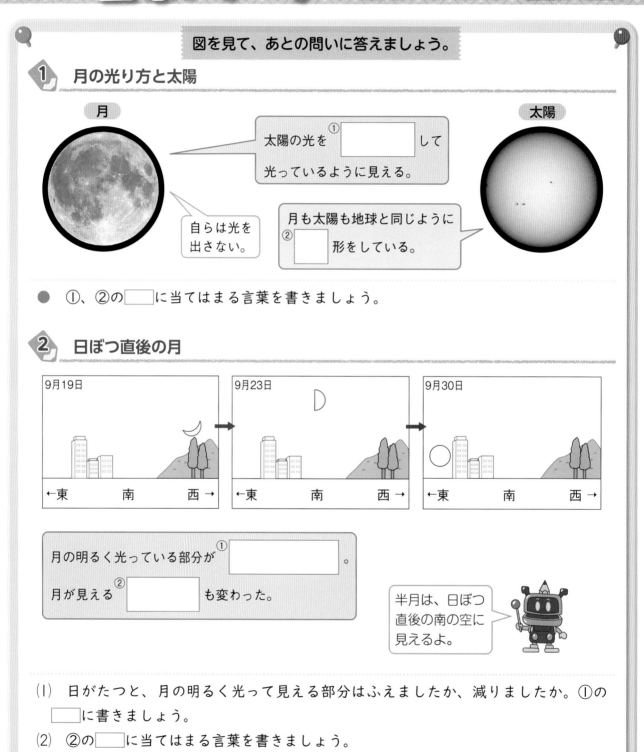

月

太陽の光を①□□□□□して
光っているように見える。

自らは光を出さない。

月も太陽も地球と同じように
②□□□形をしている。

太陽

● ①、②の□に当てはまる言葉を書きましょう。

2　日ぼつ直後の月

9月19日	9月23日	9月30日
←東　南　西→	←東　南　西→	←東　南　西→

月の明るく光っている部分が①□□□□□。
月が見える②□□□□も変わった。

半月は、日ぼつ直後の南の空に見えるよ。

(1)　日がたつと、月の明るく光って見える部分はふえましたか、減りましたか。①の
　　□に書きましょう。

(2)　②の□に当てはまる言葉を書きましょう。

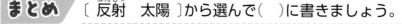

まとめ　〔 反射　太陽 〕から選んで( )に書きましょう。

● 月は球形で、太陽の光を①(　　　　　)して光っているように見える。

● ②(　　　　　)は月の光って見える側にある。

 はってん　〈地球、月、太陽の大きさときょり〉月の直径は地球より短く、太陽の直径は地球の約110倍です。太陽は地球からのきょりがとても長いので小さく見えます。

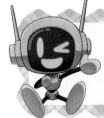

練習のワーク

できた数 /11問中

教科書 78~82ページ　答え 12ページ

1 月と太陽について、次の問いに答えましょう。

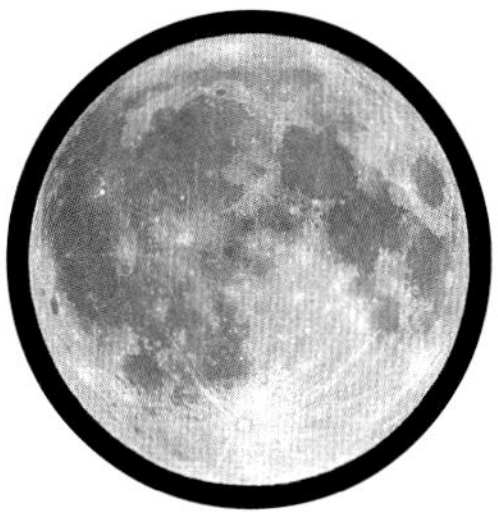

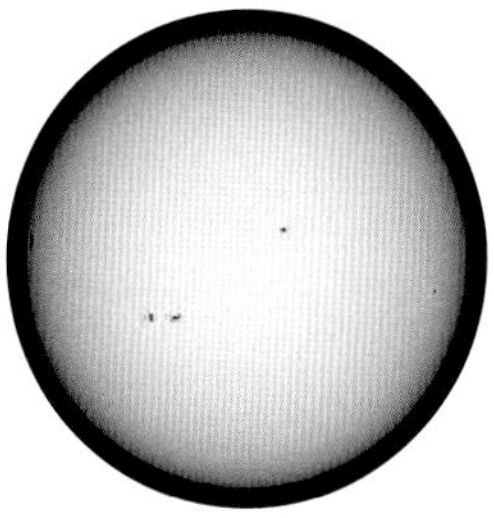

(1) 月と太陽はどのような形をしていますか。それぞれア、イから選びましょう。

月(　　　)　太陽(　　　)

ア 円形　イ 球形

(2) 太陽はどのようにして光っていますか。ア～ウから選びましょう。(　　　)

ア 自ら光を放っている。

イ 月の光を反射して光って見える。

ウ 地球の光を反射して光って見える。

(3) 月はどのようにして光っていますか。ア～ウから選びましょう。(　　　)

ア 自ら光を放っている。

イ 太陽の光を反射して光って見える。

ウ 地球の光を反射して光って見える。

2 次の図は、日ぼつ直後の月を1日おきに観察したものです。あとの問いに答えましょう。

㋐

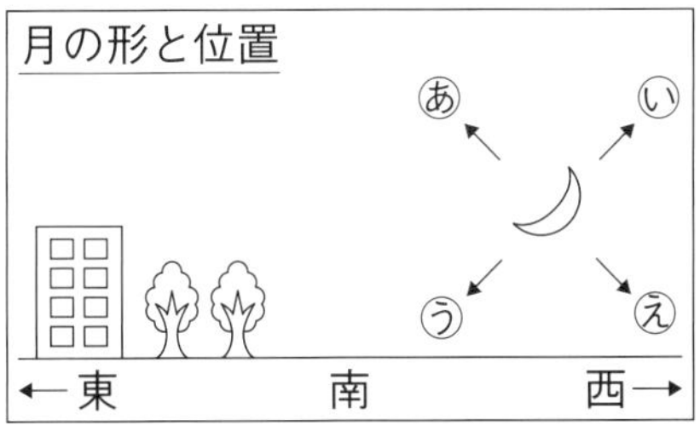

㋑

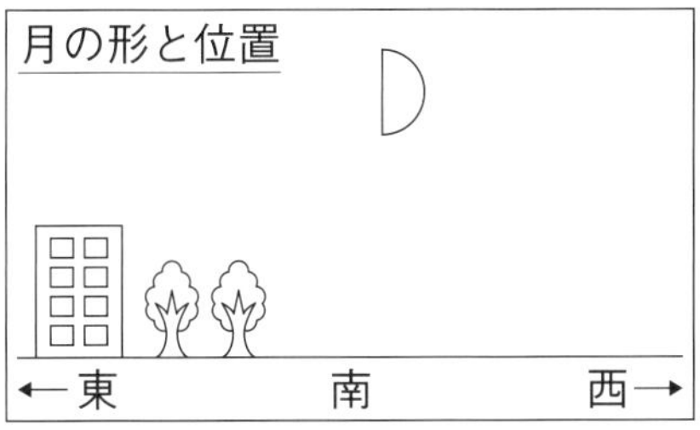

㋒

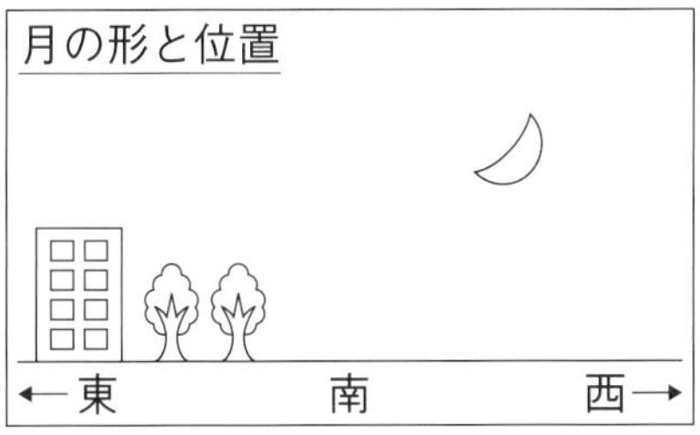

(1) ㋐～㋒の図を、観察した日の順に並べましょう。(　　→　　→　　)

(2) ㋐、㋑の月の形を、それぞれ何といいますか。

㋐(　　　　)　㋑(　　　　)

(3) 太陽は、どの方位にしずみますか。(　　　)

(4) ㋐のとき、太陽は月のどちら側にありますか。[あ]～[え]から選びましょう。(　　　)

(5) 太陽は、月の光って見える側にありますか、光って見えない側にありますか。

(　　　　)

(6) 日ぼつ直後の月について、ア～エから正しいものを選びましょう。

(　　　)

ア 月の形は日によって変わるが、月の見える位置は日によって変わらない。

イ 月の形は日によって変わらないが、月の見える位置は日によって変わる。

ウ 月の形も見える位置も日によって変わらない。

エ 月の形も見える位置も日によって変わる。

1 月の形の見え方②

基本のワーク

学習の目標
月の形の見え方と、太陽と月の位置関係について理解しよう。

教科書 82〜89ページ 答え 12ページ

図を見て、あとの問いに答えましょう。

1 ボールに光を当てたとき

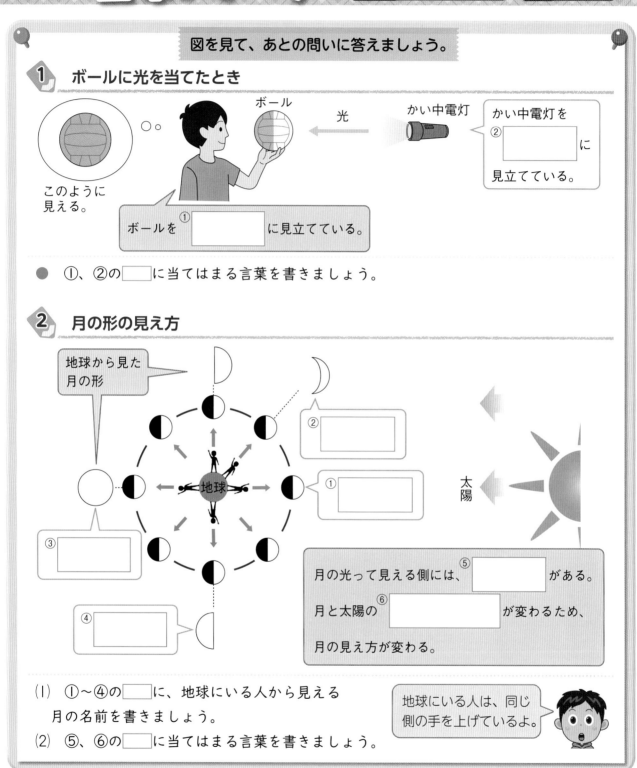

ボール
光
かい中電灯

かい中電灯を ② [　　　] に見立てている。

このように見える。

ボールを ① [　　　] に見立てている。

● ①、②の[　]に当てはまる言葉を書きましょう。

2 月の形の見え方

地球から見た月の形

地球

② [　　　]

① [　　　]

③ [　　　]

④ [　　　]

太陽

月の光って見える側には、⑤ [　　　] がある。
月と太陽の ⑥ [　　　] が変わるため、
月の見え方が変わる。

(1) ①〜④の[　]に、地球にいる人から見える
　　月の名前を書きましょう。

(2) ⑤、⑥の[　]に当てはまる言葉を書きましょう。

地球にいる人は、同じ側の手を上げているよ。

まとめ 〔 月 太陽 〕から選んで( )に書きましょう。

● 月は、①(　　　　)の光が当たっている部分が明るく見える。

● 月の形は、太陽と②(　　　　)の位置関係によって変わって見える。

満月は月が光っている側を正面から見ているときの月の形です。このとき、太陽があるのは月の見える反対側、地球上で見ている人の背中側です。

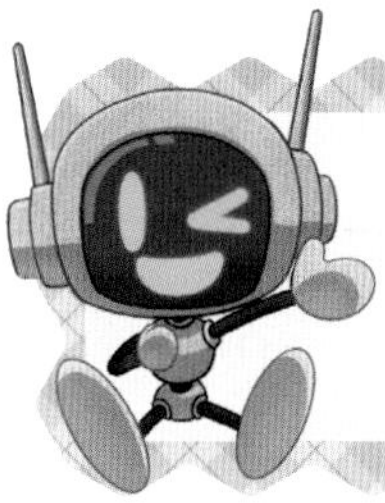

練習のワーク

教科書 82～89ページ　答え 12ページ

できた数　/12問中

1　次の図は、ボールとかい中電灯を使って月の形の見え方を調べたようすです。あとの問いに答えましょう。

図1

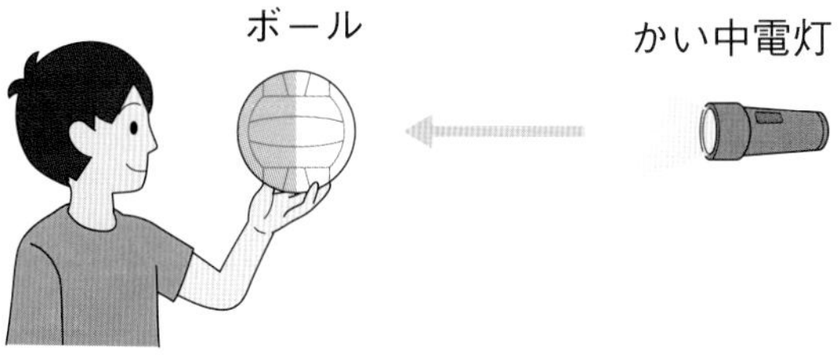

図2

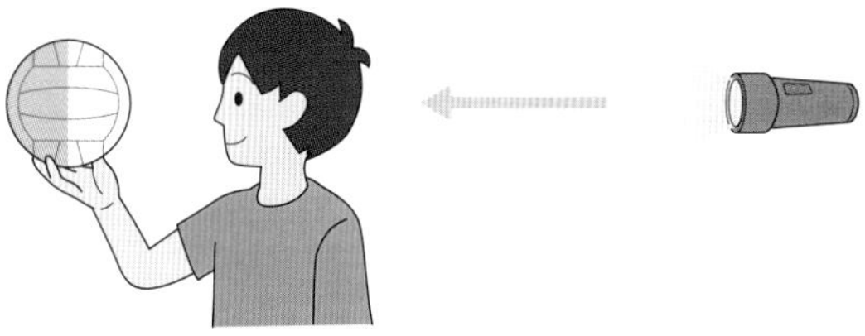

(1)　図1、図2で、ボールはどのように見えますか。図3の㋐～㋓からそれぞれ選びましょう。　図1(　　　)　図2(　　　)

(2)　図3の㋐、㋓のように見える月をそれぞれ何といいますか。

㋐(　　　　　)　㋓(　　　　　)

図3

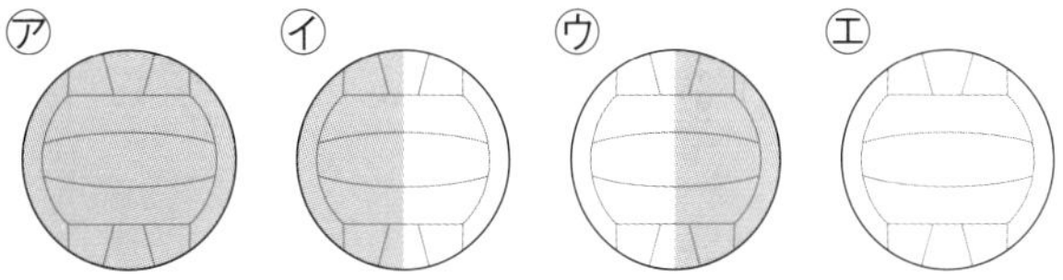

2　図1は、地球とさまざまな位置の月を表したものです。次の問いに答えましょう。

(1)　図1のとき、太陽は図の右と左のどちらの方向にありますか。　(　　　)

(2)　①、③、⑤の位置にあるときの月を、それぞれ何といいますか。

①(　　　)
③(　　　)
⑤(　　　)

(3)　月と太陽の位置関係は、どのぐらいかけて、もとにもどりますか。次のア～エから選びましょう。　(　　　)

ア　約1週間　　　イ　約1か月
ウ　約半年　　　　エ　約1年

(4)　①から⑧まで月が位置を変えたとき、地球からは、どのような形の月が見えますか。図2の㋐～㋗を見える順に並べましょう。ただし、①のときの月を最初とします。

(　　→　　→　　→　　→　　→　　→　　→　　)

(5)　①の位置にある月は、真夜中に見ることができますか。　(　　　)

(6)　日ぼつ直後、図2の㋑のような月が見えました。このとき、月は、東、南、西、北のどちらの空に見えましたか。　(　　　)

図1

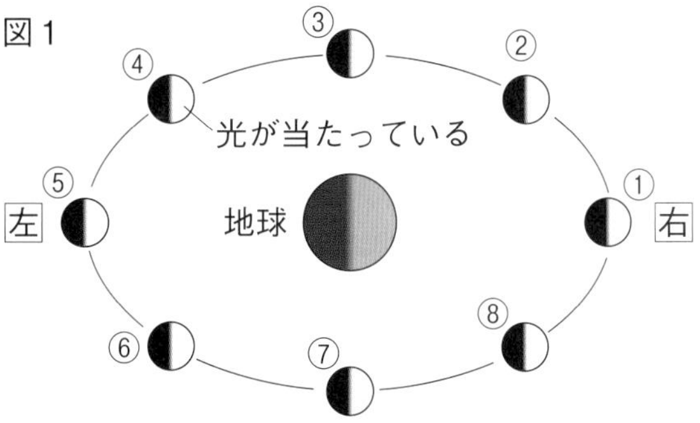

図2

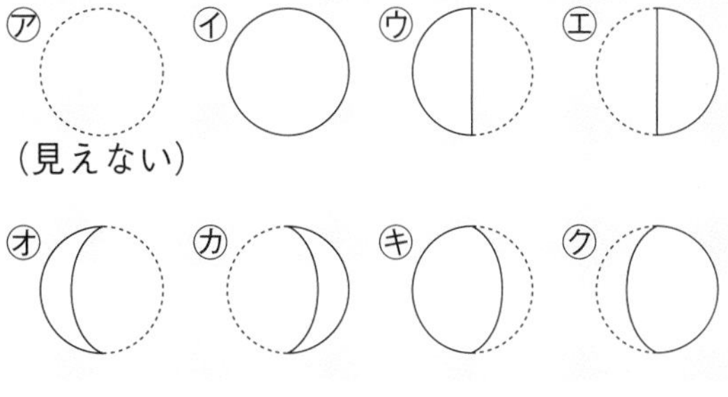

まとめのテスト

勉強した日 月 日

5 月の形と太陽

時間 20分

得点 /100点

教科書 78〜89ページ

答え 12ページ

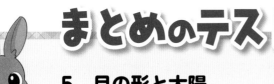

1 [月と太陽の観察] **月と太陽について、次の問いに答えましょう。** 1つ4〔16点〕

㋐

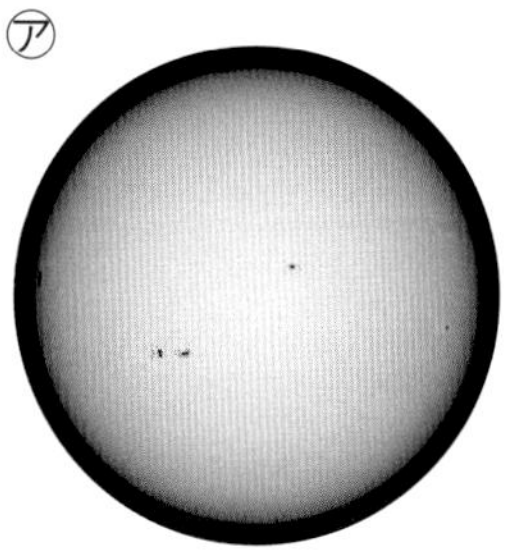

㋑

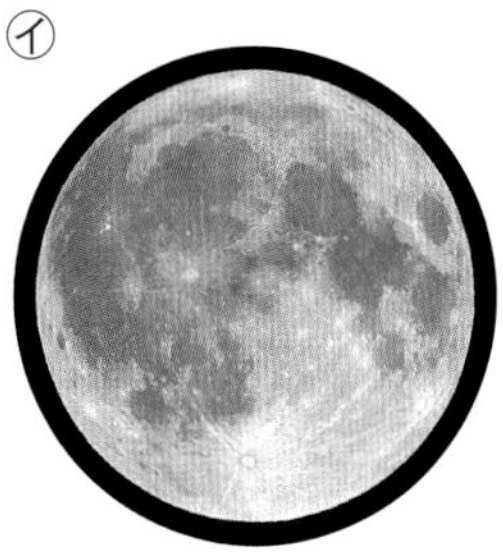

(1) 月の写真は、㋐、㋑のどちらですか。
（　　　）

(2) 太陽と月はどのような形をしていますか。
（　　　）

(3) 太陽が光って見えるのはなぜですか。ア〜ウから選びましょう。（　　　）

ア 自ら光を放っているから。

イ 月の光を反射しているから。

ウ 地球の光を反射しているから。

[記述] (4) 月が光って見えるのはなぜですか。

（　　　　　　　　　　　　　　　　）

2 [日ぼつ直後の月の見え方] **次の図は、4日ごとに観察した日ぼつ直後の月の位置と、太陽の光を反射している月のようすを表したものです。次の問いに答えましょう。** 1つ6〔30点〕

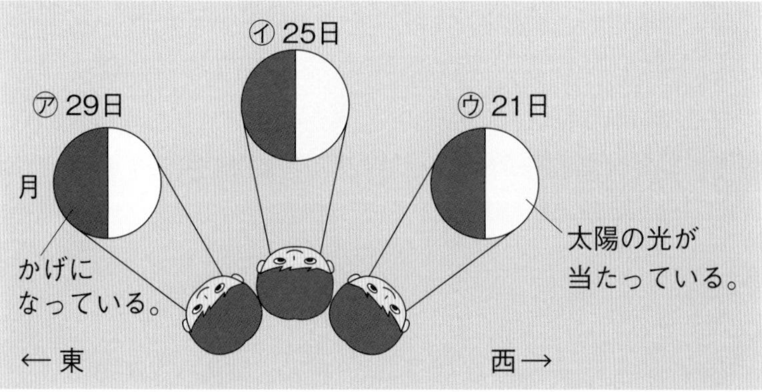
㋑ 25日
㋐ 29日
㋒ 21日
月
かげに
なっている。
太陽の光が
当たっている。
←東
西→

(1) 日がたつにつれて、月の位置はどのように変わりましたか。次のア〜ウから選びましょう。
（　　　）

ア 東のほうに変わった。

イ 西のほうに変わった。

ウ ほとんど変わらなかった。

(2) 日ぼつ直後に見える月の明るく光って見える部分は、日がたつにつれて、どのようになりましたか。次のア〜ウから選びましょう。
（　　　）

ア 少しずつふえていった。

イ 少しずつ減っていった。

ウ ほとんど変わらなかった。

[作図] (3) ㋐〜㋒の月は地球からどのように見えますか。次の図の満月のときを例に、月の光って見える部分を線でなぞりましょう。

[例] 満月

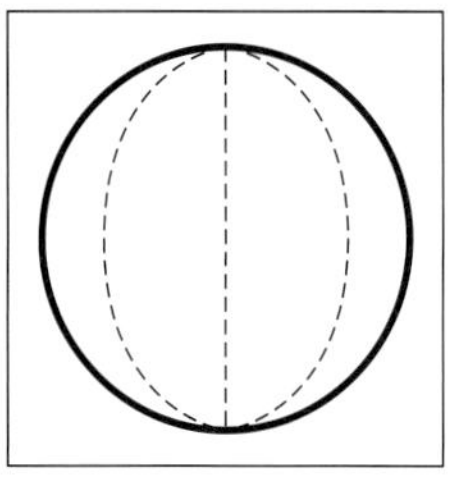

㋐

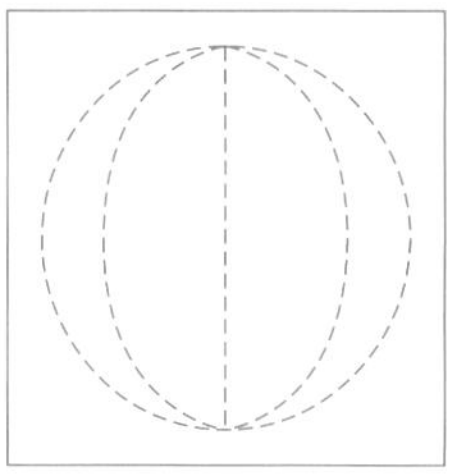

㋑

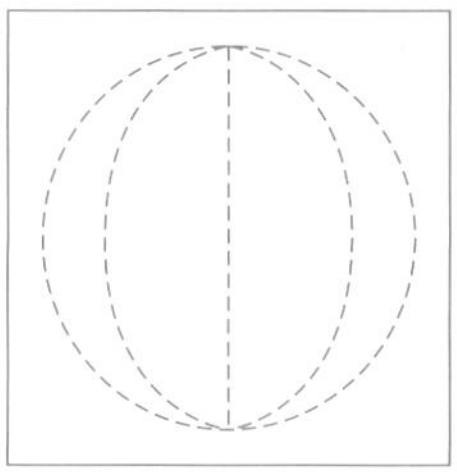

㋒

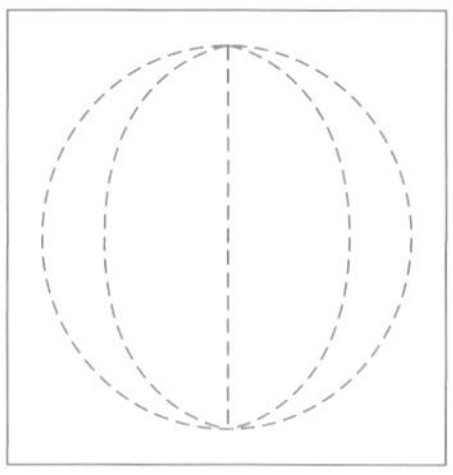

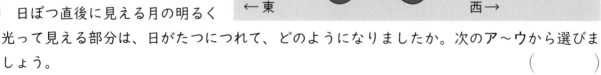

3 月の形 次の図1はある日の月を観察したもので、図2は月の形を表したものです。あとの問いに答えましょう。

1つ3〔27点〕

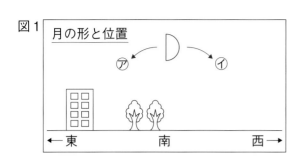

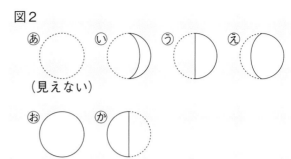

(1) 図1のとき、太陽は西と東のどちらの方向にありますか。　　　　　　（　　　　　）

(2) (1)のように答えたのはなぜですか。次のア〜ウから選びましょう。　　（　　　　　）

　　ア　月が南の空にあるとき、太陽はいつも(1)で答えた方向にあるから。

　　イ　太陽はいつも、月の光って見える側にあるから。

　　ウ　太陽はいつも、月の光って見えない側にあるから。

(3) 図1を観察した4日後の同じ時刻に月を観察しました。月の位置はどの方向に変わっていますか。㋐、㋑から選びましょう。　　　　　　　　　　　　　　（　　　　　）

(4) (3)のときの月の形を、図2の㋐〜㋕から選びましょう。　　　　　　　（　　　　　）

(5) 図2の㋐、㋑、㋒、㋔の形の月をそれぞれ何といいますか。ただし、㋐は地球からは見えない月を表しています。

　　　　　㋐（　　　　　）　㋑（　　　　　）　㋒（　　　　　）　㋔（　　　　　）

(6) 図2の㋔の形の月が見られてから次に㋔の形の月が見られるまで、どのぐらいかかりますか。　　　　　　　　　　　　　　　　　　　　　　　　　　　（　　　　　）

4 月の形の見え方 ボールと電灯を使って、月の形の見え方について調べました。あとの問いに答えましょう。

1つ3〔27点〕

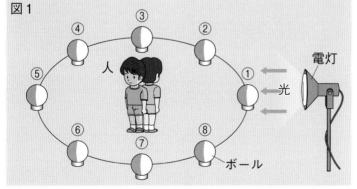

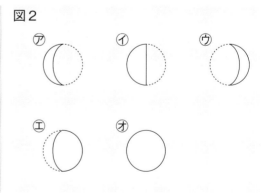

(1) この実験では、人、電灯、ボールを、それぞれ月、太陽、地球のどれに見立てていますか。

　　　　　人（　　　　　）　電灯（　　　　　）　ボール（　　　　　）

(2) ボールが図2の㋐〜㋘のように見えるのは、どの位置にあるときですか。図1の①〜⑧からそれぞれ選びましょう。

　　　　　㋐（　　　）　㋑（　　　）　㋒（　　　）　㋓（　　　）　㋔（　　　）

(3) この実験から、日によって月の形が変化して見えるのはなぜだと考えられますか。

　　（　　　　　　　　　　　　　　　　　　　　　　　　　　　　　　　）

1　大地をつくっている物

基本のワーク

学習の目標・
地層と地層をつくるれき、砂、どろなどの特ちょうを理解しよう。

教科書 90〜95ページ　　答え 13ページ

図を見て、あとの問いに答えましょう。

1 がけの観察

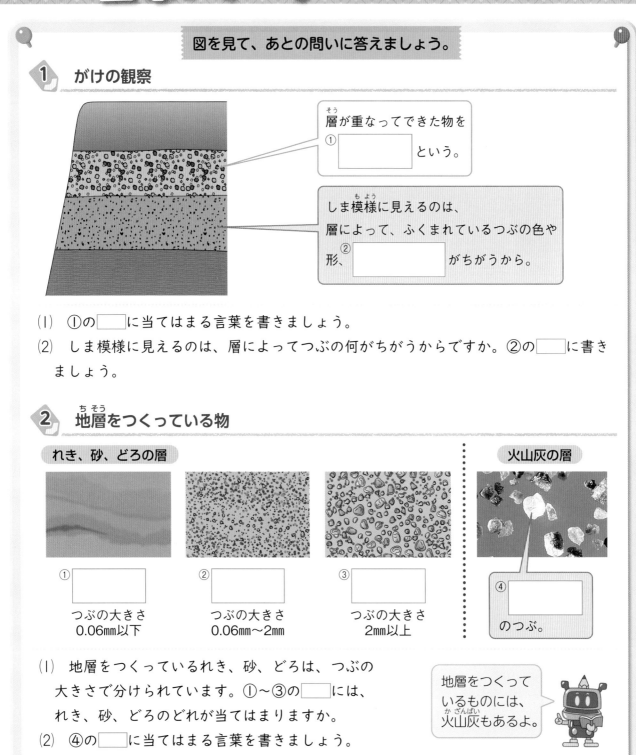

層（そう）が重なってできた物を
① 　　　　　　という。

しま模様（もよう）に見えるのは、
層によって、ふくまれているつぶの色や
形、② 　　　　　　がちがうから。

(1)　①の □ に当てはまる言葉を書きましょう。

(2)　しま模様に見えるのは、層によってつぶの何がちがうからですか。②の □ に書きましょう。

---

2 地層（ちそう）をつくっている物

| れき、砂、どろの層 | | | 火山灰の層 |

①　　　　　　　　　　②　　　　　　　　　　③　　　　　　　　　　④
つぶの大きさ　　　　つぶの大きさ　　　　つぶの大きさ
0.06mm以下　　　　 0.06mm〜2mm　　　　 2mm以上　　　　　　のつぶ。

(1)　地層をつくっているれき、砂、どろは、つぶの大きさで分けられています。①〜③の □ には、れき、砂、どろのどれが当てはまりますか。

(2)　④の □ に当てはまる言葉を書きましょう。

地層をつくっているものには、火山灰（かざんばい）もあるよ。

まとめ　〔 火山灰　地層 〕から選んで（ ）に書きましょう。

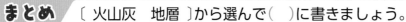

● ①（　　　　　　　）は、れき、砂、どろなどが積み重なって層になっている。

● 地層には、主に②（　　　　　　　）の層でできている物もある。

44

地面にしみこんだ水は、すき間が小さいどろの層の上にたまり、地下水になります。れきの層はすき間が大きいので、どろの層の上のれきの層に水がたまりやすいです。

練習のワーク

できた数　/13問中

教科書 90〜95ページ　答え 13ページ

1 右の図のように、がけがしま模様になって見えるところがあります。次の問いに答えましょう。

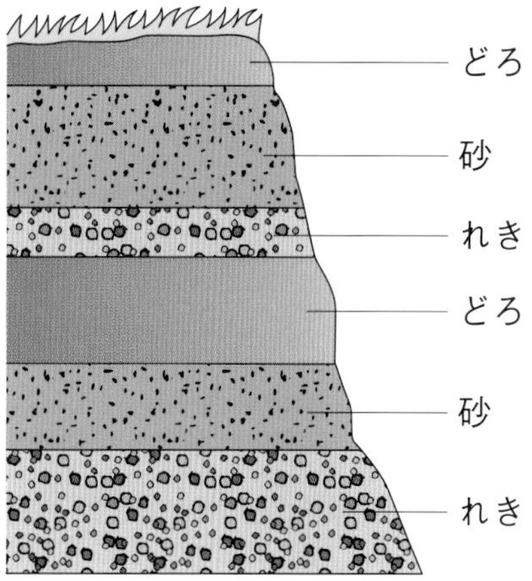
どろ
砂
れき
どろ
砂
れき

(1) 図のように、れき、砂、どろが層になって重なった物を何といいますか。（　　）

(2) れき、砂、どろのうち、つぶが最も小さい物はどれですか。（　　）

(3) れきはどのようなつぶのことですか。ア〜オから選びましょう。（　　）

ア　色が白っぽいつぶ
イ　色が黒っぽいつぶ
ウ　大きさが0.06mm以下のつぶ
エ　大きさが2mm以上のつぶ
オ　大きさが0.06mm 〜 2mmのつぶ

(4) 層をつくっている物には、れき、砂、どろのほかに、火山からふき出されて降り積もった物もあります。これを何といいますか。（　　）

(5) 層をつくっているつぶの色、形、大きさは、どの層も同じですか、層によってちがいますか。（　　）

(6) がけがしま模様に見えるのはなぜですか。ア〜ウから選びましょう。（　　）

ア　層によってふくまれているつぶのかたさがちがうから。
イ　層によってふくまれているつぶの色や形、大きさがちがうから。
ウ　どの層もふくまれているつぶは同じだが、層によってふくむ水の量がちがうから。

2 がけの観察や地層について、次の文のうち正しいものには○、まちがっているものには×をつけましょう。

①（　　）がけを観察するときは、動きやすいように半そでの服や短いズボンという服装（ふくそう）で行う。

②（　　）がけを観察するときは、ぼうしをかぶり、軍手をする。

③（　　）しま模様をつくっている物を採取するときは、むやみに採取せず、必要な量だけを採取する。

④（　　）地層をつくっている物は、層によってつぶの大きさがちがっている。

⑤（　　）地層をつくっている物は、どの層もつぶの色が同じである。

⑥（　　）地層をつくっている物には、れき、砂、どろ、火山灰などがある。

⑦（　　）地層は、表面だけではなく、おくにも広がっている。

安全に注意して観察しよう。

まとめのテスト①

6 大地のつくり

時間 20分

得点 /100点

教科書 90〜95ページ 答え 13ページ

よく出る

1 **がけの観察** 学校の近くの道路ぞいにあるがけのようすを調べました。次の問いに答えましょう。 1つ4〔32点〕

どろの層
砂の層
れきの層
どろの層

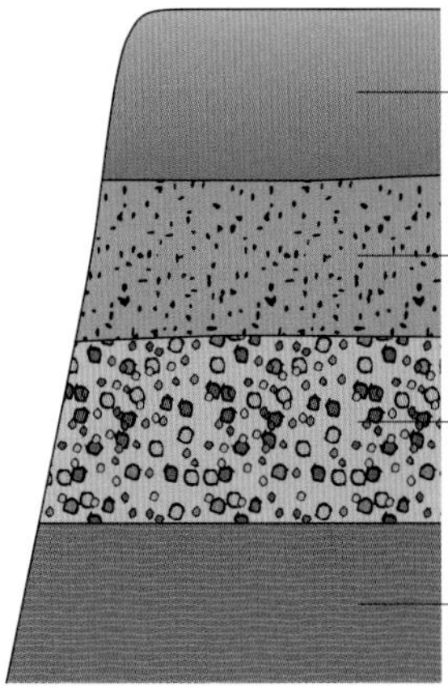

(1) 右の図のように、がけはしま模様に見えました。このように層になって重なった物を何といいますか。
（　　　　）

(2) がけがしま模様になって見えるのは、層をつくっているつぶの何がちがうためですか。ア〜ウから選びましょう。
（　　　）

ア　つぶのかたさ
イ　つぶの大きさや形、色
ウ　つぶの重さ

(3) 層をつくっているつぶのうち、大きさが何mm以上の物をれきといいますか。（　　　　）

(4) 地層はがけの表面だけにありますか、おくにも広がっていますか。
（　　　　）

(5) がけのようすの観察のしかたについて、正しいものには○、まちがっているものには×をつけましょう。

①（　　）しま模様をつくっている物を採取するときは、保護めがねをする。
②（　　）しま模様をつくっている物を採取する場合、好きなだけ採取してよい。
③（　　）動きやすいように、長そでの服よりも半そでの服を着て観察するほうがよい。
④（　　）サンダルやぞうりではなく、運動ぐつをはいて観察する。

2 **地層をつくっている物** 次の図は、火山灰の層から採取した物と、れき、砂、どろの層を観察した物を表しています。あとの問いに答えましょう。 1つ5〔15点〕

㋐
2mm以上のつぶ
㋑
とう明のつぶがある
㋒
0.06mm以下のつぶ
㋓
0.06mm〜2mmのつぶ

(1) 火山灰の層から採取した物は、㋐〜㋓のどれですか。（　　）
(2) 砂の層を表しているのは、㋐〜㋓のどれですか。（　　）
(3) れき、砂、どろをつぶの大きい物から順に並べましょう。
（　　　→　　　→　　　）

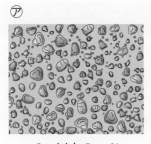

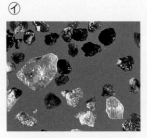

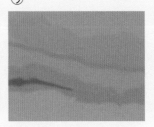

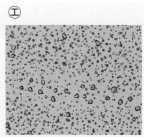

3 火山灰の観察 近くの山で火山灰を採取して、観察しました。次の問いに答えましょう。

1つ6〔18点〕

(1) 採取した火山灰のつぶを観察するにはどうしますか。次のア～エを順に並べましょう。

（　　→　　→　　→　　）

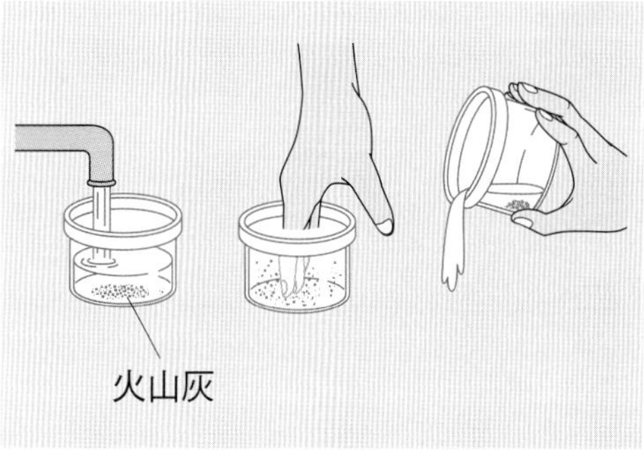

ア つぶをかんそうさせて、観察する。

イ 火山灰のつぶを入れ物に入れて水を加える。

ウ 水に入れたつぶを指でこすって洗う。にごった水はとりかえて何度も洗う。

エ 水がにごらなくなったら水をすててつぶをペトリ皿に入れる。

(2) (1)できれいにしたつぶを観察するには、何を使いますか。次の文の（　）に当てはまる言葉を書きましょう。

火山灰のつぶは、（　　　　）けんび鏡やかいぼうけんび鏡で観察する。倍率は約10倍で観察する。

(3) 地層について調べた次の文の（　）に当てはまる言葉を書きましょう。

地層には、主にれき、砂、どろの層でできている物と、主に（　　　　）の層でできている物がある。

4 ボーリング調査 次の図1は、ボーリング調査で採取した土、図2は、校庭で調査した3つの場所の地層の重なり方を表したものです。あとの問いに答えましょう。

1つ7〔35点〕

図1

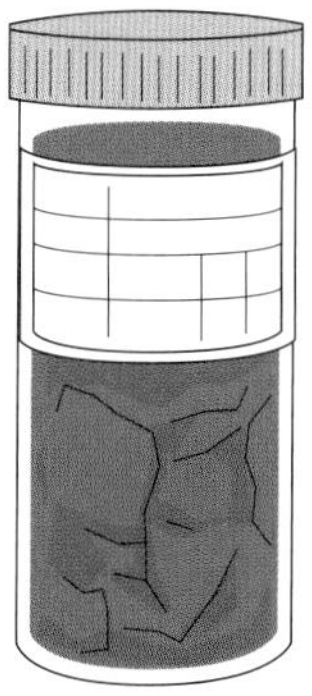

図2

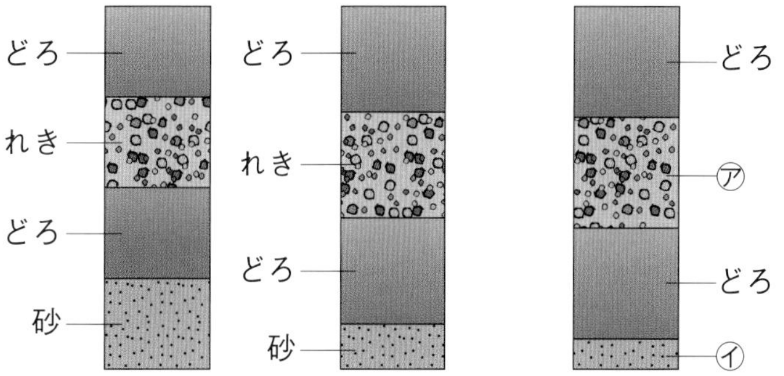

(1) ボーリング調査は、何のために行いますか。ア～ウから選びましょう。（　　）

ア 土の中の貴重な金属などをさがすため。

イ 地震のときのゆれ方を調べるため。

ウ 建物を建てるときなどに、地下のようすがどのようになっているか、調べるため。

(2) 図1のような試料を何といいますか。（　　　　）

(3) 図1の試料は、どのようにして採取したものですか。ア～ウから選びましょう。

（　　）

ア がけのしま模様になっているところをほり出した。

イ 地面の下の土を機械でほり出した。

ウ 地面の表面の土をスコップで集めた。

(4) 図2の㋐、㋑はそれぞれ何の層だと考えられますか。

㋐（　　　　）　㋑（　　　　）

勉強した日　月　日

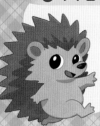

2　地層のでき方①

基本のワーク

学習の目標
水のはたらきでできた地層の特ちょうとでき方を理解しよう。

教科書 96〜99ページ　答え 14ページ

図を見て、あとの問いに答えましょう。

1 水のはたらきでできた地層

地層の特ちょう

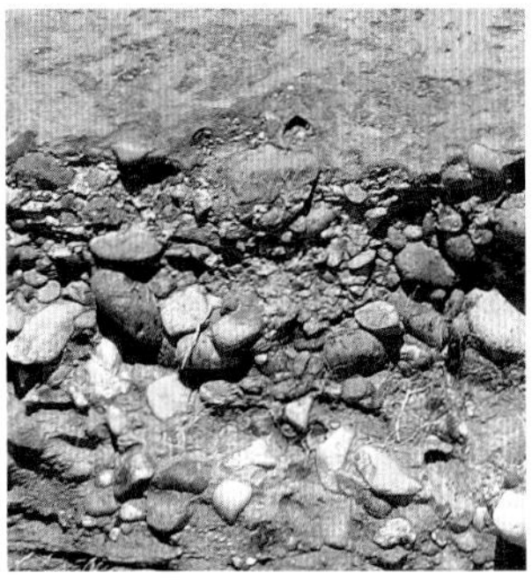

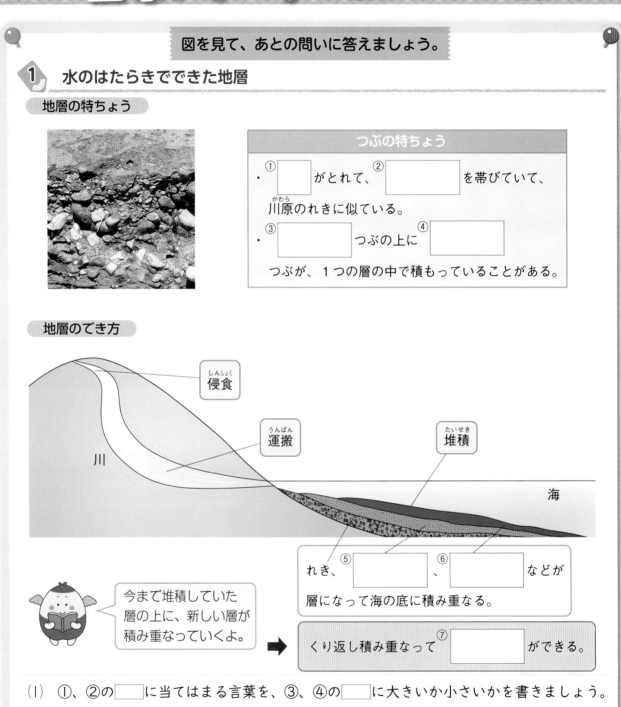

つぶの特ちょう

・① □ がとれて、② □ を帯びていて、川原（かわら）のれきに似ている。

・③ □ つぶの上に ④ □ つぶが、1つの層の中で積もっていることがある。

地層のでき方

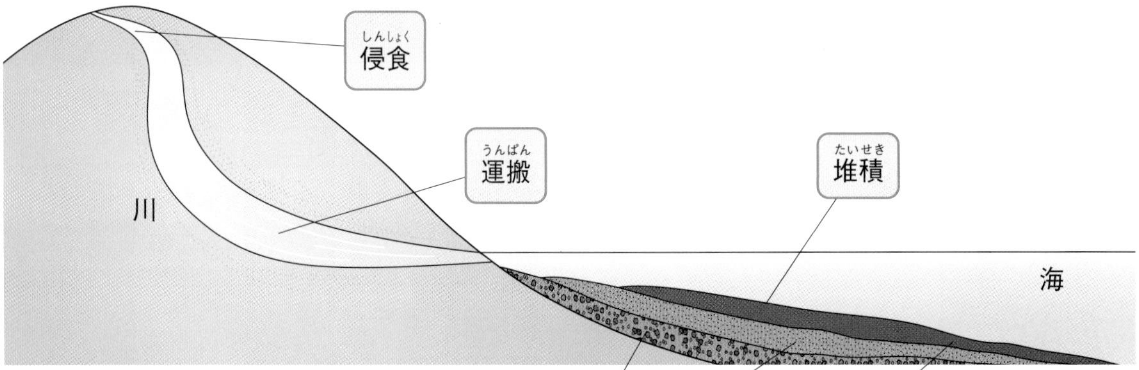

侵食（しんしょく）
運搬（うんぱん）
堆積（たいせき）
川
海

れき、⑤ □ 、⑥ □ などが層になって海の底に積み重なる。

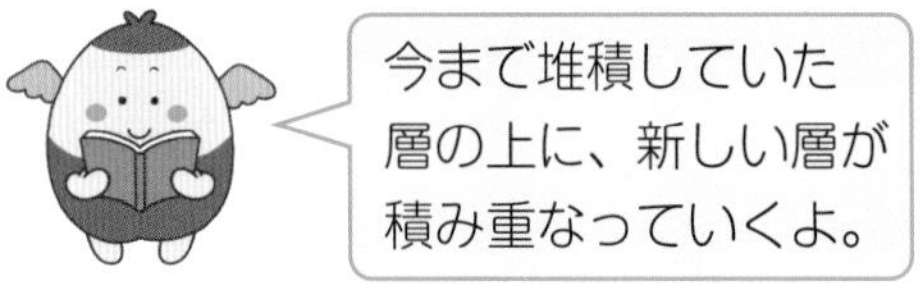

今まで堆積していた層の上に、新しい層が積み重なっていくよ。

➡ くり返し積み重なって ⑦ □ ができる。

(1)　①、②の□に当てはまる言葉を、③、④の□に大きいか小さいかを書きましょう。

(2)　⑤、⑥の□に当てはまるつぶの名前をつぶの大きさが大きい順に書きましょう。

(3)　くり返し積み重なると何ができますか。⑦の□に書きましょう。

まとめ　〔 流れる水　堆積 〕から選んで（　）に書きましょう。

●地層には①（　　　　　）のはたらきでできたものがある。

●水のはたらきで運搬されたれき、砂、どろが、海の底などに②（　　　　　）して地層ができる。

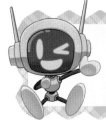

練習のワーク

できた数　/12問中

教科書　96～99ページ　答え　14ページ

1　**図1のようにして、流れる水によって運ばれる砂やどろの積もり方を調べました。あとの問いに答えましょう。**

図1

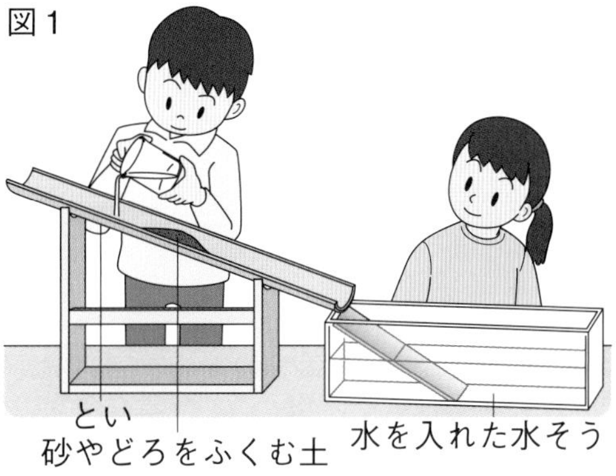
とい
砂やどろをふくむ土
水を入れた水そう

図2

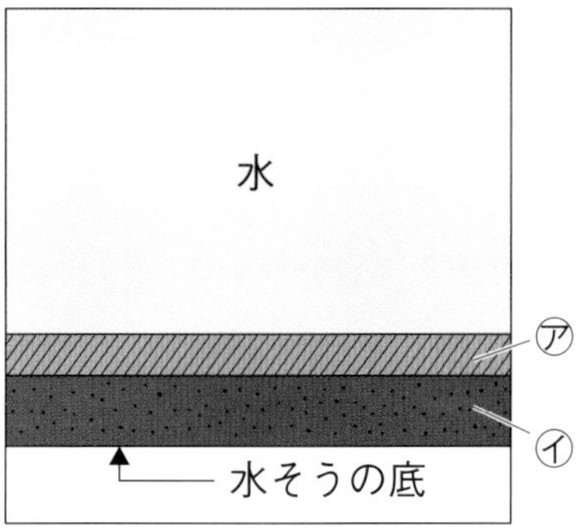
水
㋐
㋑
水そうの底

図3

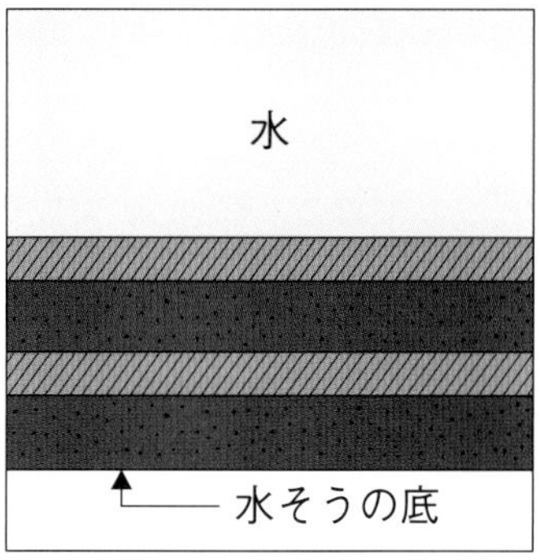
水
水そうの底

(1)　砂やどろをふくむ土を流しこむと、図2のように積もりました。㋐、㋑は砂とどろのどちらですか。
㋐(　　　　　)
㋑(　　　　　)

(2)　図3は、土を2回流しこんだときのようすです。1回目にできた層の上に積もりますか、下に積もりますか。(　　　　　)

(3)　この実験から、地層は何のはたらきでできることがわかりますか。
(　　　　　)

(4)　(3)のはたらきでできた地層は、どのようなところに堆積してできたと考えられますか。次のア～ウから選びましょう。(　　　)
ア　山のふもと　　イ　川の中　　ウ　海や湖の底

2　**右の㋐～㋒は、流れる水のはたらきで堆積したつぶが固まった岩石です。次の問いに答えましょう。**

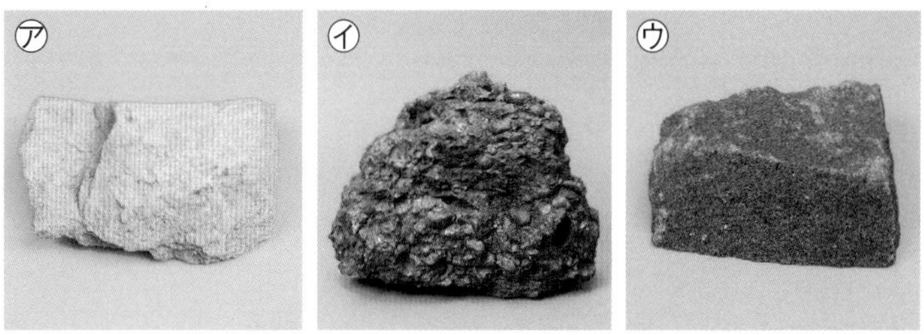
㋐
㋑
㋒

(1)　次の文は㋐～㋒の岩石の説明です。(　)に当てはまる言葉を、下の〔　〕から選んで書きましょう。
㋐　砂より細かいつぶである①(　　　　　)が固まってできている。
㋑　つぶの大きさが2mm以上の②(　　　　　)が砂などとともに固まってできている。
㋒　つぶの大きさが0.06mm～2mmの③(　　　　　)のつぶが固まってできている。
〔　砂　　どろ　　れき　　化石　　火山灰　〕

(2)　㋐～㋒の岩石をそれぞれ何といいますか。
㋐(　　　　　)
㋑(　　　　　)
㋒(　　　　　)

(3)　㋑の岩石にふくまれているつぶは、どのような形をしていますか。
(　　　　　)

6 大地のつくり

2 地層のでき方②

基本のワーク

学習の目標

化石や火山のはたらき
でできた地層について
理解しよう。

教科書 100〜105ページ 答え 15ページ

図を見て、あとの問いに答えましょう。

① 化石

地層の中に大昔の生き物のからだやすんでいたあとなどが残った ① [＿＿＿＿＿] が見つかることがある。

魚の化石　　アンモナイトの化石　　木の葉の化石

  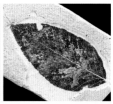

● ①の□□に当てはまる言葉を書きましょう。

② 火山のはたらきでできた地層

① [＿＿＿＿＿] がふき出され、大地をおおうことがある。

② [＿＿＿＿＿] などがふき出され、地面に堆積する。

かいぼうけんび鏡で見た火山灰のつぶ

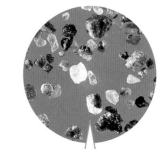

③ [＿＿＿＿＿] つぶが多い。

火山のはたらきでできた地層には、角ばった石や小さなあながあいた石があるよ。

(1) 火山が噴火したときにふき出される物を①、②の□□に書きましょう。

(2) ③の□□につぶの形の特ちょうを書きましょう。

まとめ 〔 化石　溶岩 〕から選んで（　）に書きましょう。

● 地層には、大昔の生き物などのあとが残った①（　　　　　　）をふくむものがある。

● 火山灰の堆積で地層ができたり、②（　　　　　　）で大地がおおわれたりすることがある。

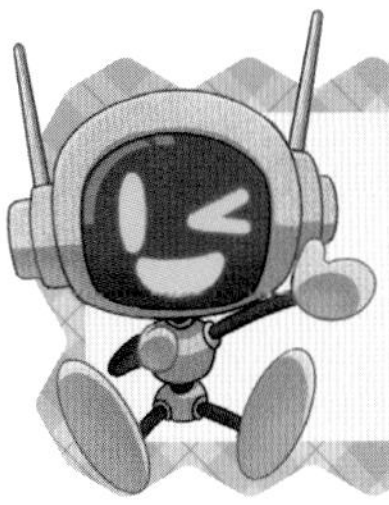

練習のワーク

教科書 100〜105ページ　答え 15ページ

できた数　/10問中

1 次の㋐〜㋒の写真は、地層の中から見つかった大昔の生き物のからだが残った物のようすです。あとの問いに答えましょう。

㋐
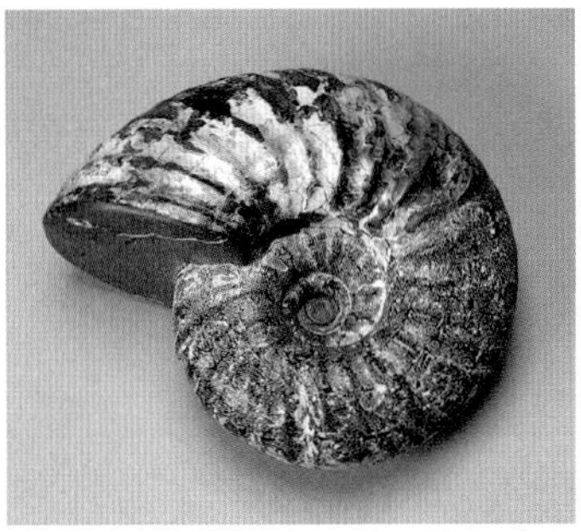
㋑
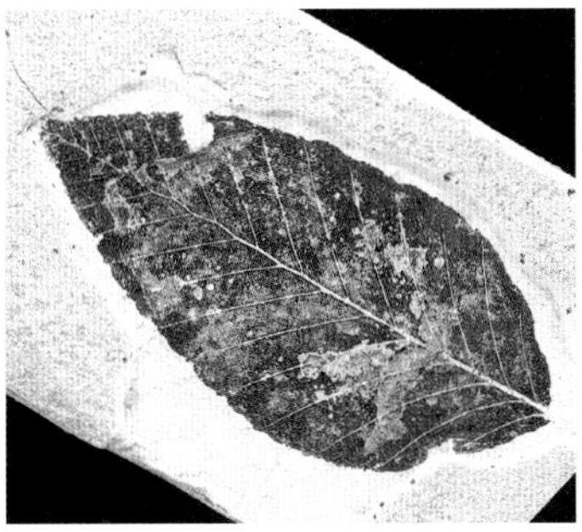
㋒
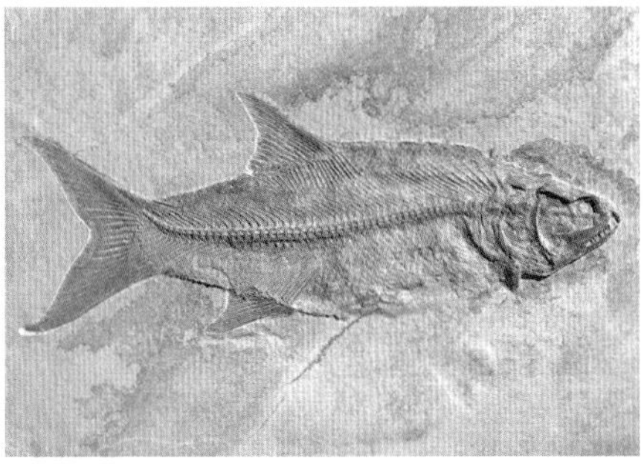

(1) ㋐〜㋒のような、大昔の生き物のからだや生き物がいたあとなどが残った物を何といいますか。

(　　　　　)

(2) ㋐〜㋒は、どのような生き物のからだが残った物ですか。下の〔　〕から選んで書きましょう。

㋐(　　　　　)
㋑(　　　　　)
㋒(　　　　　)

〔 魚　木の葉　アンモナイト 〕

(3) 写真のような大昔の生き物のからだが残った物は、どのようにしてできますか。(　)に当てはまる言葉を書きましょう。

生き物のからだが(　　　　　)やどろでうまってできる。

2 火山のはたらきによってできた地層について、次の問いに答えましょう。

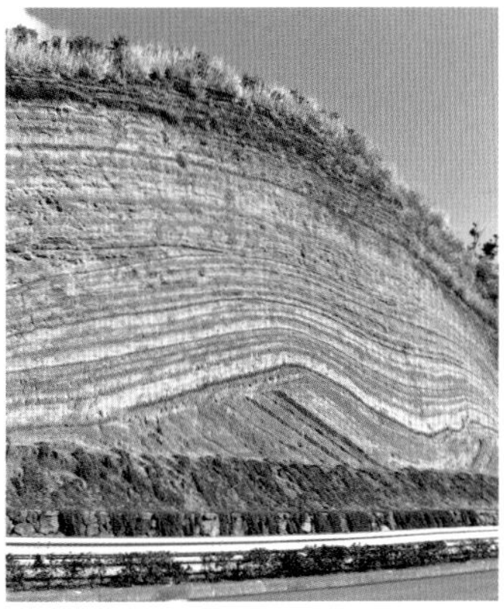

(1) 火山からふき出されて堆積する、小さなつぶを何といいますか。

(　　　　　)

(2) (1)が地層をつくることはありますか。

(　　　　　)

(3) (1)のつぶの形の特ちょうを書きましょう。

(　　　　　)

(4) 火山からふき出されたものが流れ、大地をおおうことがあります。この火山からふき出し、大地をおおう物は何ですか。

(　　　　　)

(5) 火山のはたらきによってできた地層から、大昔の生き物のからだが残った物が見つかることはありますか。

(　　　　　)

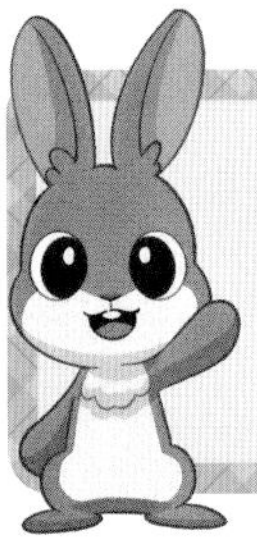

まとめのテスト②

勉強した日　　月　　日

6 大地のつくり

時間 20分

得点　　/100点

教科書 96～105ページ　答え 15ページ

よく出る

1 **がけのようす** 図1は、あるがけのようすを観察したものです。あとの問いに答えましょう。

1つ4〔24点〕

図1

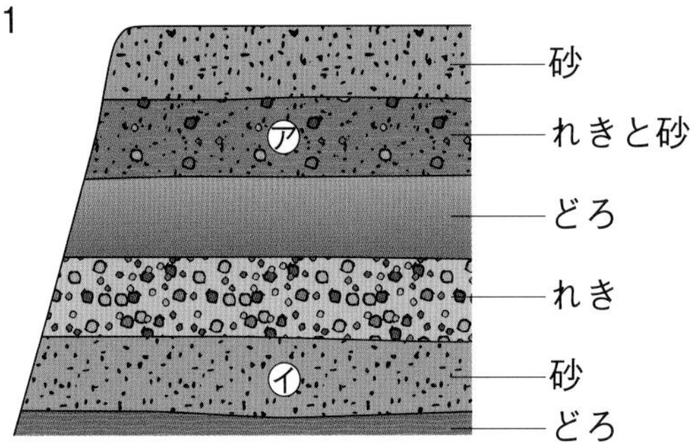

図2

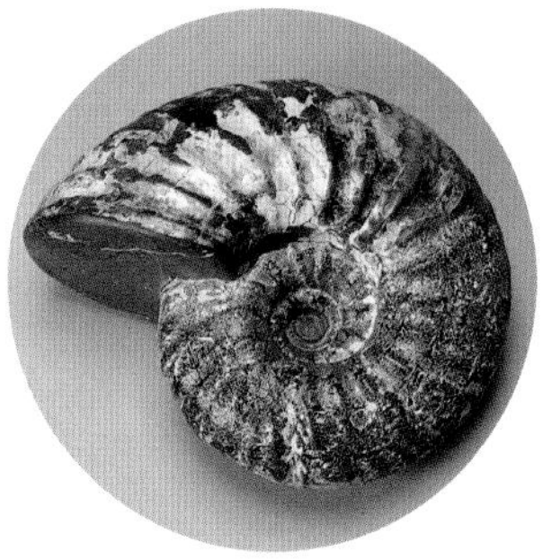

(1) れきや砂などが層になって積み重なっている物を何といいますか。（　　　）

(2) ㋐で見られたれきの形は、角ばっていますか、まるみを帯びていますか。

（　　　）

(3) ㋐で見られたれきの形は川原のれきと似ていますか。（　　　）

(4) これらの層は、何のはたらきでできたと考えられますか。

（　　　）

(5) 図2は、㋑の層を調べているときに見つかった物です。このような、大昔の生き物のからだなどのことを何といいますか。（　　　）

(6) 海の生き物の(5)が、高い山から見つかることはありますか。（　　　）

2 **地層をつくる岩石** 次の写真は、地層の中に見られる岩石を表したものです。あとの問いに答えましょう。

1つ5〔20点〕

㋐

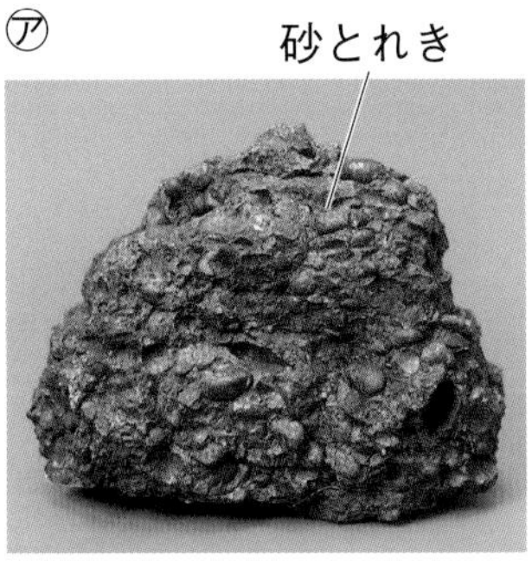

㋑

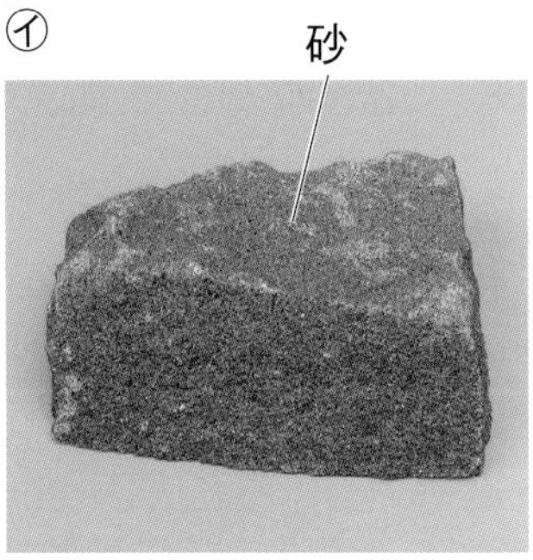

㋒

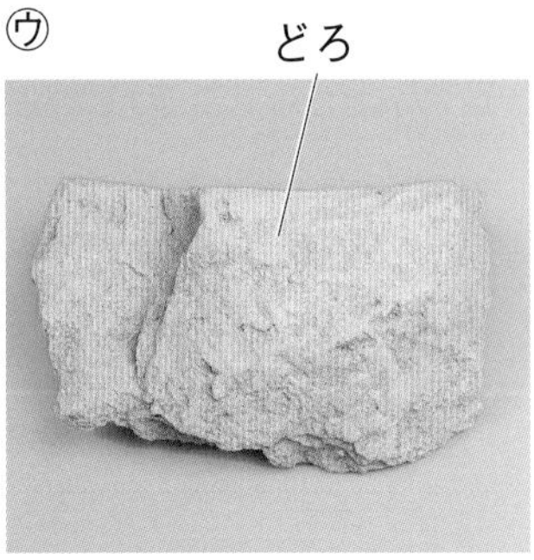

(1) ㋐は、れきが砂などで固められてできていました。この岩石を何といいますか。

（　　　）

(2) ㋑は、砂が固まってできていました。この岩石を何といいますか。（　　　）

(3) ㋒は、どろなどの細かいつぶが固まってできていました。この岩石を何といいますか。

（　　　）

(4) ㋐の岩石に見られるれきは、どのような形をしていますか。

（　　　）

3 地層のでき方 地層ができるようすを調べるために、砂やどろをふくむ土を水の中に流しこむ実験をしました。次の問いに答えましょう。

1つ4〔32点〕

図1

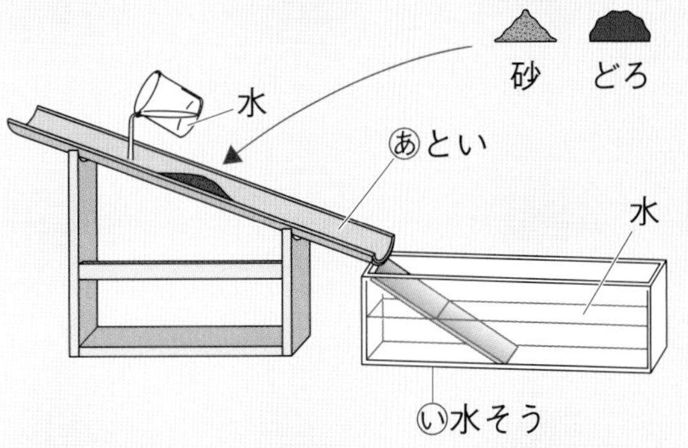

図2

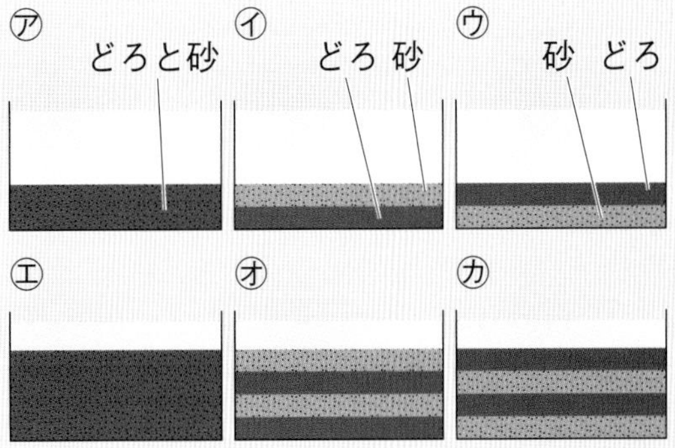

(1) 図1の[あ]、[い]は、それぞれ川と海のどちらを表していますか。 [あ]（　　　） [い]（　　　）

(2) 砂やどろをふくむ土をいちど流しこんだとき、水そうにはどのように積もりますか。図2の㋐～㋒から選びましょう。（　　　）

(3) さらにもういちど、砂やどろをふくむ土を流しこみました。どのように積もりますか。図2の㋓～㋕から選びましょう。（　　　）

(4) 流れる水のはたらきでできた地層に見られるれきには、どのような特ちょうがありますか。次の①～④から2つ選び、○をつけましょう。

①（　　　）まるみを帯びている。

②（　　　）角ばっている。

③（　　　）多くの小さなあながあいている。

④（　　　）川原のれきに似ている。

(5) 流れる水のはたらきによってできる地層は、川と海のどちらの底でできると考えられますか。

（　　　）

(6) (5)でできたと考えられる地層が、陸上でも見られるのはなぜですか。

（　　　　　　　　　　　　　　　　）

4 地層の広がり あるがけに見られるしま模様を調べました。次の問いに答えましょう。

1つ4〔24点〕

図1

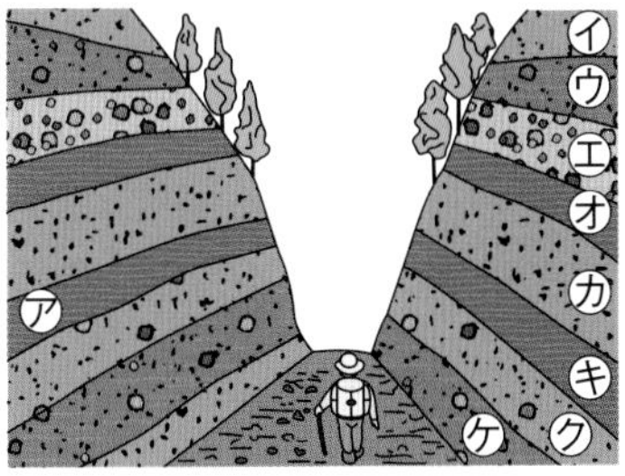

図2

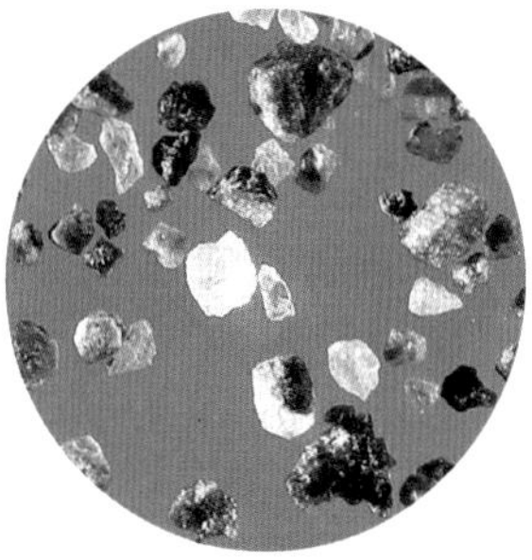

(1) 地層は、がけのおくにも広がっていますか。（　　　）

(2) ㋐の層は、右側のどの層とつながっていたと考えられますか。㋑～㋘から選びましょう。（　　　）

(3) ㋓の層から土をとってよく洗い、かいぼうけんび鏡で観察すると、図2のようなつぶが見られました。これは何のつぶですか。

（　　　）

(4) ㋓の層の石の特ちょうを、次のア～エから2つ選びましょう。（　　　）（　　　）

ア まるみを帯びている。 **イ** ごつごつと角ばっている。

ウ 小さなあながたくさんあいている。 **エ** 川原のれきに似ている。

(5) ㋓の層は、何のはたらきでできたと考えられますか。

（　　　　　　　　　　）

1　地震や火山の噴火と大地の変化
2　私たちのくらしと災害

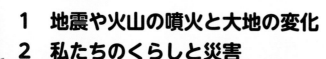

基本のワーク

教科書 106〜119ページ　　答え 16ページ

図を見て、あとの問いに答えましょう。

1 大地の変化と災害

地震による変化と災害

① [　　　　　] がずれると、地震が起きる。

大地の変化の例
・山やがけがくずれる。
・② [　　　　　]（地面のさけめ）が生じる。

災害の例
・建物や道路がこわれる。
・液状化現象が起こる。
・③ [　　　　　] がおし寄せる。

火山の噴火による変化と災害

④ [　　　　　] が広いはん囲にふき出される。

⑤ [　　　　　] がふき出される。

大地の変化の例
・火山灰や溶岩でおおわれる。
・新しい山ができる。

災害の例
・溶岩や⑥ [　　　　　] が大地をおおう。

---

(1) 地層がずれている部分や地面のさけめを何といいますか。①、②の[　]に書きましょう。

(2) 地震によって起きることのある波を何といいますか。③の[　]に書きましょう。

(3) 火山の噴火によってふき出される物は何ですか。④、⑤の[　]に書きましょう。

(4) ⑥の[　]に当てはまる言葉を書きましょう。

まとめ 〔 噴火　地震 〕から選んで（　）に書きましょう。

● 断層がずれると、①（　　　　　）が起きる。

● 地震や火山の②（　　　　　）で、大地のようすが変化することがある。

はってん 〈地震についてくわしく知ろう〉震度はその場所での地震によるゆれの大きさを表します。マグニチュードは地震そのものの規模の大きさを表します。

勉強した日　月　日

練習のワーク

教科書 106～119ページ　答え 16ページ

できた数　/12問中

1 次の図は、地震によって大地が変化したようすや、地震によって起きる災害のようすを表したものです。あとの問いに答えましょう。

㋐

㋑

㋒

(1) ㋐のような地層がずれている部分を何といいますか。（　　　）

(2) ㋐のような大地のずれが生じるとき、何が起きますか。（　　　）

(3) ㋑のように、地面が割れたようになることを何といいますか。（　　　）

(4) 地震が起きると、㋒のようにがけがくずれることがありますか。（　　　）

(5) 地震が起きると、大きな波によって広いはん囲に海水がおし寄せることがあります。この波を何といいますか。（　　　）

2 次の図は、火山の噴火のようすや火山の噴火によって大地が変化したようすを表したものです。あとの問いに答えましょう。

㋐
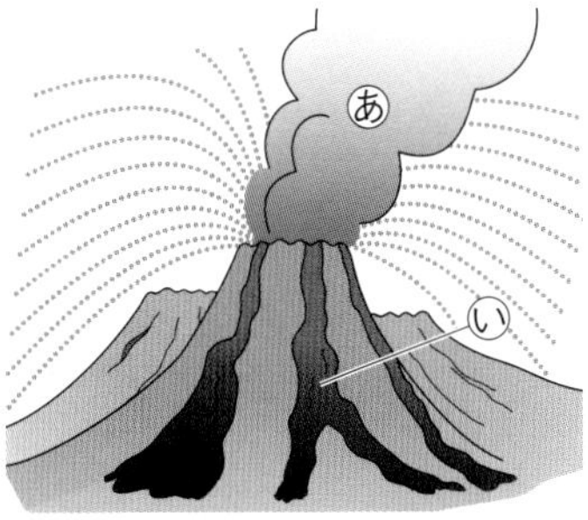

㋑
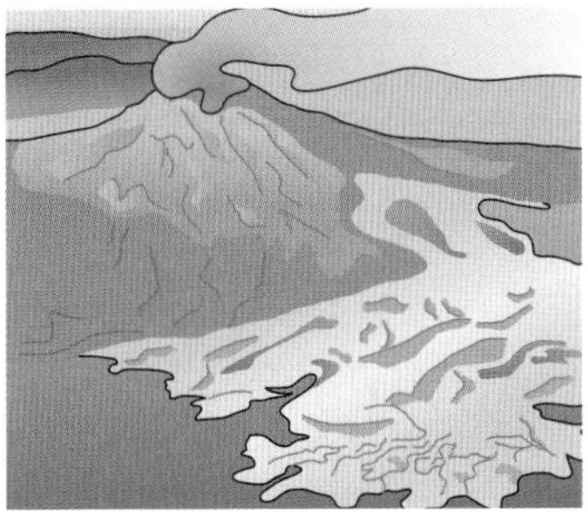

㋒

(1) 火山が噴火したときにふき出される[あ]、[い]をそれぞれ何といいますか。

[あ]（　　　）　[い]（　　　）

(2) ㋑のように、ふき出された[い]によって海がうめられることがありますか。

（　　　）

(3) ㋒のように、ふき出された[あ]、[い]によって建物などがおおわれることがありますか。

（　　　）

(4) 火山は、私たちのくらしにめぐみをあたえてくれることがあります。次のア～エのうち、火山によるめぐみを2つ選びましょう。（　　　）（　　　）

ア 温泉（おんせん）　イ 太陽光発電　ウ 海水よく場　エ 美しい景観

(5) 火山の噴火などの災害に備えるために、危険な場所やひなん場所を示した地図のことを何といいますか。（　　　）

まとめのテスト

7　変わり続ける大地

時間20分

得点　/100点

教科書　106～119ページ　答え　16ページ

1 [地震] **右の写真は、地層がずれている部分が地表に現れたようすを表したものです。次の問いに答えましょう。**
1つ3〔21点〕

(1)　写真のような、地層がずれている部分を何といいますか。（　　　）

(2)　次の①～⑦のうち、地震によって起きることがあるものに4つ○をつけましょう。

①（　　）がけがくずれる。
②（　　）地面に火山灰が降り積もる。
③（　　）大雨が降る。
④（　　）地面が下がり、土地が海の中にしずむ。
⑤（　　）こう水が起こる。
⑥（　　）建物がこわれたり、道路がくずれたりする。
⑦（　　）海底が持ち上げられ、陸地ができる。

(3)　地震によって波が起き、平地に海水がおし寄せることがあります。この波を何といいますか。
（　　　）

(4)　地震による大地の変化について、次のア、イから正しいものを選びましょう。（　　　）
ア　地震による大地の変化は、同じ場所で何度も起きることがある。
イ　過去に地震による大地の変化があった場所では、今後地震が起きることはない。

2 [火山] **右の写真は、火山の噴火のようすを表したものです。次の問いに答えましょう。**
1つ3〔18点〕

(1)　日本は、火山が多いですか、少ないですか。
（　　　）

(2)　㋐、㋑は、火山が噴火したときに、火口からふき出される物です。それぞれ何といいますか。
㋐（　　　）
㋑（　　　）

(3)　次の①～⑤のうち、火山の噴火によって起きることがあるものに3つ○をつけましょう。

①（　　）強い風がふき、雨が降る。
②（　　）新しい山ができる。
③（　　）もとの山の形が変化する。
④（　　）ふき出された㋑で、海がうめられる。
⑤（　　）ふき出された㋑から、化石が見つかる。

3 大地の変化と災害 火山の噴火や地震による大地の変化や災害について、あとの問いに答えましょう。

1つ3〔21点〕

図1

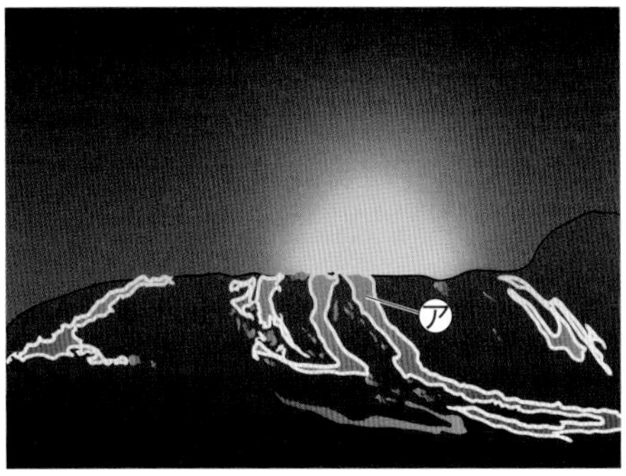

図2

(1) 図1のように、火山が噴火するときに火山から流れ出すことのある㋐を何といいますか。（　　　　）

(2) 流れ出した㋐によって、建物などがおおわれることはありますか。（　　　　）

(3) 次の①～④の文のうち、火山の噴火でふき出す火山灰や軽石について、正しく述べているもの2つに○をつけましょう。

①（　　）火山灰が市街地にふり積もり道路や住宅地がおおわれることがある。

②（　　）火山灰は噴火した山のしゃ面にだけ降り積もる。

③（　　）軽石は、陸地にだけ積もる。

④（　　）軽石は海にも降って、海流にのって港に流れ込んだりすることがある。

(4) 図2は、地震のときに地表に現れた地面のずれである断層です。断層が現れた近くでは、建物がこわれることがありますか。（　　　　）

(5) 地震が起きたときに、各地のゆれの大きさを予想してテレビやスマートフォンできん急に知らせる情報のことを何といいますか。（　　　　）

(6) 火山活動や地震によって災害が起こることはありますか。（　　　　）

4 大地の変化と私たちのくらし 次の文について、地震に関係することには 地 、火山に関係することには 火 、地震と火山の両方に関係することには◎、地震と火山の両方ともに関係ないものには×を書きましょう。

1つ4〔40点〕

①（　　）降り積もった火山灰でできた土を使って、野菜をさいばいしている。

②（　　）あつい雲ができて、広いはん囲で雨が降る。

③（　　）海底が持ち上げられ、陸地ができる。

④（　　）強い風を利用して風力発電をする。

⑤（　　）熱を利用して発電をする。

⑥（　　）大地のようすが変化する。

⑦（　　）海底の大地の変化によって津波がおし寄せる。

⑧（　　）地下の熱で、温泉がわく。

⑨（　　）災害に備えるために、過去の記録から学ぶなど、いろいろなとり組みがされている。

⑩（　　）水や空気をなるべくよごさないためのくふうや、環境(かんきょう)を守るためのとり組みをしている。

1 てこのはたらき

基本のワーク

学習の目標・
支点、力点、作用点を
知り、てこのはたらき
を理解しよう。

教科書 120〜124ページ | 答え 17ページ

図を見て、あとの問いに答えましょう。

1 てこの支点、力点、作用点

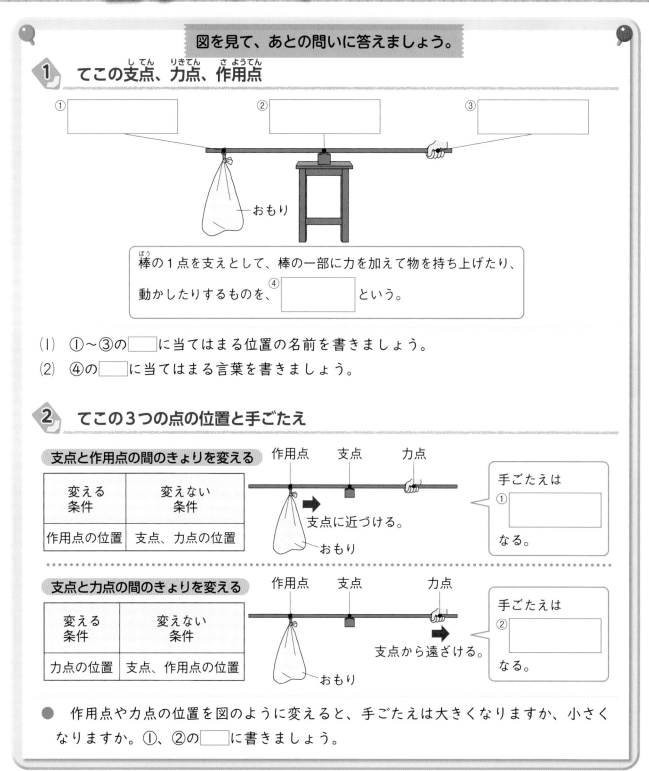

① ② ③

おもり

棒の1点を支えとして、棒の一部に力を加えて物を持ち上げたり、動かしたりするものを、④ □□□□ という。

(1) ①〜③の□に当てはまる位置の名前を書きましょう。

(2) ④の□に当てはまる言葉を書きましょう。

2 てこの3つの点の位置と手ごたえ

支点と作用点の間のきょりを変える

変える条件	変えない条件
作用点の位置	支点、力点の位置

作用点　支点　力点

支点に近づける。

おもり

手ごたえは
①□□□□
なる。

支点と力点の間のきょりを変える

変える条件	変えない条件
力点の位置	支点、作用点の位置

作用点　支点　力点

支点から遠ざける。

おもり

手ごたえは
②□□□□
なる。

● 作用点や力点の位置を図のように変えると、手ごたえは大きくなりますか、小さくなりますか。①、②の□に書きましょう。

まとめ 〔 作用点　力点 〕から選んで（ ）に書きましょう。

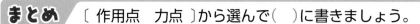

● てこを使い、支点と①（　　　　　）の間のきょりを短くしたり、支点と②（　　　　　）の間のきょりを長くしたりすると、小さい力でおもりを持ち上げることができる。

紀元前3世紀、アルキメデスという学者が、てこのしくみを考え、「とても長い棒と支点があれば、地球だって動かせる」と言ったといわれています。

できた数

/13問中

教科書 120～124ページ　答え 17ページ

1 次の図のように、長くてじょうぶな棒を使って、おもりを持ち上げます。あとの問いに答えましょう。

おもり

(1) このように物を持ち上げたり動かしたりするものを何といいますか。（　　　　）

(2) 次の①～③の位置を表しているのは、それぞれ図の㋐～㋒のどれですか。

① 棒を支える位置 （　　　　）

② 力を加える位置 （　　　　）

③ おもりの位置 （　　　　）

(3) ㋐～㋒の位置をそれぞれ何といいますか。

㋐（　　　　）　㋑（　　　　）　㋒（　　　　）

2 図1では支点と作用点の間のきょり、図2では支点と力点の間のきょりを変えて、おもりを持ち上げたときの手ごたえのちがいを調べました。あとの問いに答えましょう。

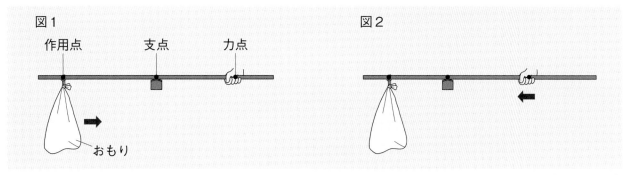

図1　作用点　支点　力点　おもり

図2

(1) 図1で、変える条件は何ですか。次のア～ウから選びましょう。 （　　　　）

ア 支点の位置　イ 力点の位置　ウ 作用点の位置

(2) 図1で、変えない条件を、(1)のア～ウからすべて選びましょう。（　　　　）

(3) 作用点を支点に近づけると、手ごたえはどのようになりますか。（　　　　）

(4) 図2で、変える条件は何ですか。次のア～ウから選びましょう。 （　　　　）

ア 支点の位置　イ 力点の位置　ウ 作用点の位置

(5) 図2で変えない条件を、(4)のア～ウからすべて選びましょう。 （　　　　）

(6) 力点を支点に近づけると、手ごたえはどのようになりますか。 （　　　　）

勉強した日　　月　　日

2 てこが水平につり合うとき

基本のワーク

学習の目標
てこが水平につり合うときのようすから、きまりを見つけよう。

教科書 125～130ページ　答え 17ページ

図を見て、あとの問いに答えましょう。

1 てこが水平につり合うとき

てこは、左右のうでで、［てこをかたむけるはたらき］が等しいとき、水平につり合う。

力の①［　　　　］×支点からの②［　　　　］
（おもりの重さ）　　（おもりの位置）

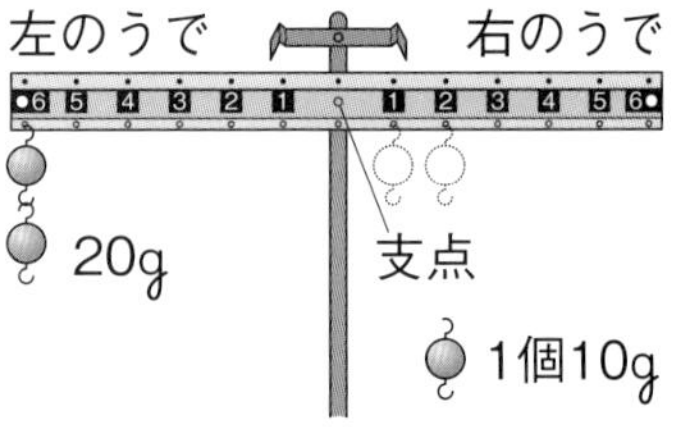

調べ方

・左のうでの[6]に、おもりを２個つるす。
・右のうでの[1]～[6]のそれぞれにおもりを何個かつるして、水平につり合う重さを表にまとめる。つり合う重さがないときは×を書く。

	左のうで	右のうで					
おもりの位置	6	1	2	3	4	5	6
おもりの重さ（g）	20	③	④	⑤	⑥	⑦	⑧

(1) ①、②の［　］に当てはまる言葉を書きましょう。
(2) ③～⑧の［　］に当てはまる数字や×を書きましょう。※使うおもりは１個10gとして、当てはまる重さがないときは×を書きます。

2 てんびん

水平な棒の支点から同じ①［　　　　］の位置に物をつるし、棒が水平につり合ったとき、左右の物の②［　　　　］は同じ。このきまりを利用した道具を③［　　　　］という。

てんびんを利用した道具

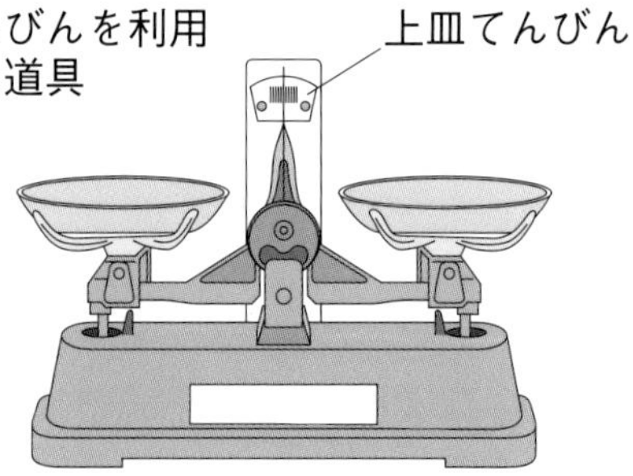

● ①～③の［　］に当てはまる言葉を書きましょう。

まとめ　〔てんびん　きょり〕から選んで（　）に書きましょう。

●左右で、力の大きさ×支点からの①（　　　　）が等しいとき、てこは水平につり合う。左右の支点からのきょりを等しくして、重さをはかる道具が、②（　　　　）である。

わくわくたんてい団　物をつるす位置と支点の決まった１本の棒だけで、重さをはかる道具がさおばかりです。おもりの位置を調整することで水平につり合わせ、重さをはかることができます。

練習のワーク

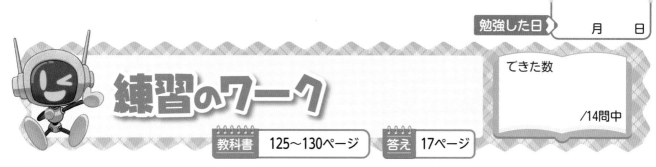

教科書 125〜130ページ　答え 17ページ

できた数 /14問中

1 次の図のように、実験用てこにおもりをつるしました。それぞれについて、てこが右にかたむくときは 右 、左にかたむくときは 左 、水平につり合うときは○を書きましょう。

㋐（　　　）　㋑（　　　）　㋒（　　　）　㋓（　　　）

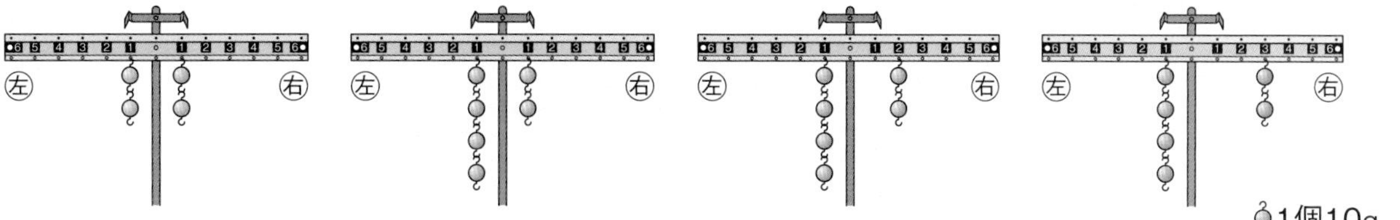
左
右
1個10g

2 図の実験用てこで、右のうでにつるすおもりの数とつるす位置を変えて、てこを水平につり合わせます。次の問いに答えましょう。

(1) てこが水平につり合うときのきまりについて、□に当てはまる言葉を書きましょう。

[左のうでのてこをかたむけるはたらき]				[右のうでのてこをかたむけるはたらき]		
力の大きさ	×	①	=	②	×	支点からのきょり
(おもりの重さ)		(おもりの位置)		(おもりの重さ)		(おもりの位置)

(2) 図では、左のうでの１の位置におもりを４個つるしています。左のうでのてこをかたむけるはたらきは、いくらですか。（　　　）

(3) 図で、右のうでに１個のおもりをつるしててこを水平につり合わせるには、１〜６のどの位置につるせばよいですか。（　　　）

(4) 図で、右のうでの２の位置におもりをつるしててこを水平につり合わせるには、何個のおもりをつるせばよいですか。（　　　）

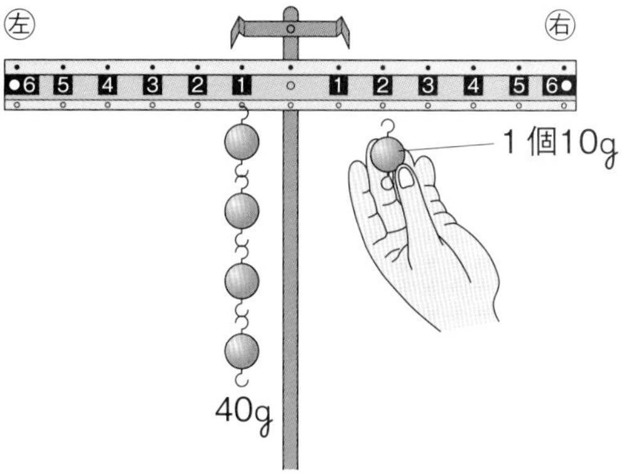
左
右
1個10g
40g

3 左のうでの６の位置におもりを１個つるしました。次の問いに答えましょう。

(1) 左のうでのてこをかたむけるはたらきは、いくらですか。（　　　）

(2) 次の①〜④のように、おもりをつるす位置を変えたとき、それぞれ何gのおもりをつるすとてこが水平につり合いますか。

① 右のうでの１の位置（　　　）

② 右のうでの２の位置（　　　）

③ 右のうでの３の位置（　　　）

④ 右のうでの６の位置（　　　）

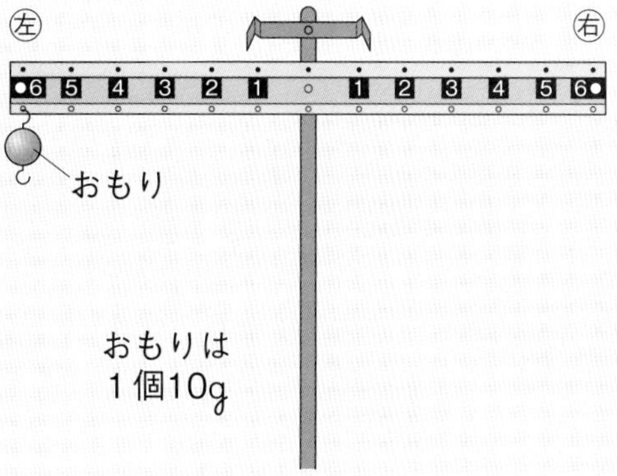
左
右
おもり
おもりは
1個10g

勉強した日 月 日

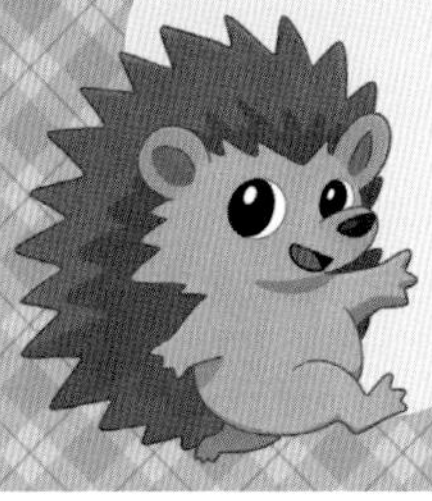

3 てこを利用した道具

基本のワーク

学習の目標

てこを利用した道具について理解しよう。

教科書 131～135ページ　答え 18ページ

図を見て、あとの問いに答えましょう。

1 てこを利用した道具

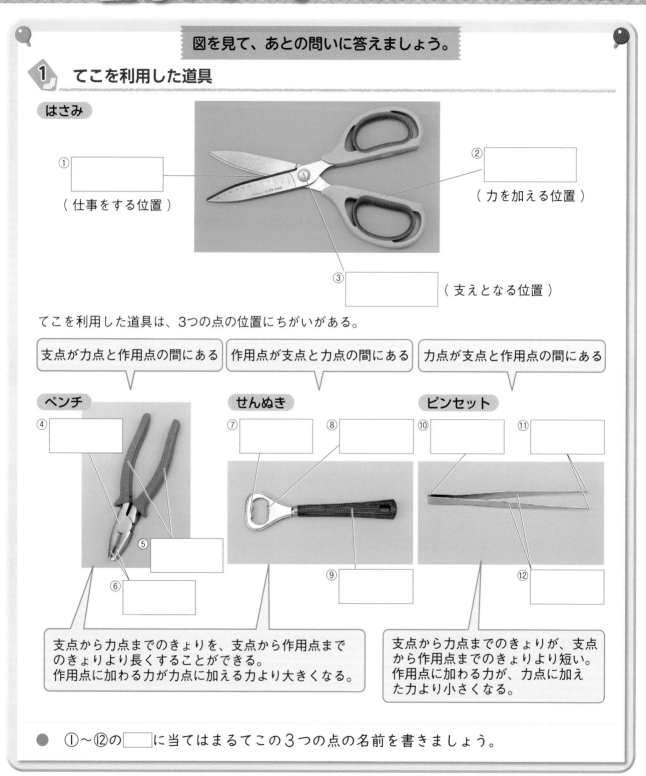

はさみ

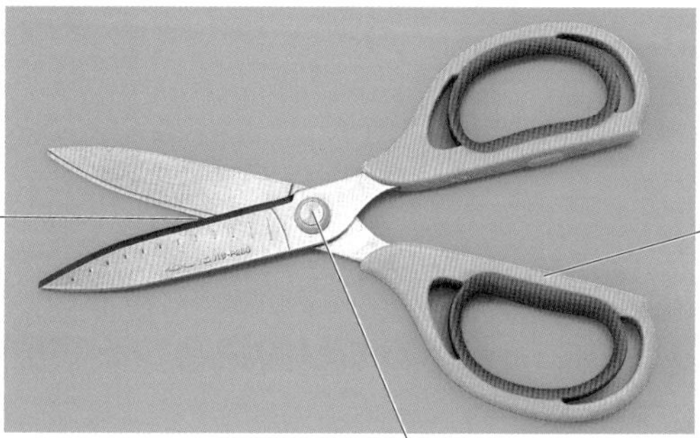

① □（仕事をする位置）

② □（力を加える位置）

③ □（支えとなる位置）

てこを利用した道具は、3つの点の位置にちがいがある。

支点が力点と作用点の間にある

作用点が支点と力点の間にある

力点が支点と作用点の間にある

ペンチ

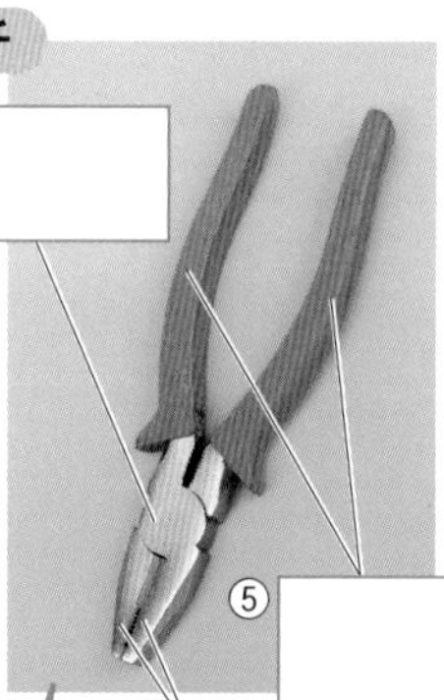

④ □　⑤ □　⑥ □

せんぬき

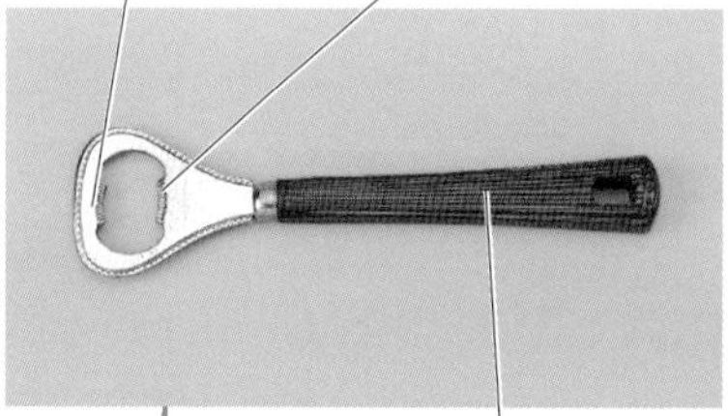

⑦ □　⑧ □　⑨ □

ピンセット

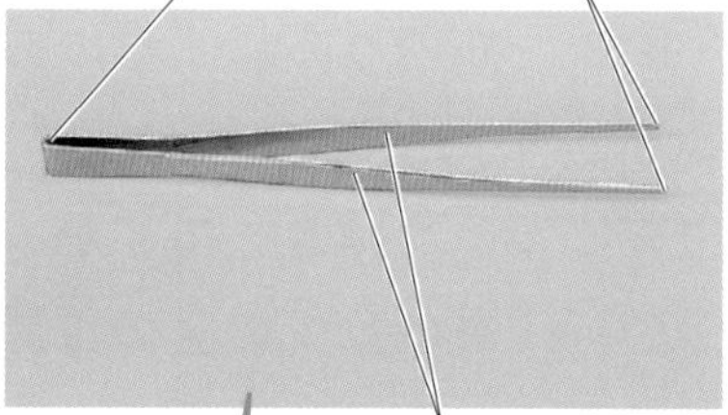

⑩ □　⑪ □　⑫ □

支点から力点までのきょりを、支点から作用点までのきょりより長くすることができる。
作用点に加わる力が力点に加える力より大きくなる。

支点から力点までのきょりが、支点から作用点までのきょりより短い。
作用点に加わる力が、力点に加えた力より小さくなる。

● ①～⑫の□に当てはまるてこの3つの点の名前を書きましょう。

まとめ　〔 道具　ちがう 〕から選んで(　)に書きましょう。

●てこを利用した①(　　　　)が、身のまわりにはたくさんある。それぞれ使い道や使い方に合わせて、支点、力点、作用点の位置が②(　　　　)。

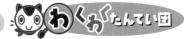

わくわくたんてい団　木の枝を切るためのはさみは、支点から力点までのきょりが長くなっています。そのため、太い枝もそれほど大きな力を加えなくても切ることができます。

練習のワーク

1 次のてこを利用した道具について、あとの問いに答えましょう。

図1

くぎぬき

図2

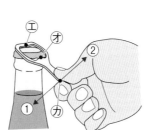

せんぬき

図3

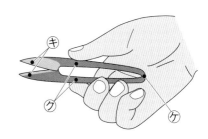

糸切りばさみ（和ばさみ）

(1) 図1、2の道具はどのように動かして使いますか。それぞれ①、②から選びましょう。

図1（　　　）　図2（　　　）

(2) ㋐〜㋘のうち、支点はどれですか。すべて選びましょう。

（　　　　　　　　）

(3) ㋐〜㋘のうち、作用点はどれですか。すべて選びましょう。

（　　　　　　　　）

(4) 図1〜3の道具で、図のような手の位置で力を加えたとき、作用点に加わる力は、力点で加えた力より、大きくなりますか、小さくなりますか。

図1（　　　　　　）
図2（　　　　　　）
図3（　　　　　　）

2 てこを利用したトングについて、次の問いに答えましょう。

(1) ㋐〜㋒は、支点、力点、作用点のどれを表していますか。

㋐（　　　　　　）
㋑（　　　　　　）
㋒（　　　　　　）

(2) トングについて、正しいのはどちらですか。ア、イから選びましょう。

（　　　）

ア　支点から力点までのきょりのほうが、支点から作用点までのきょりより長いため、小さい力で作業できる。

イ　支点から作用点までのきょりのほうが、支点から力点までのきょりより長いため、はたらく力を小さくして作業できる。

(3) てこの3点のならび方が、トングと同じ道具を、ア〜ウから選びましょう。

（　　　）

ア　くぎぬき　　イ　ペンチ　　ウ　ピンセット

勉強した日　　月　　日

まとめのテスト

8　てこのはたらきとしくみ

時間 20分

得点　　/100点

教科書 120～135ページ　答え 18ページ

よく出る

1 [てこのはたらき] **てこのはたらきについて、次の問いに答えましょう。** 1つ4〔40点〕

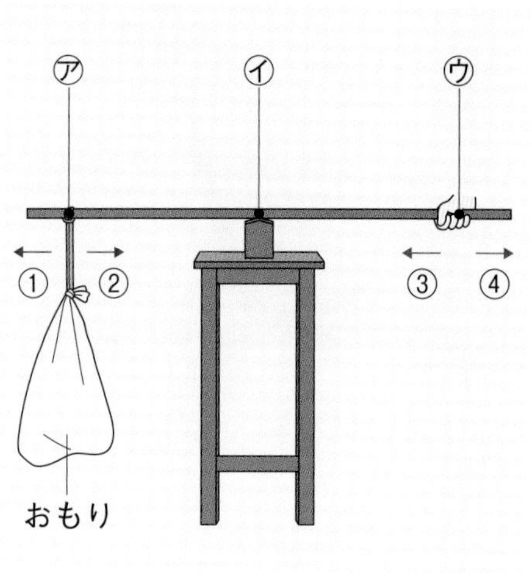

(1)　右の図の㋐～㋒の位置を、それぞれ何といいますか。

㋐(　　　　　)　㋑(　　　　　)

㋒(　　　　　)

(2)　㋐～㋒のうち、棒に加えた力が物にはたらく点(仕事をする位置)はどこですか。(　　　)

(3)　㋐の位置と手ごたえとの関係を調べるとき、位置を変えない点はどれですか。㋐～㋒からすべて選びましょう。(　　　)

(4)　(3)のとき、㋐を①、②のどちらに動かすと、手ごたえが小さくなりますか。(　　　)

(5)　㋒の位置と手ごたえとの関係を調べるとき、位置を変えない点はどれですか。㋐～㋒からすべて選びましょう。(　　　)

(6)　(5)のとき、㋒を③、④のどちらに動かすと、手ごたえが小さくなりますか。(　　　)

(7)　手ごたえが小さくなるのは、どのようなときですか。次の(　)に当てはまる言葉を書きましょう。

・支点と作用点の間のきょりを①(　　　　　)すると、手ごたえが小さくなる。
・支点と力点の間のきょりを②(　　　　　)すると、手ごたえが小さくなる。

2 [てこのつり合い] **実験用てこを使って、てこのつり合いを調べました。あとの問いに答えましょう。** 1つ2〔8点〕

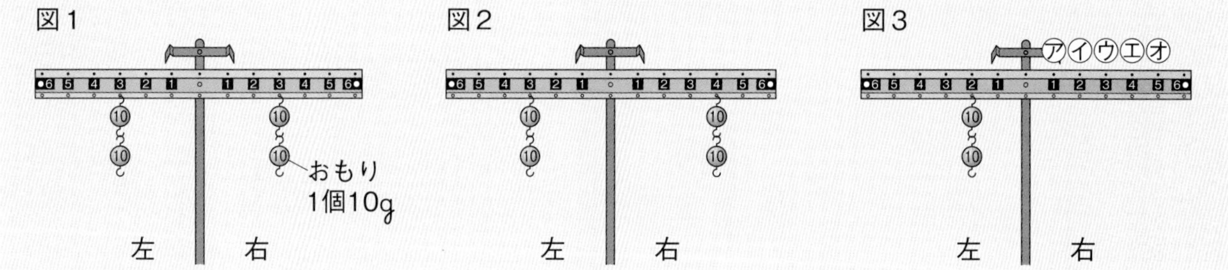

(1)　図1、図2のてこは、右にかたむきますか、左にかたむきますか、水平につり合いますか。

図1(　　　　　　　　)　図2(　　　　　　　　)

(2)　図3で、20gのおもりをどこにつるすと、てこが水平につり合いますか。㋐～㋔から選びましょう。(　　　)

(3)　図3で、右のうでにつるすおもりを10gにしたとき、てこが水平につり合うためには、どこにつるすとよいですか。正しいほうに○をつけましょう。

①(　　　)支点からのきょりが、(2)の半分のところ。
②(　　　)支点からのきょりが、(2)の2倍のところ。

3 つり合うときのきまり 次の表の①～⑧は、てこが水平につり合うときのおもりの重さとおもりの位置を表しています。(　)に当てはまる数字を書きましょう。

1つ3〔24点〕

	左のうで		右のうで	
	おもりの重さ(g)	おもりの位置	おもりの重さ(g)	おもりの位置
①	(　　)	1	30	4
②	(　　)	2	30	4
③	30	(　　)	45	4
④	60	(　　)	45	4
⑤	25	6	(　　)	3
⑥	25	6	(　　)	5
⑦	50	4	40	(　　)
⑧	50	4	100	(　　)

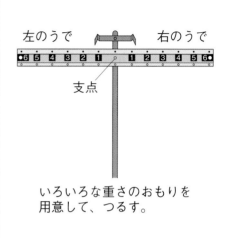

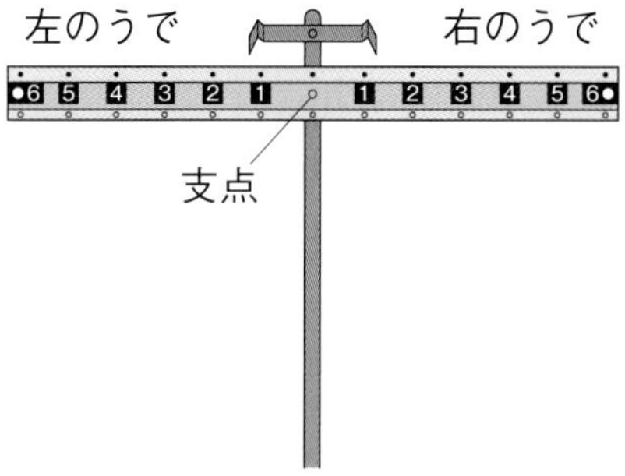
左のうで
右のうで
6 5 4 3 2 1 1 2 3 4 5 6
支点

いろいろな重さのおもりを用意して、つるす。

4 てこの利用 てこを利用した道具について、あとの問いに答えましょう。

1つ2〔28点〕

図1

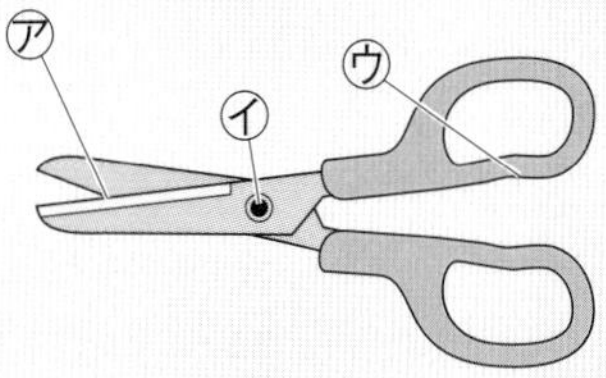
㋐
㋑
㋒

図2

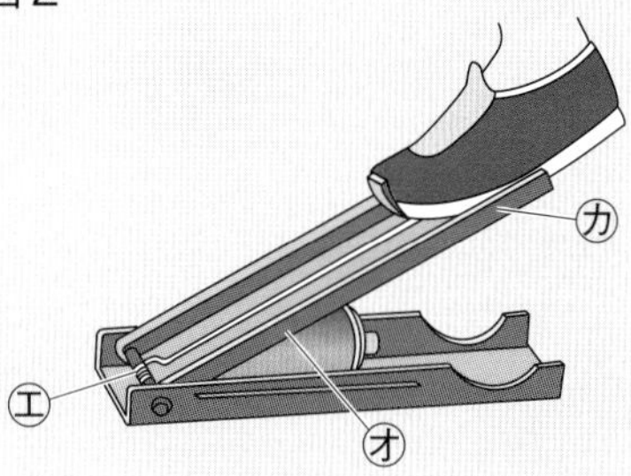
㋓
㋔
㋕

図3

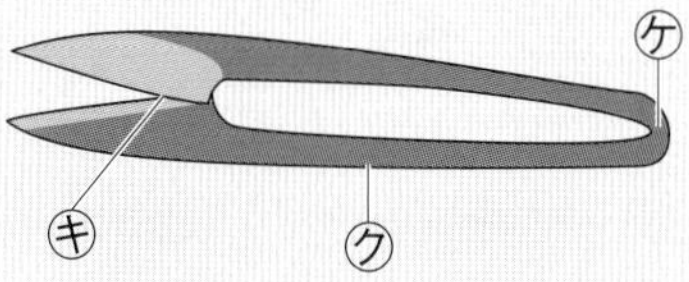
㋖
㋗
㋘

(1) 図1は、はさみを表しています。㋐～㋒は、それぞれ支点、力点、作用点のどれを表していますか。　㋐(　　) ㋑(　　) ㋒(　　)

(2) 図2は、空きかんつぶしを表しています。㋓～㋕は、それぞれ支点、力点、作用点のどれを表していますか。　㋓(　　) ㋔(　　) ㋕(　　)

(3) 図3は、糸切りばさみを表しています。㋖～㋘はそれぞれ支点、力点、作用点のどれを表していますか。　㋖(　　) ㋗(　　) ㋘(　　)

(4) 次の①～⑤のうち、正しいものには○、まちがっているものには×をつけましょう。

①(　　)ペンチは、支点が力点と作用点の間にある。

②(　　)せんぬきは、力点が支点と作用点の間にある。

③(　　)ピンセットは、作用点が支点と力点の間にある。

④(　　)くぎぬきは、支点が力点と作用点の間にある。

⑤(　　)上皿てんびんは、てこのきまりを利用して物の重さをはかることができる道具である。

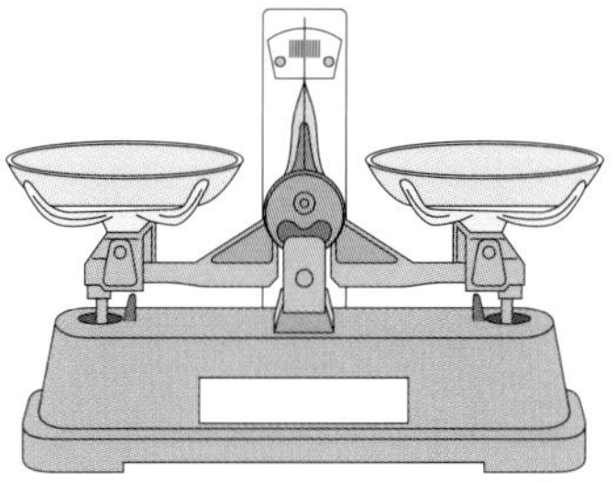

1 電気をつくる

基本のワーク

学習の目標

手回し発電機や光電池による発電について理解しよう。

教科書 136～141ページ　　答え 19ページ

図を見て、あとの問いに答えましょう。

1 手回し発電機で発電する

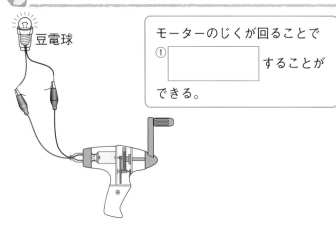

豆電球

モーターのじくが回ることで
① [　　　　　] することができる。

ハンドルの回し方	豆電球のようす
ゆっくり回す	②
速く回す	③
回さない	④

(1) ①の□に当てはまる言葉を書きましょう。

(2) ②～④の□に当てはまる言葉を、下の〔　〕から選んで書きましょう。

〔　明かりがつく　　明かりがつかない　　明るく明かりがつく　〕

2 光電池で発電する

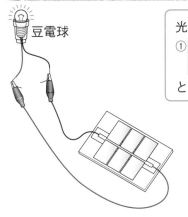

豆電球

光（日光）を当てることで
① [　　　　　] することができる。

光の強さ	豆電球のようす
弱い光を当てる	②
強い光を当てる	③
光を当てない	④

(1) ①の□に当てはまる言葉を書きましょう。

(2) ②～④の□に当てはまる言葉を、下の〔　〕から選んで書きましょう。

〔　明るく明かりがつく　　明かりがつく　　明かりがつかない　〕

まとめ　〔　発電　光電池　〕から選んで（　）に書きましょう。

● 手回し発電機のハンドルを回すと、①（　　　　　）することができる。

● ②（　　　　　）に光を当てると発電することができる。

---

66 　火力発電では、石油や石炭などを燃やして水蒸気をつくっています。そして、水蒸気の力でタービンを回し、発電機を動かして発電しています。

練習のワーク

教科書 136～141ページ　　答え 19ページ

1 右の図のように、ある道具に豆電球をつなぎました。あとの問いに答えましょう。

(1) 図の道具を何といいますか。
（　　　　　　　　　　）

(2) 図の道具のハンドルを回すと、豆電球はどうなりますか。（　　　　　　　　）

(3) (2)の後、ハンドルを回すのをやめると、豆電球はどうなりますか。
（　　　　　　　　　　）

豆電球

ある道具

(4) 次の（　）に当てはまる言葉を書きましょう。
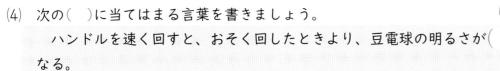
ハンドルを速く回すと、おそく回したときより、豆電球の明るさが（　　　　　　　）なる。

(5) 図の道具について、正しいのはア、イのどちらですか。（　　　）
　ア　電気をつくることができる。
　イ　電気をためることができる。

2 右の図のように、光電池と豆電球をつないで、光電池に光を当てました。次の問いに答えましょう。

(1) 光電池に光を当てると、豆電球はどうなりますか。
（　　　　　　　　　　）

(2) (1)の後、光電池を半とう明のシートでおおいました。光電池に当たる光の強さは、(1)のときに比べてどうなりますか。（　　　　　　　　）

(3) 正しいのはア、イのどちらですか。（　　　）
　ア　(1)のときより(2)のときのほうが、豆電球は明るい。
　イ　(2)のときより(1)のときのほうが、豆電球は明るい。

電灯

豆電球

光電池

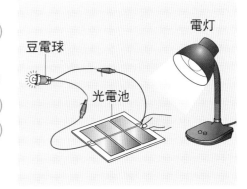

(4) 光電池に当てる光を強くすると、電気のはたらきは大きくなりますか、小さくなりますか、変わりませんか。
（　　　　　　　　　　）

(5) 光電池に光を当てるのをやめると、豆電球はどうなりますか。（　　　　　　　　）

(6) 電気をつくることを何といいますか。
（　　　　　　　　）

(7) 光電池を利用している物を、㋐、㋑から選びましょう。
（　　　　　　　　）

㋐

㋑

風力発電　　　　　　　非常用かい中電灯

2 電気の利用

基本のワーク

学習の目標・
電気はためたり、光や音に変えて利用したりできることを理解しよう。

教科書 142〜144ページ　答え 19ページ

図を見て、あとの問いに答えましょう。

1 電気をためる

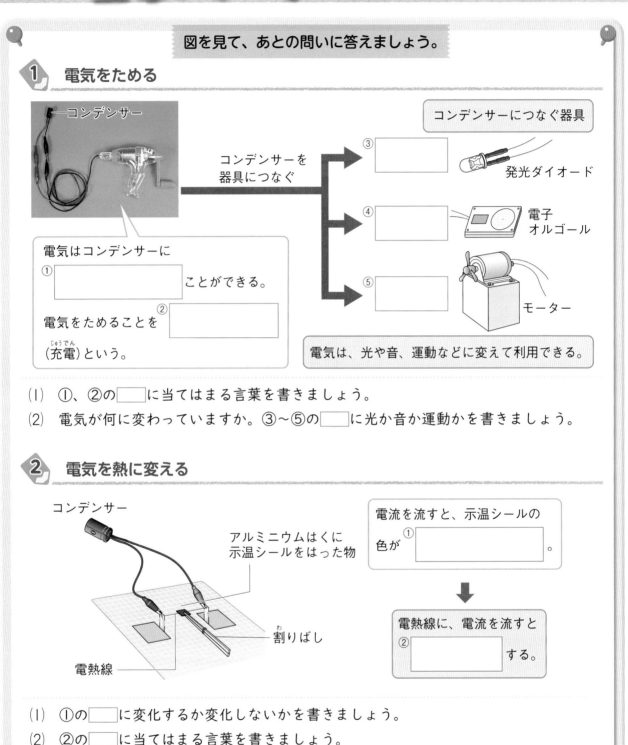

コンデンサー

電気はコンデンサーに
① _____ ことができる。

電気をためることを ② _____
（充電）という。

コンデンサーを器具につなぐ

コンデンサーにつなぐ器具

③ _____ 発光ダイオード

④ _____ 電子オルゴール

⑤ _____ モーター

電気は、光や音、運動などに変えて利用できる。

(1) ①、②の_____に当てはまる言葉を書きましょう。

(2) 電気が何に変わっていますか。③〜⑤の_____に光か音か運動かを書きましょう。

2 電気を熱に変える

コンデンサー

アルミニウムはくに
示温シールをはった物

割りばし

電熱線

電流を流すと、示温シールの色が ① _____ 。

↓

電熱線に、電流を流すと
② _____ する。

(1) ①の_____に変化するか変化しないかを書きましょう。

(2) ②の_____に当てはまる言葉を書きましょう。

まとめ 〔 コンデンサー　発光ダイオード 〕から選んで（　）に書きましょう。

● ①（　　　　　　　　　）は電気をためることができる。

● ②（　　　　　　　　　）は電気を光に、電熱線は電気を熱に変える。

わくわくたんてい団

コンデンサーのような電気をためるはたらきをするものにスマートフォンなどの充電池（蓄電池）があります。充電池には寿命があり、充電をくり返すと使えなくなります。

勉強した日　　月　　日

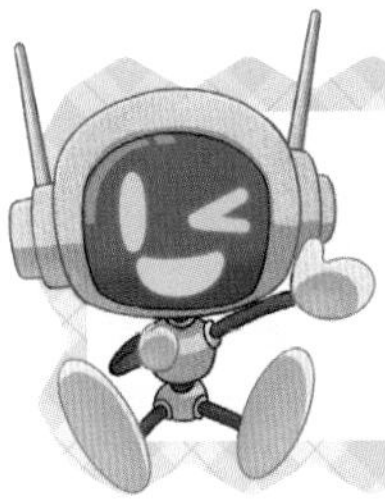

練習のワーク

教科書 142〜144ページ　　答え 19ページ

できた数　　/11問中

1 手回し発電機とコンデンサーをつないで、手回し発電機のハンドルを50回回しました。次に、そのコンデンサーをいろいろな器具につなぎました。あとの問いに答えましょう。

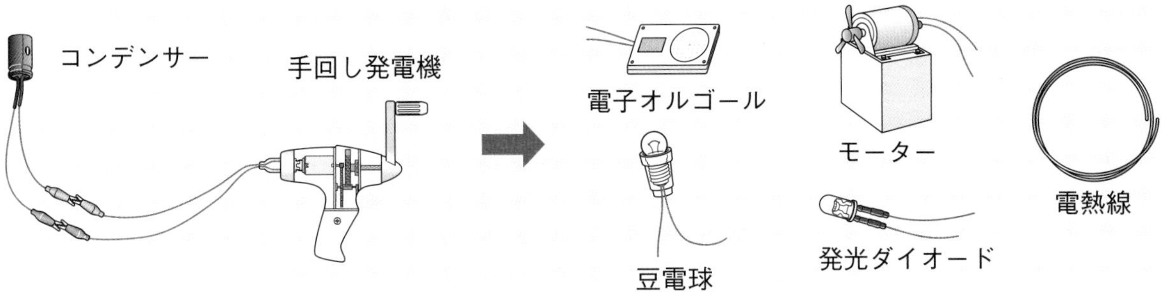

(1) コンデンサーを使うと何ができますか。ア、イから選びましょう。　（　　　）

ア　電気をつくることができる。

イ　電気をためることができる。

(2) コンデンサーを電子オルゴールにつなぎました。電子オルゴールは音を出しますか。

（　　　　　）

(3) コンデンサーをモーターにつなぎました。モーターは回りますか。　（　　　　　）

(4) コンデンサーを豆電球や発光ダイオードにつなぐと、電気は何に変わりますか。

（　　　　　）

(5) コンデンサーにつないだ電熱線に示温シールをはったアルミニウムはくをふれさせました。しばらくすると、示温シールはどうなりますか。

（　　　　　　　　　）

(6) (5)からどんなことがわかりますか。次の文の（　）に当てはまる言葉を書きましょう。

コンデンサーにためられた①（　　　　　　）が②（　　　　　　）に変わった。

2 次の図の㋐〜㋓は、それぞれ、電気を何に変えて利用していますか。下の〔　〕から選んで書きましょう。

㋐（　　　　）　㋑（　　　　）　㋒（　　　　）　㋓（　　　　）

㋐

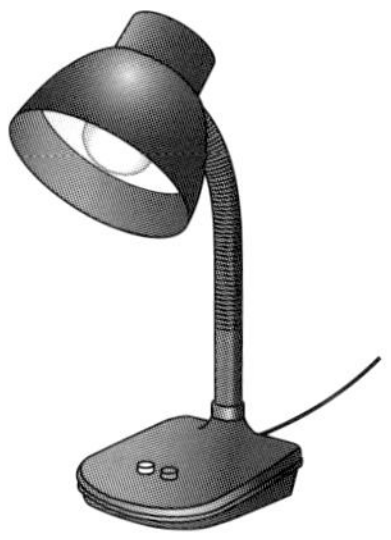

電気スタンド

㋑

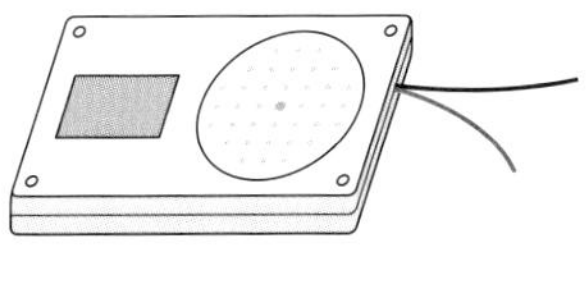

電子オルゴール

㋒

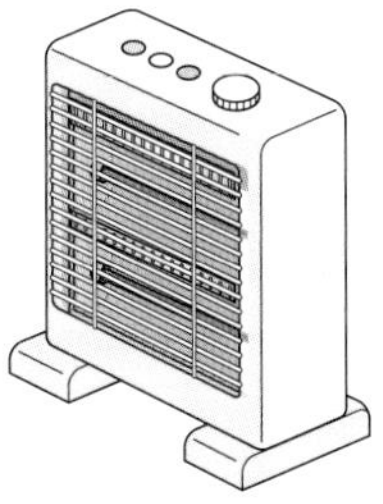

電気ストーブ

㋓

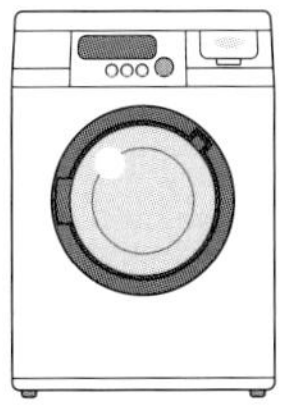

洗(せん)たく機（かんそう以外の機能）

〔　音　　光　　熱　　運動　〕

勉強した日　月　日

3　電気の有効利用
4　電気を利用した物をつくろう

基本のワーク

教科書 145〜153ページ　答え 19ページ

図を見て、あとの問いに答えましょう。

1　豆電球と発光ダイオードのちがい

豆電球

発光ダイオード

同じ量の電気をためた
コンデンサーにつないだとき、
①
のほうが明かりが長くつく。

豆電球より発光ダイオードのほうが使う電気の量が②[　　　　]。

(1)　①の[　]に豆電球か発光ダイオードかを書きましょう。

(2)　②の[　]に多いか少ないかを書きましょう。

2　自動で明かりがつくしくみ

街灯

コンピューターに
①[　　　　　　　]を入力すると、
センサーが明るさを感知して自動で動作する。

プログラムをつくることを
②[　　　　　　　]という。

暗くなると明かりがつく。

● ①、②の[　]に当てはまる言葉を書きましょう。

まとめ　〔 プログラム　電気の量 〕から選んで（　）に書きましょう。

●豆電球と発光ダイオードは、使う①（　　　　　）がちがう。

●コンピューターに指示した②（　　　　　）によって電気を効率的に使うことができる。

わくわくたんてい団　温度や明るさなどに反応するセンサーは、コンピューターが判断するきっかけとなるスイッチのような役目をしています。

練習のワーク

教科書 145～153ページ   答え 19ページ

1 同じ量の電気を2つのコンデンサーにためて、それぞれを豆電球と発光ダイオードにつなぎました。右の表は、豆電球と発光ダイオードに明かりがついていた時間です。あとの問いに答えましょう。

豆電球	発光ダイオード
27秒	2分以上

(1) 同じ量の電気を2つのコンデンサーにためるとき、どのようにしますか。ア、イから選びましょう。（　　　）

  ア　手回し発電機のハンドルを、同じ速さで同じ回数回す。

  イ　手回し発電機のハンドルを、ちがう速さで同じ回数回す。

(2) 長い時間明かりがついているのは、豆電球と発光ダイオードのどちらですか。

（　　　）

(3) 豆電球と発光ダイオードにしばらく明かりをつけた後、さわってみると、どのようになっていますか。ア～ウから選びましょう。（　　　）

  ア　豆電球のほうが発光ダイオードより少しあたたかく感じる。

  イ　発光ダイオードのほうが豆電球より少しあたたかく感じる。

  ウ　豆電球も発光ダイオードも、同じくらいあたたかく感じる。

2 次の図1のように、自動で明かりがついたり消えたりする電灯があります。図2はそのしくみを簡単に表したものです。あとの問いに答えましょう。

図1

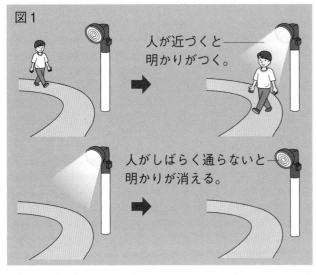

人が近づくと明かりがつく。

人がしばらく通らないと明かりが消える。

図2

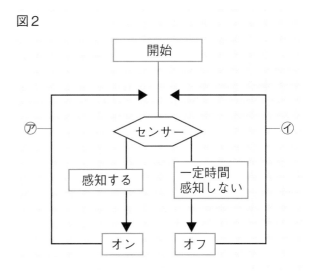

(1) 図1で、明かりはセンサーによってついたり消えたりしています。センサーは何を感知していますか。次のア～ウから選びましょう。（　　　）

  ア　まわりの温度　　イ　人の動き　　ウ　まわりの明るさ

(2) 図2の㋐、㋑のうち、明かりがつくのはどちらですか。（　　　）

(3) 図1では、人があらかじめ入力した指示に従ってコンピューターが動いています。この指示のことを何といいますか。（　　　）

(4) (3)のような指示をつくることを何といいますか。（　　　）

勉強した日　月　日

まとめのテスト

9　電気と私たちのくらし

時間 20分　得点 /100点

教科書 136~153ページ　答え 20ページ

よく出る **1** [電気をつくる・ためる] **電気をつくったり、ためたりできるかを調べました。あとの問いに答えましょう。**

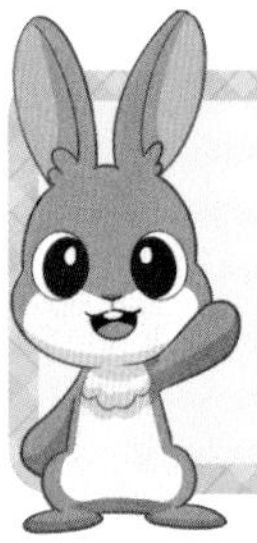

1つ5〔30点〕

㋐
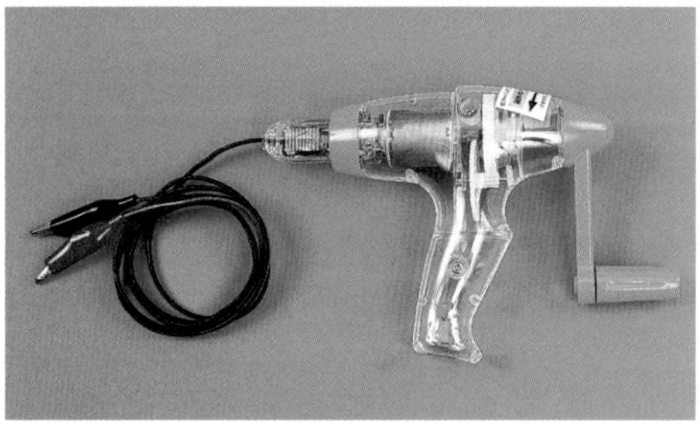

㋑
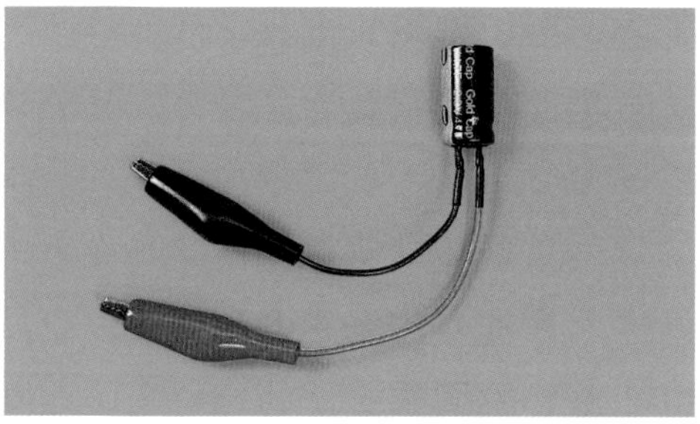

(1)　㋐、㋑の器具をそれぞれ何といいますか。

㋐(　　　　　　　　)　㋑(　　　　　　　　)

(2)　㋐とモーターをつないでハンドルを回しました。モーターは回りますか。

(　　　　)

(3)　(2)のことから、㋐はどのようなはたらきをすることがわかりますか。次のア、イから選びましょう。(　　　)

ア　電気をつくる。　　イ　電気をためる。

(4)　㋐を㋑に正しくつないでハンドルを20回ぐらい回しました。その後、㋑をモーターにつなぐと、モーターは回りますか。(　　　　)

(5)　(4)のことから、㋑はどのようなはたらきをすることがわかりますか。(3)のア、イから選びましょう。(　　　)

チャレンジ! SDGs **2** [日光による発電] **右の図の器具は、昼に㋐に日光が当たることで発電した電気を、㋑の部分でためておき、夜になるとその電気を使って自動で明かりをつけることができます。次の問いに答えましょう。**

1つ5〔15点〕

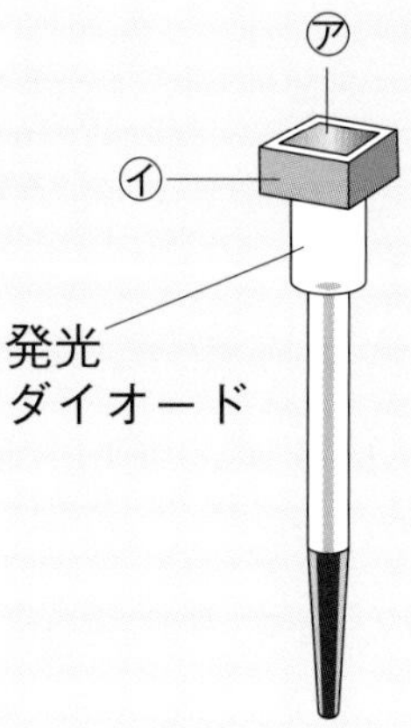

(1)　発電する㋐の部分を何といいますか。(　　　　)

(2)　発光ダイオードの明かりが夜につくためには、㋐、㋑の器具のほかにどのようなものが必要となりますか。次のア～ウから選びましょう。(　　　)

ア　気温を感知するセンサーとスイッチ

イ　明るさを感知するセンサーとスイッチ

ウ　音を感知するセンサーとスイッチ

(3)　㋐をたくさん並べ、日光が当たることで発電するしくみがあります。これを何といいますか。次のア～ウから選びましょう。

(　　　)

ア　風力発電　　イ　水力発電　　ウ　太陽光発電

[3] 電気の利用 私たちは、電気をいろいろなものに変えて利用しています。①〜④に当てはまる物を、㋐〜㋓から選びましょう。 1つ5〔20点〕

㋐アイロン
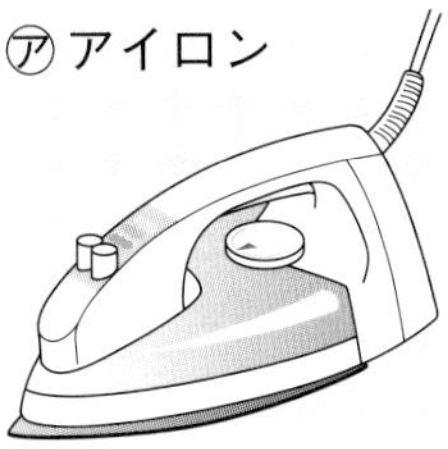
㋑電子オルゴール
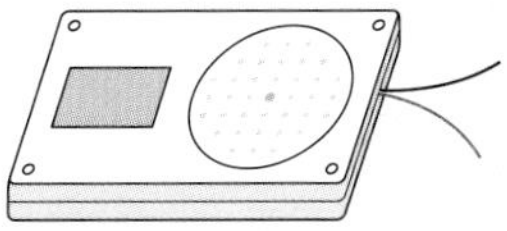
㋒電気自動車
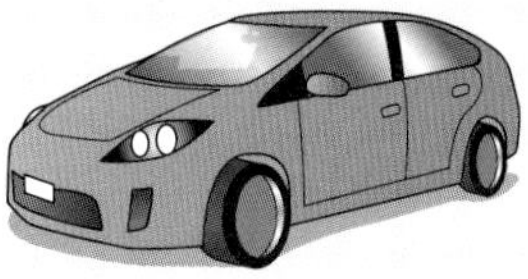
㋓信号機
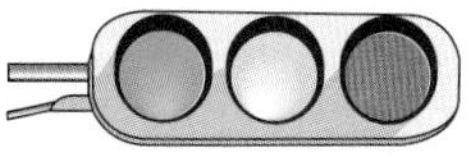

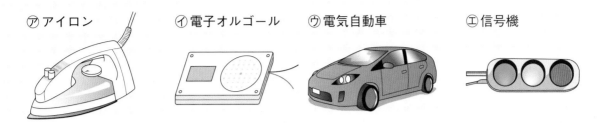

① 電気を主に熱に変えて利用している物。 (　　　)
② 電気を主に光に変えて利用している物。 (　　　)
③ 電気を主に音に変えて利用している物。 (　　　)
④ 電気を主に運動に変えて利用している物。 (　　　)

[4] 豆電球と発光ダイオード 2つのコンデンサーに同じ量の電気をためて、豆電球と発光ダイオードにつなぎました。あとの問いに答えましょう。 1つ5〔15点〕

豆電球
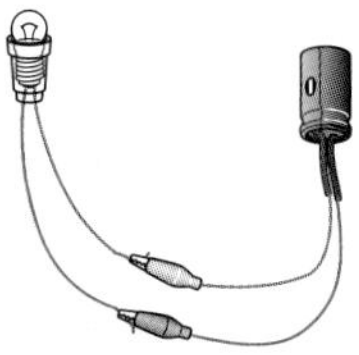
発光ダイオード
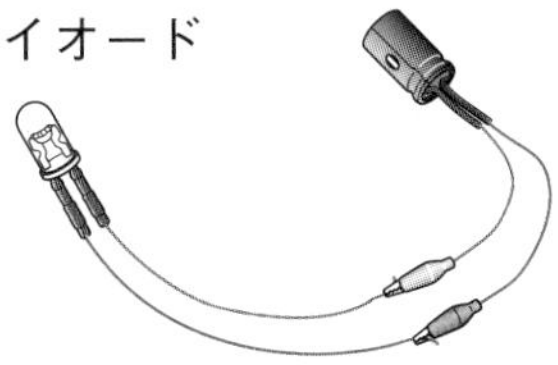

(1) 長い時間明かりがついていたのは、豆電球と発光ダイオードのどちらですか。
(　　　　　　　)
(2) 明かりがついているときに電気をたくさん使うと考えられるのは、豆電球と発光ダイオードのどちらですか。 (　　　　　　　)
(3) 最近の照明は、発光ダイオードを使う物がふえています。電球ではなく発光ダイオードを使う理由を、(1)、(2)から考えて書きましょう。
(　　　　　　　　　　　　　　　　)

[5] コンピューターの利用 右の図は、人の動きを感知すると明かりがつき、感知しなくなると明かりが消えるプログラムを簡単に表したものです。次の問いに答えましょう。 1つ5〔20点〕

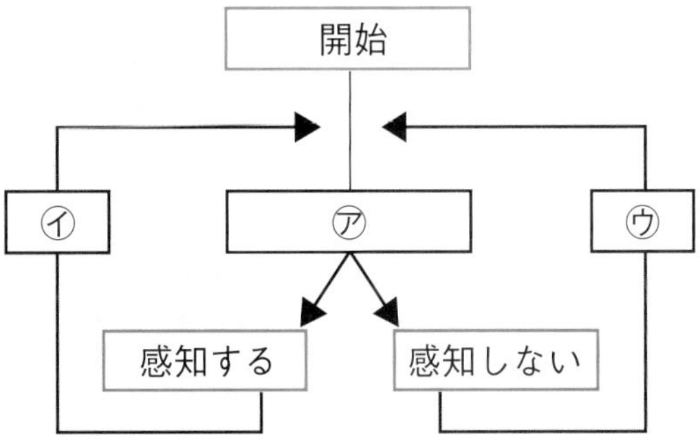

(1) プログラムをつくることを何といいますか。
(　　　　　　)
(2) ㋐は、人の動きを感知している器具です。何といいますか。 (　　　　　　)
(3) ㋑、㋒は、明かりがどのようになりますか。次のア、イからそれぞれ選びましょう。
㋑(　　　) ㋒(　　　)
ア 明かりがつく、または明かりがついたままにする。
イ 明かりが消える。

勉強した日　　月　　日

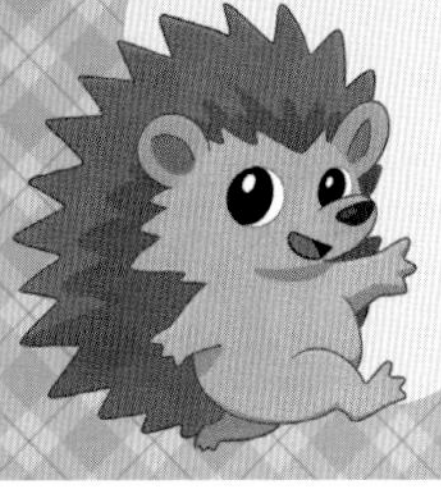

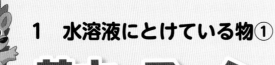

1　水溶液にとけている物①

基本のワーク

学習の目標
水溶液の特ちょうを、調べた結果から理解しよう。

教科書 154～158、192～193ページ　答え 21ページ

図を見て、あとの問いに答えましょう。

1 水溶液（すいようえき）のちがい

水溶液	食塩水	重そう水	うすいアンモニア水	うすい塩酸	炭酸水
見た目	とう明	とう明	①	②	あわが出ている
におい	ない	③	④	⑤	ない
水を蒸発させると固体が残るか	⑥	⑦	残らない	残らない	残らない

蒸発させると固体が残るのは、⑧［　　　］がとけた水溶液。

(1)　表の①～⑦に当てはまる言葉を下の〔　〕から選んで書きましょう。
〔　あわが出ている　　とう明　　ある　　ない　　残る　　残らない　〕

(2)　⑧の［　］に、気体か固体かを書きましょう。

2 水溶液や薬品のあつかい方

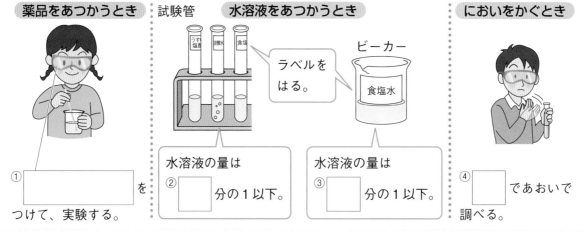

薬品をあつかうとき

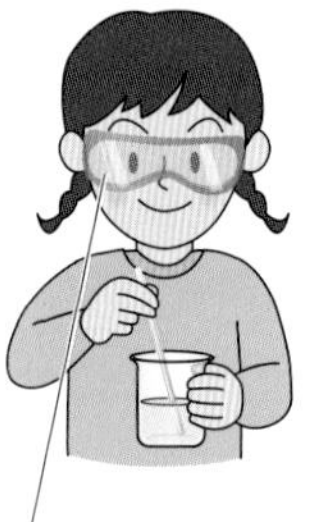

①［　　　　］をつけて、実験する。

水溶液をあつかうとき

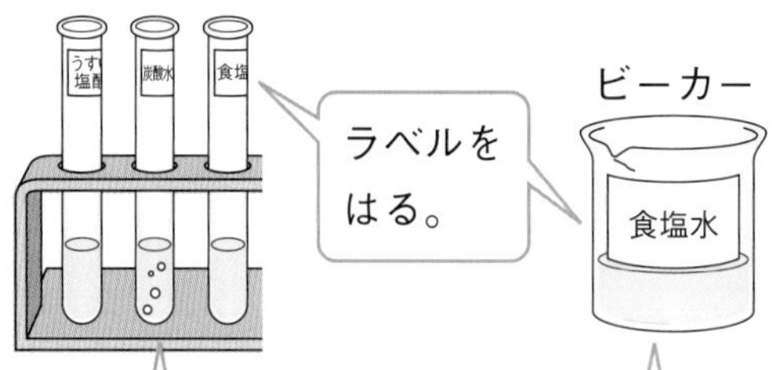

水溶液の量は②［　］分の１以下。

水溶液の量は③［　］分の１以下。

においをかぐとき

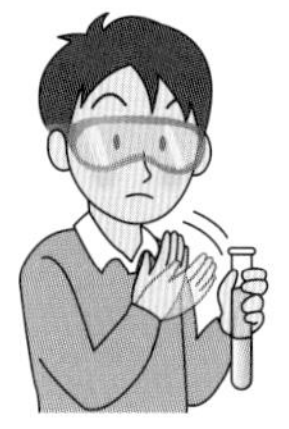

④［　］であおいで調べる。

(1)　①の［　］に、薬品をあつかう実験を行うときに身につける物を書きましょう。

(2)　試験管やビーカーに入れる水溶液の量について、②、③の［　］に数字を書きましょう。

(3)　④の［　］に当てはまる言葉を書きましょう。

まとめ　〔 固体　水　食塩水 〕から選んで（　）に書きましょう。

- ①（　　　　）や重そう水から②（　　　　）を蒸発させると、白い固体が残る。
- 水溶液の水を蒸発させたときに固体が残る水溶液には、③（　　　　）がとけている。

わくわくたんてい団　海の水には食塩がふくまれています。塩田（えんでん）といって砂浜（すなはま）に海水をまいて水を蒸発させると、固体の食塩をとり出すことができます。

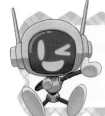

練習のワーク

教科書 154~158、192~193ページ　答え 21ページ

できた数　/14問中

1 次の㋐～㋔の水溶液のちがいを、右の図のように水を蒸発させて調べました。あとの問いに答えましょう。

〔 ㋐ 食塩水　㋑ 重そう水　㋒ 炭酸水
㋓ うすい塩酸　㋔ うすいアンモニア水 〕

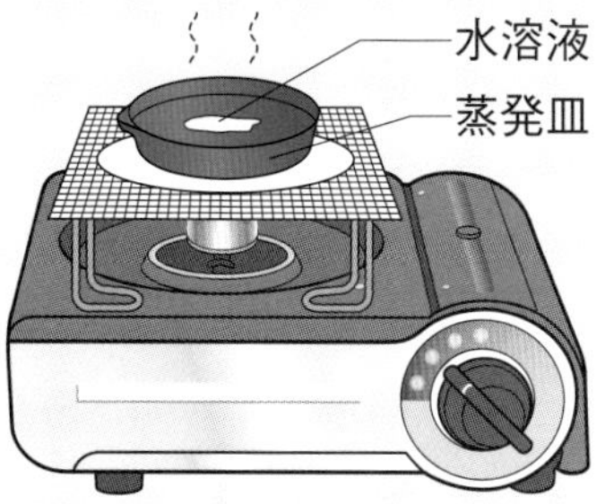
水溶液
蒸発皿

(1) 水を蒸発させる前に、あわが出ていた水溶液はどれですか。㋐～㋔から選びましょう。（　　）

(2) 水を蒸発させたとき、つんとしたにおいのする水溶液はどれですか。㋐～㋔から2つ選びましょう。（　　）（　　）

(3) 水を蒸発させたとき、蒸発皿（じょうはつざら）に白い固体が残る水溶液はどれですか。㋐～㋔から2つ選びましょう。（　　）（　　）

(4) (3)の水溶液で、蒸発皿に白い固体が残るのは、水溶液に何がとけているからですか。（　　）

2 実験のときの注意について、次の問いに答えましょう。

(1) 薬品をあつかうときに、目を守るために何をつけますか。（　　）

(2) ビーカーや試験管に入れる水溶液の量として正しいものを、㋐～㋔から2つ選びましょう。（　　）（　　）

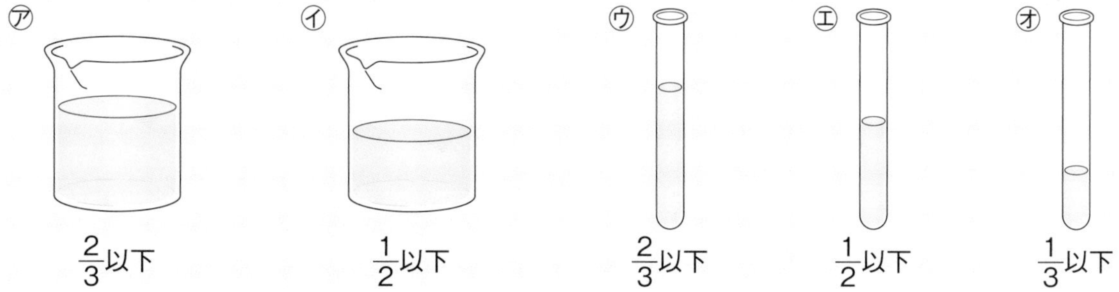
㋐
$\frac{2}{3}$以下
㋑
$\frac{1}{2}$以下
㋒
$\frac{2}{3}$以下
㋓
$\frac{1}{2}$以下
㋔
$\frac{1}{3}$以下

(3) 次の注意点の中で、正しいものに5つ○をつけましょう。

①（　　）水溶液が手についたときは、すぐにタオルでよくふく。
②（　　）水溶液が手についたときは、すぐに水でよく洗う。
③（　　）水溶液のにおいをかぐときは、手であおぐようにする。
④（　　）水溶液のにおいをかぐときは、直接鼻を近づける。
⑤（　　）液を熱しているときは、顔を近づけ、じっくりとようすを見る。
⑥（　　）液を熱しているときは、顔をはなして、ようすを見る。
⑦（　　）水溶液から水を蒸発させるときは、窓（まど）をあけてかん気をする。
⑧（　　）水溶液から水を蒸発させるときは、窓をしめて、外の空気が入らないようにする。
⑨（　　）実験に使った水溶液は、すぐに流し場にすてる。
⑩（　　）ピペットは、使うたびに水でよく洗う。

1 水溶液にとけている物②

基本のワーク

学習の目標・
水溶液の中には、気体がとけているものがあることを理解しよう。

教科書 159〜160ページ 答え 21ページ

図を見て、あとの問いに答えましょう。

1 炭酸水にとけているもの

炭酸水には何がとけているか

試験管に火のついた線こうを入れると、
①_____。

試験管に石灰水を入れてふると、
②_____。

炭酸水には、
③_____
がとけている。

炭酸水から出るあわを、試験管に集める。

炭酸水をつくる

二酸化炭素を入れる。

ペットボトルをよくふる。

ペットボトルが
④_____。

二酸化炭素が、水に
⑤_____。

(1) あわを集めて火のついた線こうを入れるとどうなりますか。①の□□□に書きましょう。

(2) あわを集めて石灰水を入れると石灰水はどうなりますか。②の□□□に書きましょう。

(3) 炭酸水には何がとけていますか。③の□□□に書きましょう。

(4) 水と二酸化炭素を入れてふるとペットボトルはどうなりますか。④の□□□に書きましょう。

(5) ⑤の□□□に当てはまる言葉を書きましょう。

まとめ 〔 炭酸水 石灰水 〕から選んで（ ）に書きましょう。

●①（　　　　　　）には、二酸化炭素がとけている。

●炭酸水から出るあわを集めた試験管に②（　　　　　　）を入れてふると、白くにごる。

わくわくたんてい団 20℃の水100mLに、二酸化炭素は88cm³とけます。アンモニアという気体はおよそ70200cm³もとけてアンモニア水ができます。

練習のワーク

教科書 159〜160ページ　答え 21ページ

1 炭酸水を蒸発皿で熱して水を蒸発させました。次の問いに答えましょう。

(1) 炭酸水から水を蒸発させたとき、蒸発皿には何か残りますか、何も残りませんか。

（　　　　　　　）

(2) (1)のようになったのはなぜですか。ア〜ウから選びましょう。　（　　　）

　ア　炭酸水には何もとけていなかったから。

　イ　炭酸水には固体がとけていたから。

　ウ　炭酸水には気体がとけていたから。

(3) 炭酸水から出るあわを試験管に集めて、石灰水を入れてよくふりました。石灰水はどうなりましたか。　（　　　　　　　）

(4) 水溶液について、正しいものを、ア〜オから2つ選びましょう。

（　　　）（　　　）

　ア　水溶液には重そう水のように液体がとけているものがある。

　イ　水溶液にはうすい塩酸のように気体がとけているものがある。

　ウ　うすいアンモニア水は、気体がとけた水溶液である。

　エ　水溶液には固体がとけているものはない。

　オ　水溶液には、気体がとけているものはない。

2 次の図のように、水を入れたペットボトルに二酸化炭素を入れて、ふたをしました。あとの問いに答えましょう。

危険なので、ボンベの二酸化炭素を直接吸ってはいけません。

(1) このペットボトルをよくふると、ペットボトルはどのようになりますか。

（　　　　　　　）

(2) (1)のようになるのはなぜですか。ア〜ウから選びましょう。　（　　　）

　ア　二酸化炭素が水にとけたから。

　イ　二酸化炭素が液体に変わったから。

　ウ　水から二酸化炭素が出てきたから。

(3) ペットボトルをふった後、中にできている水溶液は何ですか。

（　　　　　　　）

勉強した日　月　日

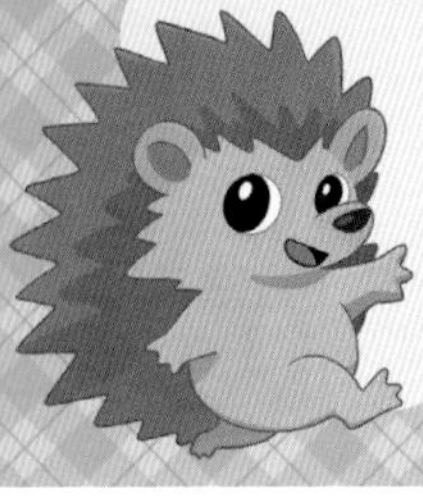

2 水溶液のなかま分け

基本のワーク

学習の目標
水溶液は、酸性、中性、アルカリ性に分けられることを理解しよう。

教科書 161～163、193ページ　答え 22ページ

図を見て、あとの問いに答えましょう。

1 水溶液のなかま分け

リトマス紙によるなかま分け

水溶液の性質	酸性	中性	アルカリ性
青色のリトマス紙の変化	①（　　）	②（　　）	③（　　）
赤色のリトマス紙の変化	④（　　）	⑤（　　）	⑥（　　）

水溶液を酸性、中性、アルカリ性に分ける

水溶液・水	青色のリトマス紙	赤色のリトマス紙	水溶性の性質
水	変化しない。	変化しない。	中性
食塩水	変化しない。	変化しない。	⑧
うすいアンモニア水	変化しない。	⑦	アルカリ性
重そう水	変化しない。	青くなった。	⑨
炭酸水	少し赤くなった。	変化しない。	⑩
うすい塩酸	赤くなった。	変化しない。	⑪

(1) 酸性、中性、アルカリ性の水溶液をつけたときのリトマス紙の色を、①～⑥の（　）に青か赤かで書きましょう。

(2) 表の⑦にリトマス紙の色がどうなったかを書きましょう。

(3) 表の⑧～⑪に酸性か中性かアルカリ性のどれかを書きましょう。

まとめ　〔 酸性　中性　アルカリ性 〕から選んで（　）に書きましょう。

●①（　　　　）の水溶液は青色のリトマス紙を赤く、②（　　　　）の水溶液は赤色のリトマス紙を青く変える。③（　　　　）の水溶液はどちらのリトマス紙の色も変えない。

わくわくたんてい団
アルカリ性のアルカリとは、植物の灰を意味する言葉に由来しています。植物の灰を水に混ぜたとき、アルカリ性の性質を示したことが始まりだそうです。

練習のワーク

教科書 161~163、193ページ 答え 22ページ

1 水溶液は、リトマス紙の色の変化によって３つのなかまに分けることができます。（　）に当てはまる言葉を、下の〔　〕から選んで書きましょう。

水溶液の性質	①（　　　　　　　）	②（　　　　　　　）	③（　　　　　　　）
リトマス紙の色の変化	青色のリトマス紙だけが赤く変化する。	どちらの色のリトマス紙も変化しない。	赤色のリトマス紙だけが青く変化する。
水溶液の例・水	うすい塩酸 ④（　　　　　　　）	水 ⑤（　　　　　　　）	重そう水 ⑥（　　　　　　　）

〔　酸性　　アルカリ性　　中性　　食塩水　　炭酸水　　うすいアンモニア水　〕

2 リトマス紙について、次の問いに答えましょう。

⑴ リトマス紙には、青色と何色のものがありますか。 （　　　　　　　）

⑵ 水溶液は、リトマス紙につけたときの色の変化によって、中性と何性に分けることができますか。２つ書きましょう。 （　　　　　　　）（　　　　　　　）

⑶ リトマス紙を持つとき、何を使いますか。 （　　　　　　　）

⑷ 水溶液をリトマス紙につけるとき、何を使いますか。 （　　　　　　　）

⑸ ⑷で使ったものは、使った後どのようにしますか。正しいものに〇をつけましょう。

①（　　　）｜回ごとにすてる。

②（　　　）｜回ごとに水で洗い、かわいた布でふきとる。

③（　　　）そのまま、次の水溶液につける。

3 ムラサキキャベツの液でも、水溶液の性質を調べることができます。右の図のむらさき色のムラサキキャベツの液を、アンモニア水に入れると、赤色、黄色のどちらに変わりますか。 （　　　　　　　）

ムラサキキャベツの液の変化

酸性　　　中性　　アルカリ性

ムラサキキャベツの液

| 赤色 | うすい赤色 | むらさき色 | 緑色 | 黄色 |

ムラサキキャベツの液のほかに、ＢＴＢ溶液を使っても、水溶液の性質を調べることができるよ。

まとめのテスト①

10　水溶液の性質とはたらき

時間 20分　　得点 /100点

教科書 154〜163ページ　答え 22ページ

1 **水溶液のちがい** 食塩水、重そう水、うすいアンモニア水、うすい塩酸、炭酸水に何がとけているのかを調べました。あとの問いに答えましょう。　　　1つ3〔30点〕

図1 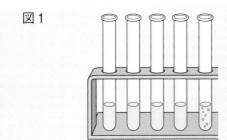　　図2

(1) 水溶液を入れた試験管を見ると、あわの出ている物がありました。どの水溶液ですか。（　　　　）

(2) 図2のように、水溶液を蒸発皿に少量とって熱し、水を蒸発させました。このとき、においがした水溶液を2つ書きましょう。（　　　　）（　　　　）

(3) (2)のとき、蒸発皿に固体が残ったのは、どの水溶液ですか。2つ書きましょう。（　　　　）（　　　　）

(4) (2)のとき、蒸発皿に何も残らなかった水溶液には、何がとけていますか。（　　　　）

(5) 水溶液のあつかい方について、正しいものに〇、まちがっているものに×をつけましょう。
① （　　）実験をするときには、窓をあける。
② （　　）薬品や水溶液をあつかうときは、必ず保護めがねをつける。
③ （　　）水溶液のにおいは、鼻を近づけて、直接かぐ。
④ （　　）使い終わった水溶液は、そのまま流し場にすてる。

2 **炭酸水** 次の図のように、水を入れたペットボトルに二酸化炭素を入れてよくふりました。あとの問いに答えましょう。　　　1つ4〔16点〕

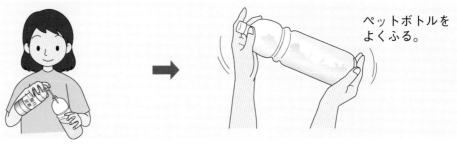

ペットボトルをよくふる。

(1) ペットボトルをよくふると、ペットボトルはどのようになりますか。（　　　　）

(2) (1)のようになるのはなぜですか。（　　　　）

(3) ペットボトルの中には、何という水溶液ができていますか。（　　　　）

(4) (3)の水溶液は、何性の水溶液ですか。（　　　　）

3 **水溶液のなかま分け** **うすいアンモニア水、うすい塩酸、食塩水、重そう水、炭酸水を、㋐〜㋔のビーカーに入れ、実験をしました。あとの問いに答えましょう。** 1つ3〔18点〕

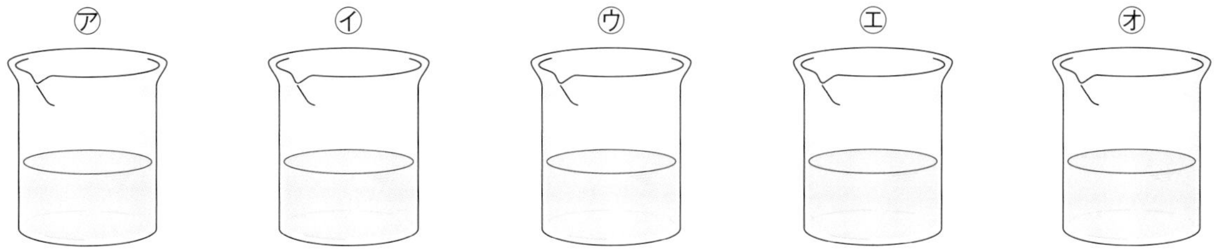

実験1　水溶液を蒸発皿にとって熱すると、㋐と㋑は白い固体が残った。

実験2　㋒から出るあわを集めて石灰水を入れると、白くにごった。

実験3　においを調べると、㋓と㋔はつんとするにおいがした。

(1)　実験1で、蒸発皿に白い固体が残ったのは、水溶液に気体と固体のどちらがとけていたからですか。　(　　　　)

(2)　実験2から、㋒の水溶液は何だとわかりますか。

(　　　　)

(3)　㋒の水溶液には、何がとけていますか。　(　　　　)

(4)　㋐の水溶液を赤色のリトマス紙につけると、青くなりました。㋐、㋑の水溶液は何だとわかりますか。　㋐(　　　　)　㋑(　　　　)

(5)　㋓と㋔を区別するのに用いることができるものには、リトマス紙以外に何がありますか。次のア〜ウから選びましょう。　(　　)

ア　ヨウ素液

イ　BTB溶液

ウ　気体検知管

4 **水溶液の性質** **うすい塩酸、うすいアンモニア水、食塩水を、青色と赤色のリトマス紙につけて、色の変化を調べました。次の問いに答えましょう。** 1つ4〔36点〕

(1)　これらの水溶液を青色と赤色のリトマス紙につけたとき、色はどのようになりますか。下の表の①〜⑥に当てはまる言葉を、〔　〕から選んで書きましょう。

〔　青くなる。　赤くなる。　変わらない。　〕

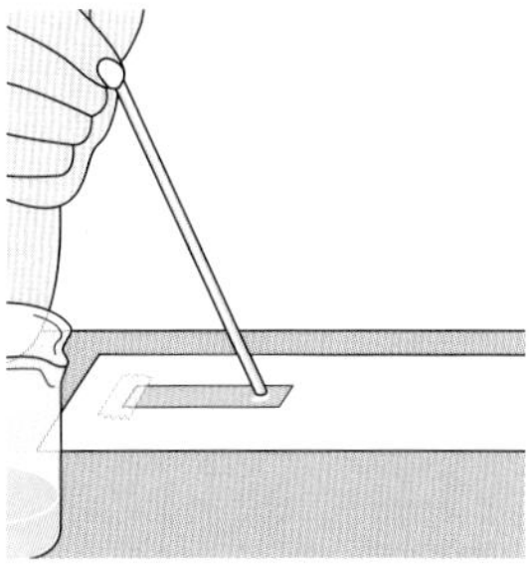

(2)　これらの水溶液は、何性の水溶液ですか。下の表の⑦〜⑨に当てはまる言葉を書きましょう。

	うすい塩酸	うすいアンモニア水	食　塩　水
青色のリトマス紙	①	②	③
赤色のリトマス紙	④	⑤	⑥
水溶液の性質	⑦　性	⑧　性	⑨　性

3 水溶液のはたらき①

基本のワーク

学習の目標
水溶液には、金属をとかすものがあることを理解しよう。

教科書 164〜166ページ　答え 23ページ

図を見て、あとの問いに答えましょう。

① 金属と酸性の水溶液

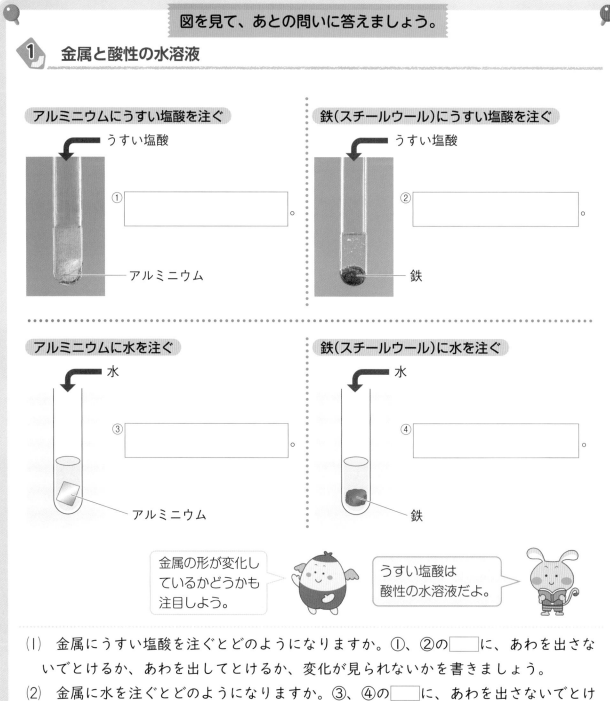

アルミニウムにうすい塩酸を注ぐ
うすい塩酸
①〔　　　　　　　　〕。
アルミニウム

鉄(スチールウール)にうすい塩酸を注ぐ
うすい塩酸
②〔　　　　　　　　〕。
鉄

アルミニウムに水を注ぐ
水
③〔　　　　　　　　〕。
アルミニウム

鉄(スチールウール)に水を注ぐ
水
④〔　　　　　　　　〕。
鉄

金属の形が変化しているかどうかも注目しよう。

うすい塩酸は酸性の水溶液だよ。

(1) 金属にうすい塩酸を注ぐとどのようになりますか。①、②の□□に、あわを出さないでとけるか、あわを出してとけるか、変化が見られないかを書きましょう。

(2) 金属に水を注ぐとどのようになりますか。③、④の□□に、あわを出さないでとけるか、あわを出してとけるか、変化が見られないかを書きましょう。

まとめ 〔 水　金属 〕から選んで( )に書きましょう。

● うすい塩酸は、アルミニウムや鉄などの①(　　　　　　)をとかすが、②(　　　　　　)はどちらもとかさない。

塩酸はいろいろな金属をとかすことができますが、金や白金という金属はとかせません。しかし、王水とよばれる水溶液は、金も白金もとかすことができます。

練習のワーク

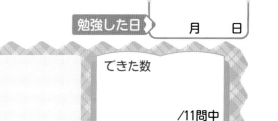

勉強した日 　月　　日

できた数

/11問中

教科書 164～166ページ　答え 23ページ

❶　次の図は、うすい塩酸を鉄(スチールウール)に注いだときのようすを表したものです。あとの問いに答えましょう。

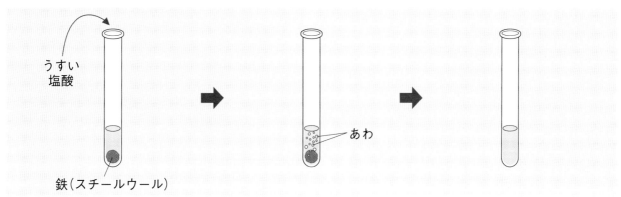

うすい
塩酸

あわ

鉄(スチールウール)

(1)　鉄はどのようになりますか。ア～エから選びましょう。　　　　　　　（　　　　　）

　ア　あわを出してとける。　　　　イ　あわを出さずにとける。

　ウ　あわを出すがとけない。　　　エ　変化が見られない。

(2)　鉄のかわりに、アルミニウムにうすい塩酸を注ぎました。アルミニウムはどのようになりますか。　　　　　　　　　　（　　　　　　　　　　　　　）

(3)　水溶液には、金属をとかすものがあるといえますか。　（　　　　　　　）

(4)　うすい塩酸のかわりに、水を鉄やアルミニウムに注ぎました。鉄やアルミニウムはそれぞれとけますか。　　　　　　　　　　　　　　　　鉄（　　　　　　　　）

　　　　　　　　　　　　　　　　　　　アルミニウム（　　　　　　　　）

❷　うすい塩酸と水を使って、実験をしました。次の問いに答えましょう。

(1)　うすい塩酸と水を、赤色のリトマス紙につけました。それぞれ色はどのようになりますか。次のア、イから選びましょう。　　うすい塩酸（　　　）水（　　　）

　ア　青くなる。　　イ　変化しない。

(2)　うすい塩酸と水を、青色のリトマス紙につけました。それぞれ色はどのようになりますか。次のア、イから選びましょう。　　うすい塩酸（　　　）水（　　　）

　ア　赤くなる。　　イ　変化しない。

(3)　右の図のように、鉄(スチールウール)にうすい塩酸と水を注ぎました。⑦ではあわがたくさん出て、鉄がとけています。うすい塩酸を注いだのは、⑦、⑦のどちらですか。

　　　　　　　　　　　　　　　　（　　　　　）

(4)　この実験からわかることを、次のア～ウから選びましょう。

　　　　　　　　　　　　　　　　（　　　　　）

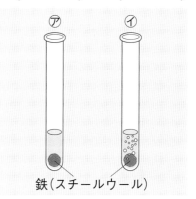

⑦　　　　⑦

鉄(スチールウール)

　ア　どの液体も、鉄をとかす。

　イ　酸性の液体の中には、鉄をとかすものがある。

　ウ　アルカリ性の液体の中には、鉄をとかすものがある。

83

3　水溶液のはたらき②

学習の目標・
塩酸にとけた金属が、別の物に変化したことを理解しよう。

教科書 166〜173ページ　答え 23ページ

図を見て、あとの問いに答えましょう。

1 　金属がとけた液から水を蒸発させる

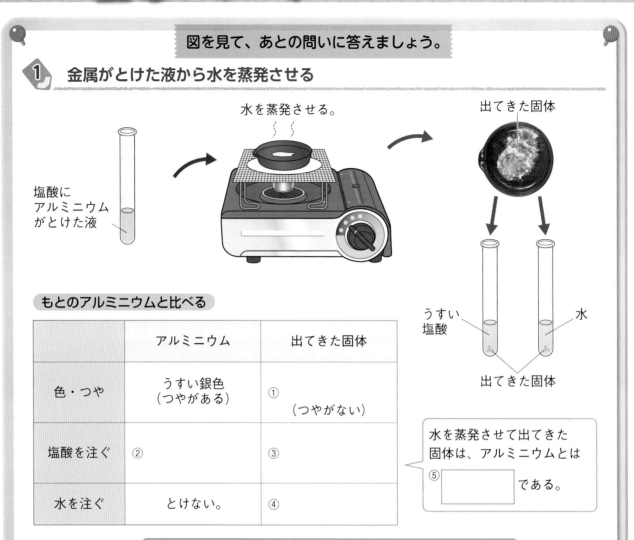

水を蒸発させる。

出てきた固体

塩酸にアルミニウムがとけた液

うすい塩酸　　　水

出てきた固体

もとのアルミニウムと比べる

	アルミニウム	出てきた固体
色・つや	うすい銀色 （つやがある）	① （つやがない）
塩酸を注ぐ	②	③
水を注ぐ	とけない。	④

水を蒸発させて出てきた
固体は、アルミニウムとは
⑤ [　　　　　] である。

水溶液には、金属を別の物に変化させるものが⑥ [　　　　　] 。

(1)　表の①に当てはまる色を書きましょう。

(2)　表の②、③に、あわを出してとけるか、あわを出さずに
　　とけるかを書きましょう。

(3)　表の④に、とけるかとけないかを書きましょう。

(4)　⑤の[　]に、同じ物か別の物かを書きましょう。

(5)　⑥の[　]に、あるかないかを書きましょう。

塩酸に鉄がとけた液から水を蒸発させると、黄色の固体が出てくるよ。

まとめ　〔 別　もとの金属 〕から選んで（　）に書きましょう。

●塩酸に金属がとけた液から出てきた固体と、①（　　　　　　　）は別の物である。

●水溶液には、金属を性質のちがう②（　　　　　　　）の物に変化させるものがある。

化石燃料やごみなどを燃やしたときに出る気体が雨水にとけると、酸性雨になることがあります。酸性雨には、金属をとかして別の物に変化させるはたらきがあります。

練習のワーク

1 塩酸にアルミニウムがとけた液を少量とり、水を蒸発させて出てきた固体を調べました。次の問いに答えましょう。

(1) 出てきた固体は何色をしていますか。ア～ウから選びましょう。　（　　　）

ア　白色

イ　銀色

ウ　黒色

蒸発皿

塩酸にアルミニウムがとけた液

(2) 出てきた固体は、水にとけますか。

（　　　　　　　　　）

(3) 出てきた固体に塩酸を注ぐとどのようになりますか。ア～ウから選びましょう。　（　　　）

ア　あわを出してとける。

イ　あわを出さないでとける。

ウ　変化が見られない。

(4) 出てきた固体は、どのような物ですか。ア、イから選びましょう。　（　　　）

ア　アルミニウムと同じ物

イ　アルミニウムとは別の物

(5) 水溶液には金属を別の物に変化させるものがあるといえますか。

（　　　　　　　　　）

2 塩酸に鉄がとけた液から水を蒸発させました。次の問いに答えましょう。

(1) 鉄に塩酸を注ぐと、どのようになりますか。

（　　　　　　　　　　　）

(2) 塩酸に鉄がとけた液から水を蒸発させました。何色の固体が出てきますか。ア～ウから選びましょう。　（　　　）

ア　白色　　イ　黄色　　ウ　銀色

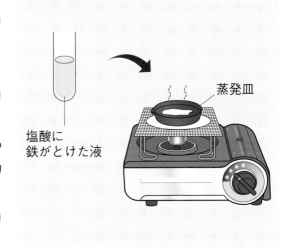

蒸発皿

塩酸に鉄がとけた液

(3) (2)で出てきた固体に塩酸を注ぐと、固体はあわを出さずにとけました。固体はもとの鉄と同じ物ですか、別の物ですか。

（　　　　　　　　　）

(4) (1)～(3)のことから、塩酸のはたらきについて、正しいものをア～ウから選びましょう。　（　　　）

ア　鉄をとかすが、別の物に変化させることはない。

イ　鉄をとかして、別の物に変化させる。

ウ　鉄をとかしたり、別の物に変化させたりすることはない。

まとめのテスト②

10 水溶液の性質とはたらき

得点

/100点

時間 20分

1 金属をとかす水溶液 次の図のように、鉄（スチールウール）とアルミニウムに水や塩酸を注ぎました。あとの問いに答えましょう。

1つ4〔32点〕

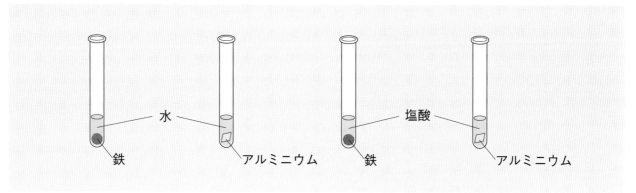

水 ── 鉄 ── アルミニウム

塩酸 ── 鉄 ── アルミニウム

(1) 鉄に水を注ぐと、鉄はどのようになりますか。ア〜ウから選びましょう。

（　　　　　）

　　ア　あわを出さないでとける。
　　イ　あわを出してとける。
　　ウ　変化が見られない。

(2) アルミニウムに水を注ぐと、アルミニウムはどのようになりますか。

（　　　　　）

(3) 鉄に塩酸を注ぐと、鉄はどのようになりますか。

（　　　　　）

(4) アルミニウムに塩酸を注ぐと、アルミニウムはどのようになりますか。

（　　　　　）

(5) 水と塩酸には、それぞれ鉄をとかすはたらきがありますか。

水（　　　　　）　塩酸（　　　　　）

(6) 水と塩酸には、それぞれアルミニウムをとかすはたらきがありますか。

水（　　　　　）　塩酸（　　　　　）

2 水溶液にとけた金属 塩酸にアルミニウムがとけた液や塩酸に鉄がとけた液を蒸発皿にとり、水を蒸発させると、固体が出てきました。次の問いに答えましょう。

1つ4〔8点〕

(1) 塩酸にアルミニウムがとけた液から水を蒸発させて出てきた固体は、何色ですか。ア〜エから選びましょう。

（　　　　　）

　　ア　銀色　イ　白色　ウ　黒色　エ　黄色

(2) 塩酸に鉄がとけた液から水を蒸発させて出てきた固体は、何色ですか。(1)のア〜エから選びましょう。

（　　　　　）

3 **水溶液にとけた金属** アルミニウムと鉄に塩酸を注いでとかしました。そして、とかした液から水を蒸発させて出てきた固体の性質を調べました。あとの問いに答えましょう。

1つ5〔40点〕

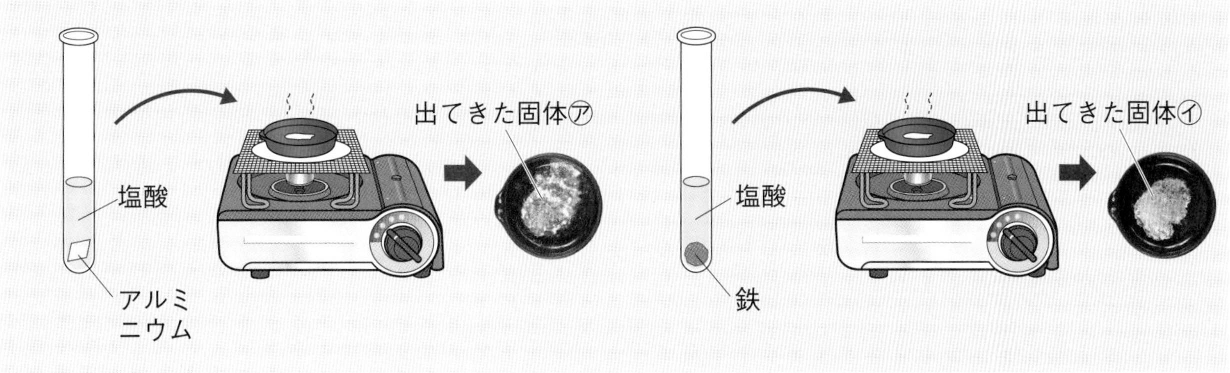

(1) アルミニウムと出てきた固体㋐に塩酸を注ぎました。それぞれどのようになりますか。

アルミニウム（　　　　　　　　　　　　　　　）

固体㋐（　　　　　　　　　　　　　　　）

(2) アルミニウムと固体㋐に水を注ぎました。それぞれとけますか。

アルミニウム（　　　　　　）　固体㋐（　　　　　　）

(3) アルミニウムと固体㋐は、同じ物ですか、別の物ですか。（　　　　　　）

(4) 鉄と出てきた固体㋑にそれぞれ塩酸を注ぐと、一方はあわを出してとけ、もう一方はあわを出さずにとけました。あわを出さずにとけたのは、鉄、固体㋑のどちらですか。

（　　　　　　）

(5) 鉄と固体㋑は、同じ物ですか、別の物ですか。（　　　　　　）

(6) これらの実験から、塩酸には、アルミニウムや鉄をどのようにするはたらきがあることがわかりますか。

（　　　　　　　　　　　　　　　　　　　　　　　　）

4 **水溶液の区別** 試験管㋐～㋓には、水、塩酸、鉄が塩酸にとけた液、アルミニウムが塩酸にとけた液のどれかが入っています。あとの問いに答えましょう。

1つ4〔20点〕

実験１　アルミニウムに㋐の液を注ぐと、アルミニウムはあわを出してとけた。

実験２　アルミニウムに㋑の液を注ぐと、変化が見られなかった。

実験３　㋐～㋓の液を蒸発皿にとり、水を蒸発させると、㋐、㋑は何も残らず、㋒は白色の固体、㋓は黄色の固体が出てきた。

(1) ㋐～㋓の液は、それぞれ何だとわかりますか。次のア～エから選びましょう。

㋐（　　　）　㋑（　　　）　㋒（　　　）　㋓（　　　）

ア　水

イ　塩酸

ウ　鉄が塩酸にとけた液

エ　アルミニウムが塩酸にとけた液

(2) 実験３で、㋒の液から水を蒸発させて出てきた固体に、㋐の液を注ぐと固体はどうなりますか。（　　　　　　　　　　）

11 地球に生きる

1 人と環境とのかかわり

基本のワーク

学習の目標·
人のくらしが環境にどんなえいきょうをおよぼしているか考えよう。

教科書 174〜178ページ | 答え 24ページ

図を見て、あとの問いに答えましょう。

① 人と環境とのかかわり

水とのかかわり

 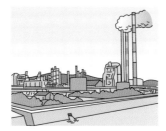

・物を洗うときに水を使う。
・工場でさまざまなことに水を利用する。

川の水がよごれて生き物が
① 〔　　　　　　　　　〕ことがある。

空気とのかかわり

・ガスを使って調理する。
・② 〔　　　　　　〕や
軽油を燃やして自動車が走ると、はい気ガスが出る。

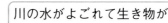

空気がよごれて人の③ 〔　　　〕にひ害が出たり、生き物に害をあたえたりする。

生き物とのかかわり

・森林の木を切って利用している。
・海をうめ立てる。

④ 〔　　　　　〕が少なくなったり、
野生の動物のすむ場所がなくなったりする。

● 人と水や空気、生き物とのかかわりについて、①〜④の□に当てはまる言葉を、下の〔　〕から選んで書きましょう。
〔　植物　　ガソリン　　すめなくなる　　健康　〕

まとめ　〔 減少　空気 〕から選んで（　）に書きましょう。

● 人は、水や①（　　　　　　）などとかかわってくらしている。その結果、水や空気をよごしたりほかの生き物のすむ場所を②（　　　　　　）させたりして環境にえいきょうをおよぼしていることがある。

  もともと地球の空気には酸素はふくまれていませんでした。現在の酸素は、すべて植物がつくり出したものです。地球上で動物がくらせるのは、植物のおかげです。

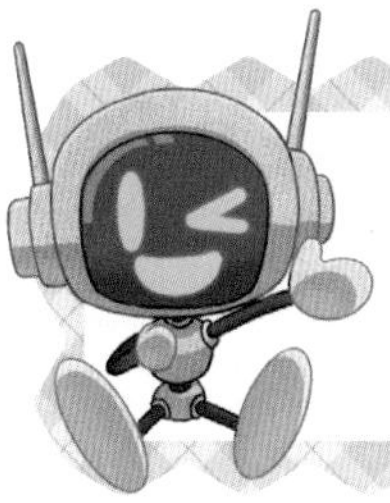

練習のワーク

教科書 174〜178ページ　答え 24ページ

できた数　/12問中

1 人と環境とのかかわりについて、あとの問いに答えましょう。

㋐
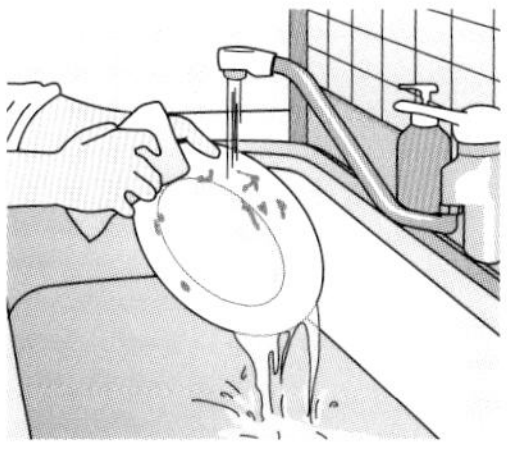
食器などを洗う

㋑
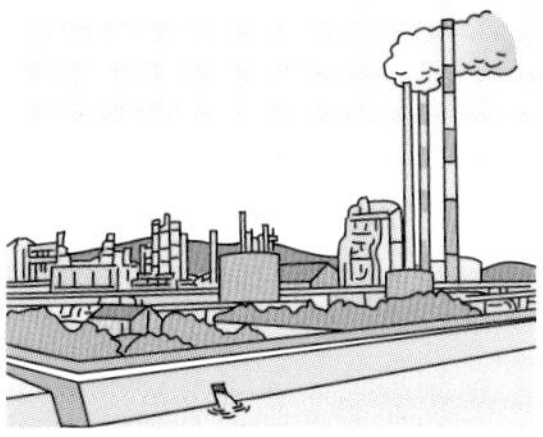
工場からのはい水

㋒
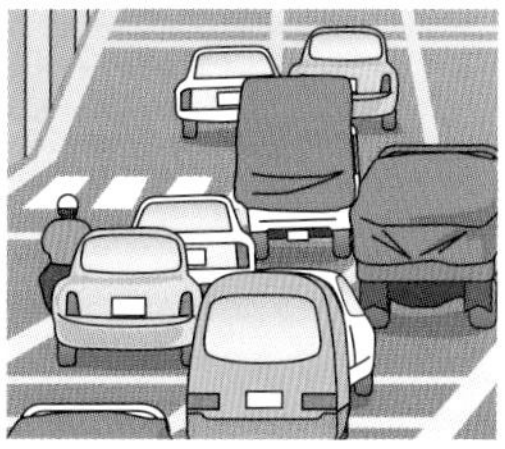
自動車のはい気ガス

㋓
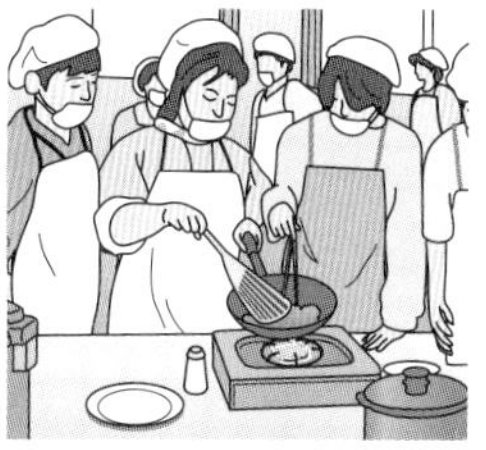
ガスこんろで調理実習

(1) 人と水とのかかわりを表しているものを、㋐〜㋓から２つ選びましょう。
（　　　）（　　　）

(2) 人と空気とのかかわりを表しているものを、㋐〜㋓から２つ選びましょう。
（　　　）（　　　）

2 人がくらしの中で環境におよぼしているえいきょうについて、次の問いに答えましょう。

(1) 人の活動によって使われた水をそのまま川に流すと、川の水はどうなりますか。
（　　　　　）

(2) 化石燃料の大量消費によって増加する気体が主な原因となり、地球の気温が上がってきています。この気体を何といいますか。（　　　　　）

(3) 開発のために、多くの森林の木を切ったり燃やしたりすると、植物はどうなりますか。ア〜ウから選びましょう。（　　　）

ア　多くなる。
イ　少なくなる。
ウ　変わらない。

木を切ったり、燃やしたりすると、森林が減少してしまうね。

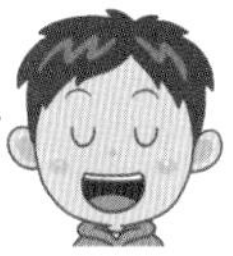

(4) 開発のために、多くの森林の木を切ったり燃やしたりすると、野生の動物のすむ場所はどうなりますか。ア〜ウから選びましょう。（　　　）

ア　ふえる。
イ　減ったり、なくなったりする。
ウ　変わらない。

3 人と水、空気、生き物のかかわりについて、正しいものには○、まちがっているものには×をつけましょう。

①（　　　）開発のために、海をうめ立てたり、森林の木を切ったりしても、野生の生き物へのえいきょうはない。
②（　　　）人の活動でよごれた水をそのまま川に流すと、生き物がすめなくなることがある。
③（　　　）自動車を使うときにガソリンを燃やすことは、空気をよごす原因となっている。
④（　　　）化石燃料の大量消費によって地球の気温が上がると、島がしずんでしまう心配がある。

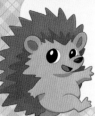

勉強した日　月　日

2 地球に生きる

基本のワーク

学習の目標
地球でくらし続けるためのくふうや努力を理解しよう。

教科書 179～183ページ　答え 25ページ

図を見て、あとの問いに答えましょう。

1 環境を守ったりくらしを守ったりするためのくふうや努力

水におよぼすえいきょうを少なくする

・よごれた水は、①［　　　　］できれいにして、川にもどす。

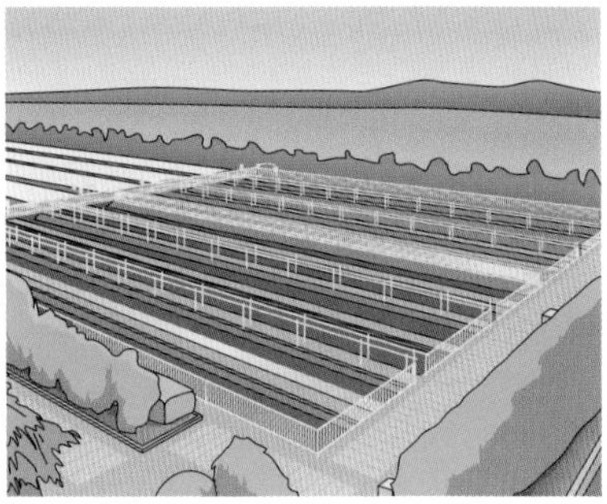

空気におよぼすえいきょうを少なくする

・②［　　　　］をできるだけ燃やさない。

・電気自動車など、③［　　　　］を出さない自動車を開発する。

・④［　　　　］や太陽光発電で、化石燃料の使用を減らす。

・近くへ移動するときは、⑤［　　　　］を利用する。

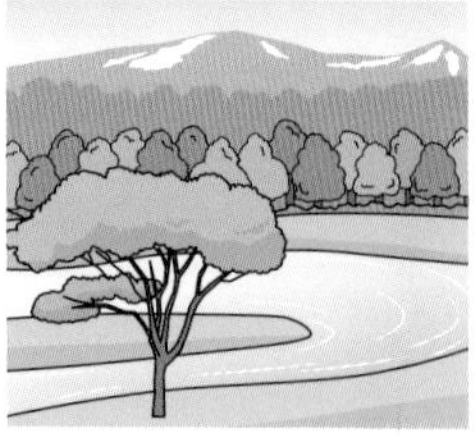

生き物がすむ環境を守る

・山に木を植える。
・川や海岸をきれいにする。

環境の大きな変化に対応する

・学校などの建物の補強工事をして⑥［　　　　］のひ害を防ぐ。

・一時的に地下に水をためて⑦［　　　　］を防ぐためのしせつをつくる。

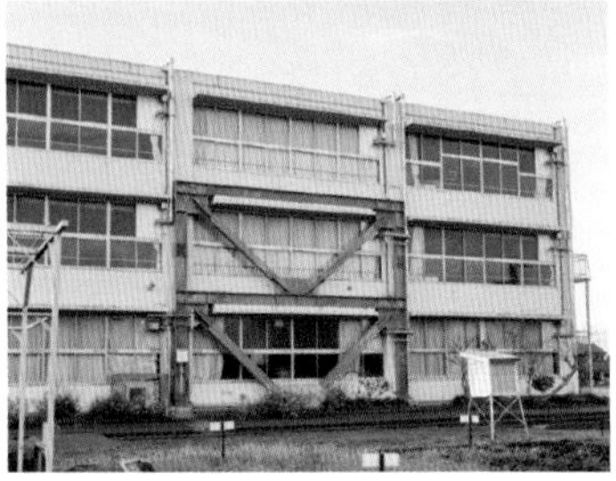

(1) ①～⑤の［　］に当てはまる言葉を、下の〔　〕から選んで書きましょう。

〔　二酸化炭素　　下水処理場　　風力発電　　自転車　　化石燃料　〕

(2) ⑥、⑦の［　］に、こう水か地震かを書きましょう。

まとめ　〔 環境　噴火 〕から選んで（　）に書きましょう。

●①（　　　　）を守るためのくふうや努力がされている。
●火山の②（　　　　）、地震、台風などに対応するとり組みも重要である。

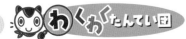

わくわくたんてい団
国土交通省では、地震、こう水、高潮、火山などについて、各地域のハザードマップ情報を集めたページをインターネットで公開しています。

勉強した日　　月　　日

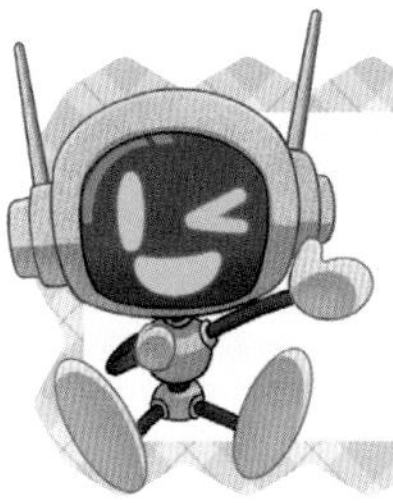

練習のワーク

できた数　　/10問中

教科書　179～183ページ　答え　25ページ

[1] 人は、地球でくらし続けるために、さまざまなくふうをしています。あとの(　)に当てはまる言葉を、下の〔　〕から選んで書きましょう。

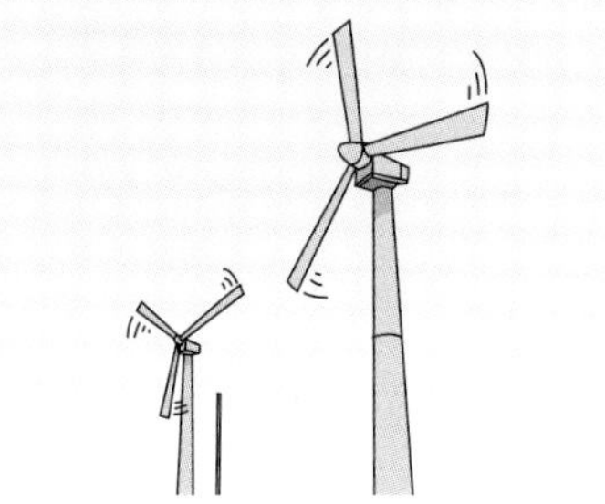

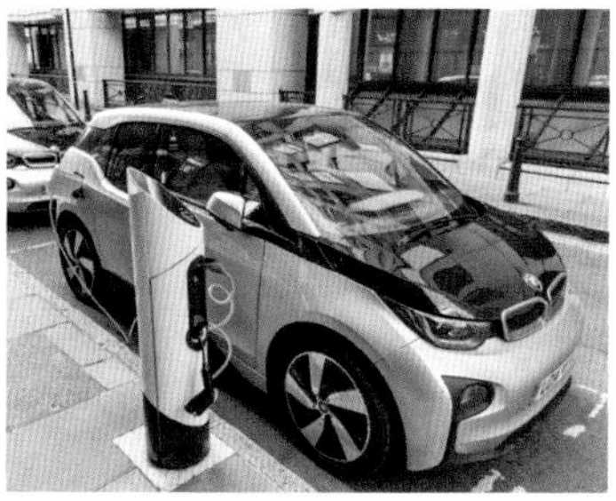

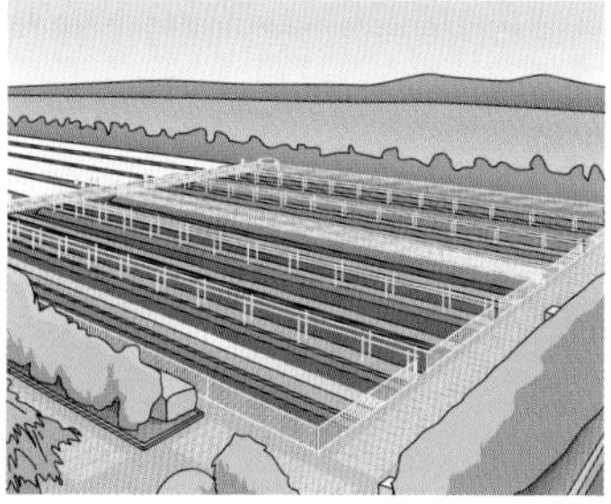

(1) 風力発電では、(　　　　　　　　)などを燃やすことなく、風の力で発電機を回し、電気をつくる。

(2) ため池などにたくさんの光電池をうかべて発電する(　　　　　　　　)のように、できるだけ化石燃料を燃やさないくふうがされている。

(3) (　　　　　　　　)を出さずに電気を利用して走る自動車が開発されている。

(4) 家庭や工場などで使った水は、(　　　　　　　　)できれいにしてから川に流されている。

(5) 大きな(　　　　　　　　)のゆれで建物がくずれないように、補強工事を行っている。

(6) 川の(　　　　　　　　)などによって、生き物がすむ環境を守っている。

(7) 移動するときに(　　　　　　　　)を利用することで、できるだけ二酸化炭素を出さないようにしている。

(8) (　　　　　　　　)は、自然界の水の力を利用して二酸化炭素を出さずに発電する。

〔 自転車　下水処理場　石油や石炭　二酸化炭素
清そう活動　水力発電　太陽光発電　地震 〕

[2] 大きな環境の変化から私たちのくらしを守るためのくふうについて、次の問いに答えましょう。

(1) 台風による大雨のとき、川から地下に一時的に水をため、より大きな川に水を流すしせつがつくられています。これは、何を防ぐためですか。次のア～ウから選びましょう。

(　　　)

ア　液状化現象　　イ　津波　　ウ　こう水

(2) 学校の校舎などに、右の写真の㋐のような補強材が組みこまれることがあります。これは、何に備えた補強工事ですか。次のア～ウから選びましょう。

(　　　)

ア　津波　　イ　溶岩　　ウ　地震のゆれ

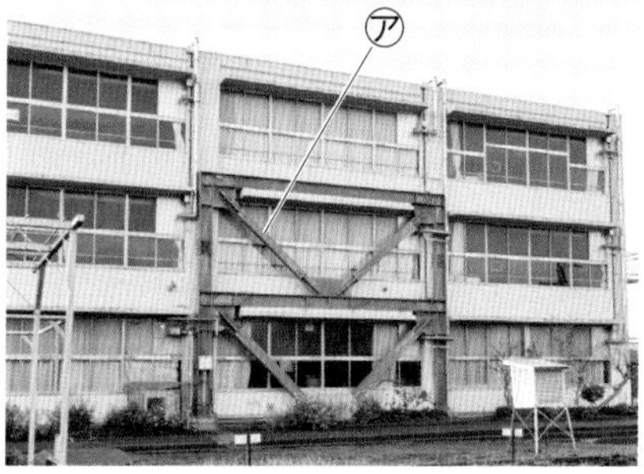

まとめのテスト

11　地球に生きる

時間 **20** 分

得点 　　　/100点

教科書 174〜183ページ　答え 25ページ

SDGs **1** 〔環境を守るためのくふうや努力〕 環境を守るためのくふうや努力について、次の問いに答えましょう。

1つ6〔18点〕

(1) 右の図は、よごれた水をきれいにするしせつです。何というしせつですか。（　　　　　　　）

(2) このしせつで処理した水はどのようにされますか。ア〜ウから選びましょう。（　　　　　）

　ア　そのままずっとしせつにためている。

　イ　川や海にもどしている。

　ウ　そのまま飲み水として使われている。

(3) このようなしせつがないと、どのようなえいきょうがあると考えられますか。ア〜ウから選びましょう。（　　　　　）

　ア　動物や植物がすめなくなる川がふえる。

　イ　魚などの生き物がふえ、自然が豊かになる。

　ウ　水がよごれ、海水面が上しょうすることがある。

SDGs **2** 〔地球の気温の変化〕 地球の気温の変化について、次の問いに答えましょう。　1つ6〔36点〕

(1) 500年ぐらい前と比べて、近年、地球の気温が上がってきていますか、下がってきていますか。

（　　　　　　　　　）

(2) 500年ぐらい前と比べて空気中にふくまれる二酸化炭素の体積の割合はどうなっていますか。ア、イから選びましょう。（　　　　　）

　ア　大きくなっている。

　イ　小さくなっている。

(3) 地球の気温が(1)のような変化をすることで、どのようなことが心配されていますか。ア〜エから2つ選びましょう。（　　　　）（　　　　）

　ア　陸地にある氷がとける。

　イ　砂ばくが減って、森林がふえる。

　ウ　海水面が上しょうして、陸地が減る。

　エ　寒いところに育つ植物がふえ、暖かいところに育つ植物が減る。

(4) (1)、(2)の原因のひとつとして考えられるのは、何を大量消費し続けていることですか。

（　　　　　　　　　　　　）

(5) (4)の物を大量消費し続けることを防ぐための対策の1つとして、次の（　）に当てはまる言葉を書きましょう。

　風や日光を利用して発電するなど、（　　　　　　　　　　　）を出さないしくみを考える。

GS 3 人と環境とのかかわり　人と環境とのかかわりについて、あとの問いに答えましょう。

1つ5〔25点〕

㋐
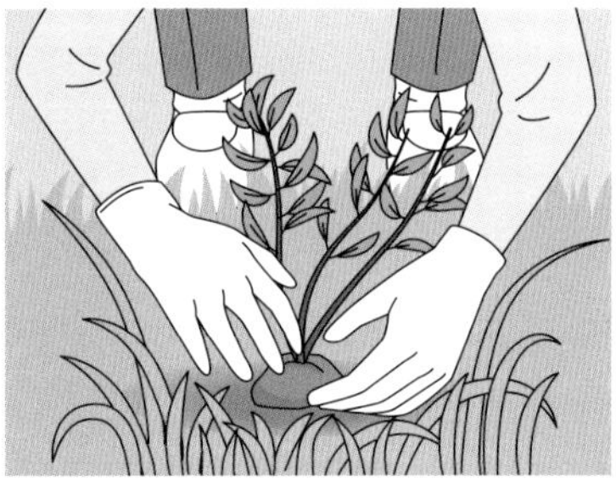
㋑
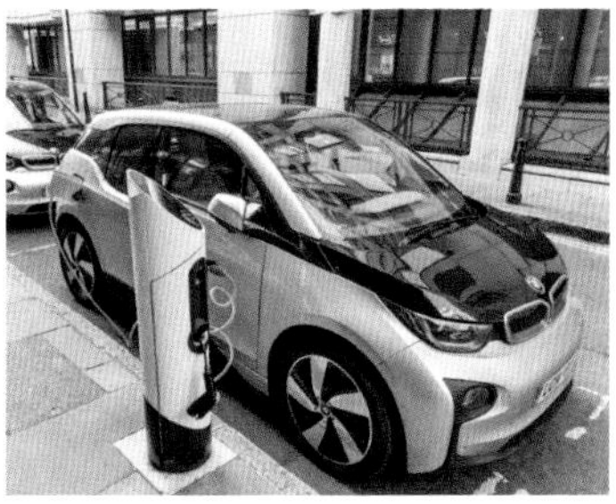
㋒
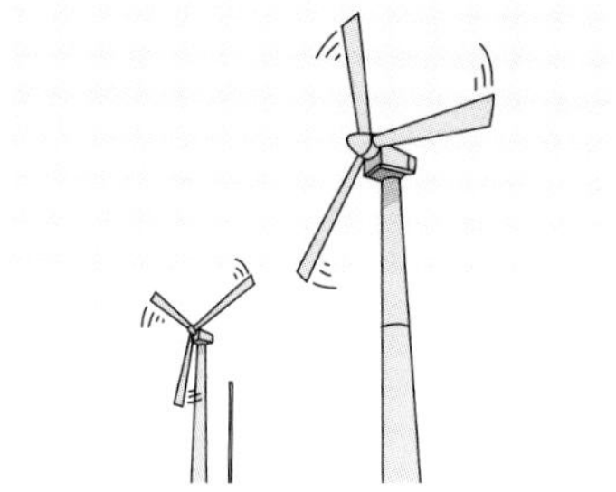

(1) 次の①～③の文は、上の㋐～㋒のどれの説明をしたものですか。

① 風力発電を利用して、化石燃料をできるだけ燃やさないようにしている。（　　　）

② あれた山に、もともと生えていた植物を植えている。（　　　）

③ 電気自動車のように、二酸化炭素を出さない自動車を使っている。（　　　）

(2) 次の文のうち、環境におよぼすえいきょうを少なくするくふうについて書いたものに2つ○をつけましょう。

①（　　　）家庭でいろいろな物を洗ったり、工場でさまざまなことに使ったりした水は、きれいにしてから川に流す。

②（　　　）太陽光発電でつくった電気をふだんの生活の中で使うことで、化石燃料の使用を少なくする。

③（　　　）人がくらすために農地やダムは必要なので、森林の木を自由に切ったり燃やしたりする。

④（　　　）貴重な植物や動物がすんでいる場所は、多くの人が訪れることができるように、道路や建物の開発を進める。

GS 4 大きな環境の変化に対応する　災害による環境の変化への対応について、次の問いに答えましょう。

1つ7〔21点〕

(1) 災害による環境の変化からくらしを守ることは、SDGs（エスディージーズ）(持続可能な開発目標)の17の目標のうち、どの目標と関連していますか。次のア～エから選びましょう。（　　　）

ア 気候変動に具体的な対策を

イ 海の豊かさを守ろう

ウ 住み続けられるまちづくりを

エ エネルギーをみんなに そしてクリーンに

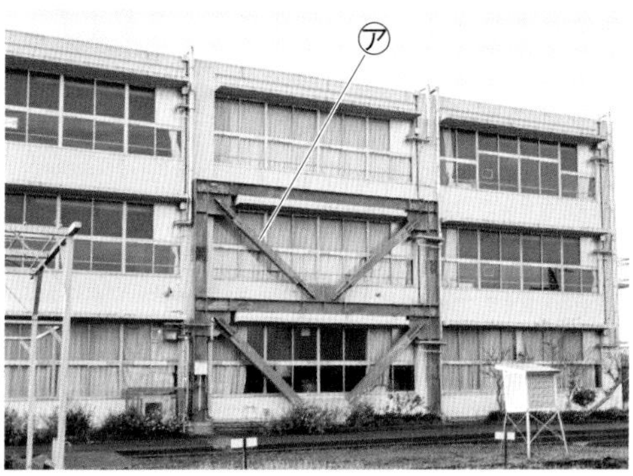

(2) 学校の校舎には、図の㋐のようなものが組みこまれていることがあります。㋐は何のために組みこまれていますか。

（　　　　　　　　　　　　　　　　　　　　　　　）

(3) 川のある地域では、地下に水を流して、こう水を防ぐしせつがあります。ここでは、一時的に水をどのようにすることができますか。（　　　　　　　　　）

考えてとく問題にチャレンジ！
プラスワーク

答え 26ページ

1 **物の燃え方と空気** 教科書 10〜25ページ　理科室で物を燃やす実験をすることになったので、図のように、実験に必要な物をすべて準備しました。次の問いに答えましょう。

(1) 物を燃やす実験をすると、空気中の何という気体が使われて減りますか。

（　　　　　　　　　　）

(2) 物を燃やす実験をすると、空気中に何という気体がふえますか。

（　　　　　　　　　　）

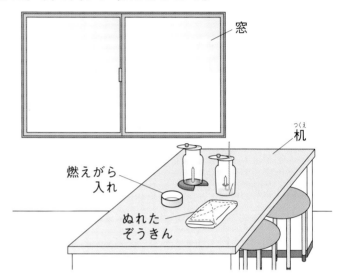

(3) (1)、(2)のことを考えると、右の図の理科室では安全に実験をすることができません。実験を安全に行うために、何をする必要がありますか。

（　　　　　　　　　　　　　）

(4) 器具の横には、ぬれたぞうきんを置いておきました。火がついてしまった物にぬれたぞうきんをかぶせると、火はどのようになると考えられますか。

（　　　　　　　　　　　　　）

(5) (4)のようになるのはなぜですか。次の（　）に当てはまる言葉を書きましょう。

（　　　　　　　　）が入れかわらなくなるから。

(6) (5)と同じ理由で起こることを、ア〜ウから選びましょう。　　　　　　（　　　）

　ア　火のついたアルコールランプにふたをすると、火が消える。

　イ　ガスこんろの元栓を閉めると、火が消える。

　ウ　かまどで木を燃やし続けると、やがて木が灰色の物になって火が消える。

2 **動物のからだのはたらき** 教科書 26〜45ページ　しめきった部屋で友達と遊んでいると、「たまに窓をあけてかん気をするように。」と言われました。次の問いに答えましょう。

(1) 私たちは、空気を吸って、空気中の何をとり入れていますか。（　　　　　　　）

(2) 私たちは、空気をはき出して、空気中に何を出していますか。（　　　　　　　）

(3) 私たちが空気中から(1)をとり入れ、(2)を空気中に出すことを、何といいますか。（　　　　　　　）

(4) 人は、からだの中のどの臓器で(3)をしていますか。

（　　　　　　　）

(5) かん気をするように言われたのは、部屋の中の何が少なくなることを心配したからですか。

（　　　　　　　　　　　　）

3 植物のからだのはたらき 教科書 46～59ページ 図１のようにホウセンカを赤い色水に入れて、しばらくしてから観察しました。次の問いに答えましょう。

図1　　　　　図2

赤い
色水

(1) しばらくすると、ホウセンカの根、くき、葉はどのようになりますか。

（　　　　　　　　　　　）

(2) 水の通り道は、花にもありますか。

（　　　　　　　　　　　）

(3) 図１のホウセンカのようすを観察していると、図２のような白い花を青色に染める方法を思いつきました。それは、どのような方法ですか。(1)、(2)のことから考えて答えましょう。

（　　　　　　　　　　　　　　　　　　　　　　　　　　　　　　　）

4 植物のからだのはたらき 教科書 46～59ページ

前の日の午後から、右の図１のように葉の一部をアルミニウムはくでおおいました。次の日、そのまま日光に当ててから葉を切りとり、ヨウ素液を使って調べました。次の問いに答えましょう。

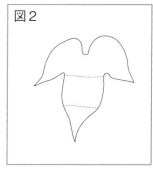

図1　　　　　図2

アルミニウム
はく

(1) 図２の葉に色をぬり、ヨウ素液によって色が変化した部分を示しましょう。

(2) (1)で色をぬった部分には、何ができていますか。　　（　　　　　　　　　　　）

5 月の形と太陽 教科書 78～89ページ 月の見え方について、次の問いに答えましょう。

(1) 月は、太陽のある側、太陽のない側のどちらが光って見えますか。

（　　　　　　　　　　　）

(2) 日ぼつ直後に半月が見えました。このときの半月は、右側と左側のどちらが光って見えますか。　　　　　　　　　　　　　　　　　　　　（　　　　　　　　　　　）

(3) (2)のときの半月のおよその位置を、下の図１に○で示しましょう。

(4) 日ぼつ直後、東の空に月が見えました。このときの月の形を図２の◯に書きましょう。

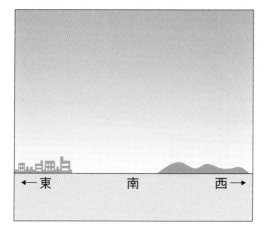

図1　　　　　　　　　　　　　図2

←東　　　南　　　西→　　　　←東　　　南　　　西→

6 てこのはたらきとしくみ [教科書] 120〜135ページ

てこを使って、おもりを小さい力で持ち上げようと考えました。次の問いに答えましょう。

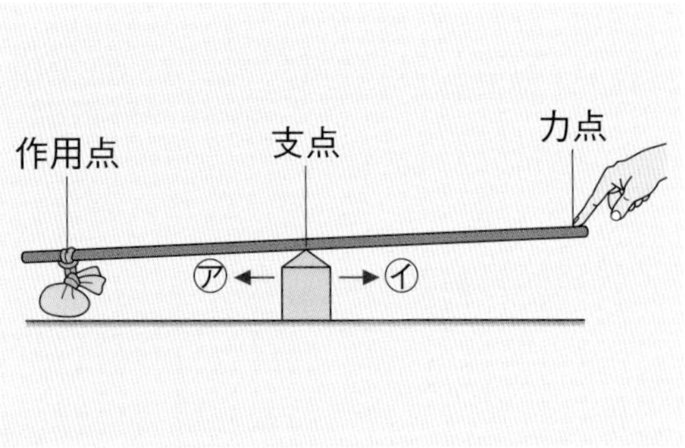

(1) より小さい力で物を持ち上げるためには、支点と作用点の間のきょりをどのようにすればよいですか。
( )

(2) より小さい力で物を持ち上げるためには、支点と力点の間のきょりをどのようにすればよいですか。
( )

(3) 力点と作用点の位置を変えずに、支点の位置だけを変えました。支点を㋐、㋑のどちらに動かすと、支点と作用点のきょりが短くなりますか。
( )

(4) 力点と作用点の位置を変えずに、支点の位置だけを変えました。支点を㋐、㋑のどちらに動かすと、支点と力点のきょりが長くなりますか。 ( )

(5) 力点と作用点の位置を変えずに、支点の位置だけを変えました。支点を㋐、㋑のどちらに動かすと、より小さい力で物を持ち上げることができますか。 ( )

7 電気と私たちのくらし [教科書] 136〜153ページ

右のかい中電灯には、災害のときに便利な機能がついています。次の問いに答えましょう。

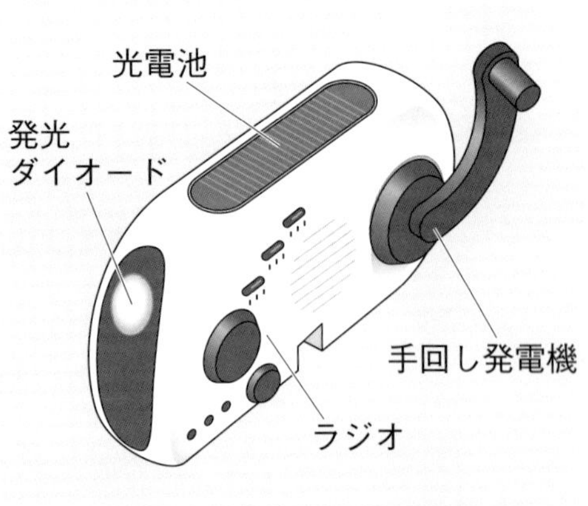

(1) 右のかい中電灯は、どのようにして発電させることができますか。2つ書きましょう。
( )
( )

(2) (1)の方法でつくった電気は、発光ダイオードやラジオに使用できます。このとき、発光ダイオードやラジオでは、電気を何に変えて利用していますか。
発光ダイオード( ) ラジオ( )

[思考] (3) このかい中電灯には、電球ではなく、発光ダイオードがついています。このことは、災害のときにどのような点で便利だと考えられますか。
( )

8 水溶液の性質とはたらき [教科書] 154〜173ページ

学校の理科室では、塩酸をガラスのびんに入れて保存(ほぞん)しています。次の問いに答えましょう。

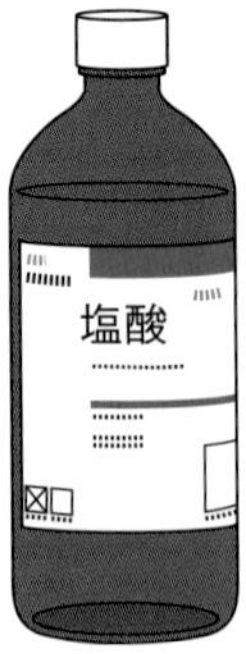

(1) アルミニウムにうすい塩酸を注ぐと、アルミニウムはどのようになりますか。
( )

(2) 鉄にうすい塩酸を注ぐと、鉄はどのようになりますか。
( )

(3) 塩酸をアルミニウムや鉄の容器で保存しないのはなぜですか。
( )

(4) 塩酸は、ガラスのびんをとかしますか。 ( )

教科書ワーク

答えとてびき

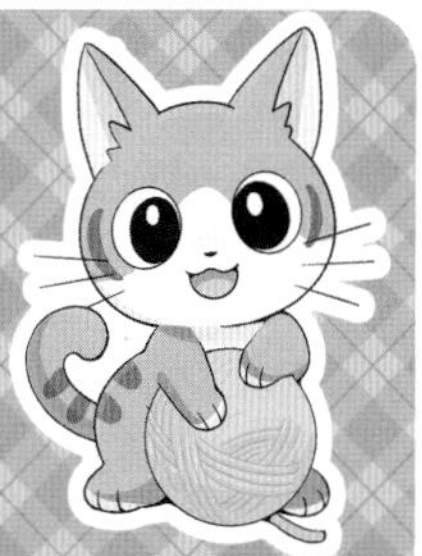

「答えとてびき」は、とりはずすことができます。

東京書籍版

理科6年

使い方

まちがえた問題は、もういちどよく読んで、なぜまちがえたのかを考えましょう。正しい答えを知るだけでなく、なぜそうなるかを考えることが大切です。

1 物の燃え方と空気

2ページ 基本のワーク

❶ (1)①火が消える ②燃え続ける

(2)③入る

(3)④空気

❷ ①ちっ素 ②酸素

まとめ ①入れかわる ②酸素

3ページ 練習のワーク

❶ (1)イ (2)入らない。

❷ (1)㋐、㋑ (2)[い]

(3)空気 (4)空気

❸ ㋐ちっ素 ㋑酸素 ㋒二酸化炭素

てびき ❶ 集気びんを逆さにしてかぶせると、火がしだいに小さくなっていき、しばらくすると火が消えます。これは集気びんの中の空気が入れかわることができないためです。

❷ (1)㋐は、空気が下のすき間から集気びんの中に入り、上のすき間から出ていくので、火のまわりの空気は常に入れかわります。

㋑は、空気が上のすき間から集気びんの中に入り、上のすき間から出ていきます。空気が入れかわるので燃え続けますが、㋐に比べると空気が入れかわりにくいので、㋐ほどはよく燃えません。

㋒は下にすき間がありますが、上に空気の出ていくすき間がないため、空気が入れかわりません。

わかる! 理科 集気びんの上のすき間(口)の広さにもよりますが、口が広くあいている集気びんでは口から空気が出入りするため、口のせまい集気びんよりも長く燃えます。ただし、上と下の両方にすき間のある集気びんほどよくは燃えません。

(2)(3)線こうのけむりの動きから、空気の動き方を知ることができます。㋐では、[い]のように空気が下のすき間から集気びんの中に入り、上のすき間から出ていきます。

(4)物が燃えるためには、新しい空気が必要です。常に空気が入れかわると、物が燃え続けます。

4ページ 基本のワーク

❶ (1)①水

(2)②残す

(3)③火がすぐに消える。

④激しく燃える。

⑤火がすぐに消える。

(4)⑥ない。 ⑦ある。 ⑧ない。

まとめ ①燃やす ②二酸化炭素

5ページ 練習のワーク

❶ (1)㋐、㋒ (2)㋑

(3)ちっ素…ない。

酸素…ある。

二酸化炭素…ない。

❷ (1)㋐空気 ㋑二酸化炭素 ㋒酸素

(2)酸素
(3)①空気　②ちっ素　③激しく

[てびき] [1] 酸素には物を燃やすはたらきがあります。そのため、火のついたろうそくを酸素の中に入れると、激しく燃えます。一方、ちっ素や二酸化炭素には物を燃やすはたらきがありません。そのため、火のついたろうそくをちっ素や二酸化炭素の中に入れると、火がすぐに消えます。

[2] (1)ろうそくは、酸素の中では空気の中よりも激しく燃えます。二酸化炭素の中では火がすぐに消えます。

(2)(3)酸素には、物を燃やすはたらきがあるので、酸素の中でろうそくが激しく燃えます。空気の中には酸素が約21％ふくまれているので、空気の中でもろうそくが燃えます。ただし、酸素の中で燃やしたときよりも、おだやかに燃えます。

6・7ページ　まとめのテスト❶

[1] (1)㋑、㋒
(2)空気の動き方
(3)㋑入る。
　㋒入る。
(4)常に空気が入れかわるから。

[2] (1)㋑
(2)入っていく。
(3)出ていく。
(4)空気
(5)イ

[3] (1)㋐ちっ素　㋑酸素
(2)酸素
(3)㋐イ　㋑ア

[4] (1)水　(2)イ
(3)ちっ素…火がすぐに消える。
　酸素…激しく燃える。
　二酸化炭素…火がすぐに消える。
(4)物を燃やすはたらき(があること)
(5)ちっ素…ない。
　二酸化炭素…ない。
(6)酸素

丸つけのポイント

[1] (4)新しい空気が入るなどと書いても正解です。

[4] (4)物を燃やすはたらきがあることが書かれていれば正解です。

[てびき] [1] (1)集気びんの上と下にすき間のある㋒では、空気が下のすき間から入り、上のすき間から出ていきます。そのため常に空気が入れかわり、ろうそくが燃え続けます。㋑では、上のすき間から空気が入り、上のすき間から空気が出ていきます。したがって、ろうそくは燃え続けますが、㋒ほど効率よく空気が入れかわりません。空気が入れかわることができない㋐や㋓では、ろうそくは燃え続けることができません。

(2)(3)線こうのけむりは、空気とともに動きます。㋒では、空気が下のすき間から集気びんに入り、上のすき間から出ていくので、線こうのけむりも同じように動きます。

わかる！理科 上にも下にもすき間のある集気びんでは、線こうのけむりを下のすき間に近づけただけで、吸いこまれるように集気びんの中に入っていきます。

(4)㋑、㋒では、常に空気が入れかわり、新しい空気が集気びんの中に入っていくので、ろうそくが燃え続けます。

[2] (1)～(4)かんの中で木を燃やすとき、下にあながあると、空気があなからかんの中に入り、上から出ていきます。そのため、木がよく燃えます。

(5)かんの中に木をたくさん入れると、空気が入れかわるためのすき間が小さくなります。そのため、木が燃えにくくなります。

[3] (1)空気は、ちっ素、酸素、二酸化炭素などが混じり合ってできています。

(2)(3)物を燃やすはたらきは、酸素にはありますが、ちっ素や二酸化炭素にはありません。そのため、酸素の中では激しく燃えますが、ちっ素や二酸化炭素の中では火がすぐに消えます。

[4] (1)ちっ素や酸素や二酸化炭素は、水で満たした集気びんに入れます。そうすることで、気体の量がわかりやすくなります。また、集気びんの中でほかの気体と混ざってしまうことも防ぐ

ことができます。
(2)気体は集気びんの7～8分目まで入れ、水を少し残しておきます。
(6)空気には酸素がふくまれています。酸素には物を燃やすはたらきがあるので、空気の中でろうそくが燃えます。しかし、酸素の中で燃やしたときよりはおだやかに燃えます。

8ページ　基本のワーク

[1] (1)①酸素　②二酸化炭素
③酸素　④二酸化炭素
(2)⑤21　⑥3
(3)⑦変化しない　⑧白くにごる

まとめ　①酸素　②二酸化炭素

9ページ　練習のワーク

[1] (1)21%　(2)3%　(3)㋑
(4)二酸化炭素
(5)酸素…イ
二酸化炭素…ア
(6)①酸素　②二酸化炭素　③ちっ素

[2] (1)ウ
(2)燃えた後の空気

てびき [1] (1)(2)気体検知管の目盛りは、[あ]は燃える前の酸素(21%ぐらい)、[う]は燃えた後の酸素(17%ぐらい)、[い]は燃える前の二酸化炭素(0.04%ぐらい)、[え]は燃えた後の二酸化炭素(3%ぐらい)の結果を表しています。
(3)(4)石灰水は二酸化炭素の体積の割合が大きいと、白くにごります。燃えた後の集気びん㋑の中の空気には、二酸化炭素が多くふくまれているので、石灰水が白くにごります。
(5)(6)ろうそくが燃えると、酸素の一部が使われて、二酸化炭素ができます。酸素がすべてなくなるわけではありません。

[2] (1)酸素センサーを使うとき、電源を入れてから決められた時間待ちます。最初の表示が「21.0%」ならそのままセンサープローブを集気びんに入れ、酸素の体積の割合をはかります。「21.0%」でないときはリセットボタンで「21.0」に合わせてから酸素の体積の割合をはかります。
(2)物が燃える前の空気にふくまれる酸素の体積の割合は、21.0%ぐらいなので、16.9%と表示されたのは、ろうそくが燃えた後の空気と考えられます。

10・11ページ　まとめのテスト②

[1] (1)気体採取器
(2)イ　(3)[あ]
(4)酸素が21%ぐらいふくまれていること

[2] (1)変化しない。
(2)すぐに消える。
(3)白くにごる。
(4)二酸化炭素

[3] (1)㋐酸素　㋑二酸化炭素
(2)①ア　②イ
(3)ウ　(4)[い]

[4] (1)白くにごる。
(2)白くにごる。
(3)酸素の体積の割合が小さくなり、二酸化炭素の体積の割合が大きくなる。

丸つけのポイント

[1] (4)酸素という言葉と21%という数値が書かれていれば正解です。割合については約21%、およそ21%などと書いても正解です。

[4] (3)酸素の一部が使われて減り、二酸化炭素ができてふえる、などと書いても正解です。

てびき [1] (1)(2)気体検知管の両はしを折り、マークのついているほうのはしにゴムのカバーをつけます。そして、もう一方のはしを気体採取器にとりつけます。
(3)酸素用検知管は7～23%用のものを、二酸化炭素用検知管は0.03～1%用または0.5～8%用のものを使います。
(4)[あ]の目盛りから、空気中の酸素の体積の割合が21%ぐらいであることが読みとれます。

[2] (1)ろうそくが燃える前の空気にふくまれている二酸化炭素の体積の割合は0.04%ぐらいなので、石灰水は変化しません。
(2)ろうそくが燃えた後の空気は、酸素の体積の割合が小さくなり、二酸化炭素の体積の割合が大きくなっています。そのため、火のついたろうそくを入れても、火がすぐに消えます。

わかる! 理科 酸素には物を燃やすはたらきがあります。しかし、少しでも酸素があればろうそくが燃えるというわけではありません。酸素の体積の割合が小さくなると、ろうそくは燃えなくなります。

(3)(4)㋑では二酸化炭素の体積の割合が3%ぐらいになっています。そのため、石灰水は白くにごります。

3 (1)㋐は21%と17%であることから、酸素の体積の割合を表していることがわかります。また、㋑は0.04%と3%であることから、二酸化炭素の体積の割合を表していることがわかります。

(2)物が燃えると、空気中の酸素の体積の割合が小さくなり、二酸化炭素の体積の割合が大きくなることから、①は燃える前の空気、②は燃えた後の空気であることがわかります。

(3)ちっ素は、燃える前と燃えた後で体積の割合が変わりません。

(4)燃える前の図と比べて酸素を表す○の数が減っている、二酸化炭素を表す×がふえている、ちっ素を表す△の数が変わっていないものを選びます。[あ]のように、酸素がすべてなくなったり、[う]のように、すべて二酸化炭素になったりすることはありません。

4 (1)(2)ろうそくだけでなく、木や紙が燃えたときも、酸素の一部が使われて減り、二酸化炭素ができます。そのため、木や紙が燃えた後の集気びんをふると、石灰水は白くにごります。

2 動物のからだのはたらき

12ページ 基本のワーク

1 (1)①変化しない　②変化する
(2)③変化する

2 (1)①食道　②胃　③小腸　④大腸
(2)⑤消化管　⑥消化液

まとめ ①だ液　②でんぷん　③消化管

13ページ 練習のワーク

1 (1)変化する。　(2)㋑
(3)㋐ない。　㋑ある。　(4)イ

2 (1)㋐食道　㋑胃　㋒小腸　㋓大腸
㋔肝臓
(2)消化管　(3)消化　(4)小腸
(5)肝臓　(6)胃液　(7)ア

てびき **1** (1)でんぷんにうすいヨウ素液をつけると、青むらさき色に変化します。ご飯つぶをもみ出した液にはでんぷんがふくまれています。

(2)～(4)㋑のふくろの中のでんぷんは、あたためても変化しませんが、㋐のふくろの中のでんぷんは、あたためるとだ液によって別の物に変化します。そのためうすいヨウ素液を入れると、㋑は色が変化しますが、でんぷんが変化してなくなっている㋐では色が変化しません。

2 (1)(2)食べ物は、口→食道→胃→小腸→大腸→こう門を通る間に消化、吸収されます。この通り道を消化管といいます。

(3)(4)食べ物が吸収されやすい養分に変えられることを消化といいます。消化された養分は、主に小腸から吸収されます。水は小腸だけでなく大腸からも吸収されます。

(5)血液にとり入れられた養分は肝臓に運ばれます。そして、一部は肝臓にたくわえられ、必要なときに肝臓から送り出されます。

(6)胃ではたらく消化液は、胃液です。

(7)水は、主に小腸や大腸から吸収されます。肝臓は食べ物の通り道ではありません。

わかる! 理科 消化液によって、消化する食べ物がちがいます。人のからだでは、いろいろな消化液がはたらいて、いろいろな食べ物が消化されています。

ご飯つぶをずっとかんでいると、あまく感

じることがあるのは、だ液によってご飯つぶのでんぷんが消化されて、あまく感じる物に変化したからです。

14ページ 基本のワーク

[1] (1)①変化しない　②白くにごる
(2)③酸素　④二酸化炭素

[2] (1)①気管　②肺
(2)③酸素　④二酸化炭素
(3)⑤呼吸

まとめ　①酸素　②二酸化炭素　③肺

15ページ 練習のワーク

[1] (1)二酸化炭素　(2)㋑
(3)二酸化炭素
(4)①エ　②ア　③ウ　④イ
(5)とり入れる…酸素(の一部)
出す…二酸化炭素
(6)呼吸

[2] (1)㋐肺　㋑気管　(2)㋐　(3)えら

てびき [1] (1)～(3)石灰水は、二酸化炭素にふれると白くにごります。はき出した空気には二酸化炭素が多くふくまれているので、㋑の石灰水が白くにごります。

(4)～(6)人は呼吸によって空気中の酸素の一部をとり入れ、二酸化炭素を出しています。空気中には酸素が約21%、二酸化炭素が約0.04%ふくまれていますが、はき出した空気には酸素が約18%しかふくまれず、二酸化炭素は約3%になっています。

[2] 人が吸った空気は、気管を通って肺に入ります。ウサギや魚など、ほかの動物も呼吸をしています。ウサギなど、陸にすむ多くの動物は肺で呼吸をします。魚のなかまは、えらで呼吸をします。

わかる! 理科　魚はえらで呼吸しています。えらでは、水中にとけている酸素を血液にとり入れ、血液から二酸化炭素を水中に出しています。

16・17ページ まとめのテスト❶

[1] (1)①記号…㋕　名前…胃
②記号…㋐　名前…口
③記号…㋖　名前…小腸
④記号…㋒　名前…肝臓
⑤記号…㋓　名前…大腸
⑥記号…㋔　名前…食道
(2)消化管
(3)消化液
(4)でんぷん
(5)ふんとして(こう門から)からだの外に出される。

[2] (1)ウサギ…ア
コイ…ア
(2)腸

[3] (1)㋐変化しない。
㋑白くにごる。
(2)二酸化炭素
(3)水(水蒸気)
(4)㋐21%
㋑18%
(5)[あ]肺
[い]気管
(6)空気中の酸素(の一部)をとり入れて、二酸化炭素を出す。
(7)呼吸

[4] (1)ウサギ…肺
コイ…えら
(2)イ

丸つけのポイント

[1] (5)からだの外に出されることが書かれていれば正解です。

[3] (6)酸素をとり入れていること、二酸化炭素を出していることの両方が書かれていれば正解です。

てびき [1] 食べ物をからだに吸収されやすい養分に変えるはたらきを消化といいます。食べ物は、口(㋐)から入り、食道(㋔)、胃(㋕)、小腸(㋖)、大腸(㋓)へと運ばれている間に、消化されたり吸収されたりしています。からだに吸収されずに残った物はこう門(㋗)まで運ばれふんとしてからだの外に出されます。この口からこう門までの食べ物の通り道を、消化管といいます。

（1）食べ物は、口で出されるだ液や、胃で出される胃液などの消化液によって消化されます。消化されて吸収されやすくなった養分は、水とともに小腸で血液にとり入れられます。大腸では小腸で吸収されなかった水が吸収されます。血液にとり入れられた養分は血液によって肝臓（ウ）に運ばれ、一部が一時的にたくわえられます。イは呼吸を行っている肺です。

💡 **わかる! 理科** 　肝臓の中を食べ物が通るわけではないので、肝臓を消化管とはいいません。肝臓は、血液によって運ばれてきた養分の一部を一時的にたくわえ、必要なときに送り出します。そのほかにも、アンモニアやアルコール飲料にふくまれているエタノールなどの有害な物を無害な物に変えるなど、肝臓はさまざまなはたらきをしています。

2 　人だけでなく、ウサギやコイなどの動物の消化管も、口からこう門までひと続きの管でつながっています。

3 （1）（2）吸う空気には二酸化炭素がほとんどふくまれていない（約0.04％）ので、ポリエチレンのふくろをふっても、石灰水は変化しません。はき出した空気では二酸化炭素が多くなっている（約3％）ので、ポリエチレンのふくろをふると、石灰水は白くにごります。

（3）はき出した空気には、水（水蒸気）も多くふくまれています。そのため、息をふきこむとふくろの内側に水がつき、くもります。

（4）〜（7）気体検知管を使うと、空気中にふくまれる気体の体積の割合を調べることができます。気体検知管の色が変わっているところの目盛りを読みとると、ふくろの中の酸素の体積の割合は、吸う空気では約21％、はき出した空気では約18％になっています。これらのことから人は空気を吸ったり、はき出したりするとき、空気中の酸素をとり入れ、二酸化炭素を出していることがわかります。このはたらきを呼吸といいます。

4 　ウサギには、人と同じように気管や肺があり、肺で呼吸をしています。一方、コイはえらで呼吸をしています。魚のなかまは、水中にとけている酸素をえらでとり入れています。

基本のワーク

1 （1）①心臓
（2）②血液
（3）③酸素　④養分　⑤二酸化炭素
　（③、④は順不同）
（4）い、えを黒くぬる。

2 （1）①腎臓　②肝臓
　③胃　④小腸
（2）⑤臓器

まとめ　①心臓　②酸素　③腎臓

19ページ　**練習のワーク**

1 （1）心臓　　（2）酸素、養分
（3）二酸化炭素
（4）ウ　　（5）拍動　　（6）脈拍　　（7）腎臓
（8）ぼうこう

2 （1）記号…イ　名前…心臓
（2）記号…ア　名前…肺
（3）記号…エ　名前…小腸
（4）記号…ウ　名前…肝臓

てびき **1** （1）〜（3）心臓によって、血液は全身に送り出されます。血液は肺でとり入れた酸素や、小腸で吸収した養分をからだの各部分に運んでいます。また、からだの各部分から二酸化炭素を受けとり、心臓にもどります。心臓にもどった後、血液は肺に運ばれて、肺で酸素と二酸化炭素が入れかわります。

（4）肺で酸素をとり入れた血液は、心臓にもどり、全身に運ばれます。肺→心臓→全身と流れる血液は酸素が多く、全身→心臓→肺と流れる血液は二酸化炭素が多いです。

（5）（6）心臓の動きを拍動といい、拍動が血管を伝わって手首などで感じられる動きを脈拍といいます。

（7）からだの中でいらなくなった物は、血液の中からとり除かれてにょうとなります。にょうをつくっている臓器を腎臓といいます。

（8）にょうを一時的にためる臓器をぼうこうといいます。

2 　私たちのからだには、いろいろな臓器があります。どの臓器が、どのようなはたらきをしているのか、理解しておきましょう。呼吸には肺が、消化や吸収には胃、小腸、大腸、肝臓などが、血液の流れには心臓が、いらなくなった物

を血液からとり除くことには腎臓などが大きく関係しています。また、これらの臓器はたがいにかかわり合いながら、はたらいています。

⑷肝臓は消化や吸収に関係していますが、消化管の一部ではありません。

20・21ページ **まとめのテスト②**

1 ⑴㋐肺　㋑心臓　⑵酸素
⑶二酸化炭素
⑷血液を全身に送り出すはたらき
⑸拍動　⑹脈拍　⑺ウ

2 ⑴㋐肺　㋑心臓　⑵ウ
⑶②、③に○

3 ⑴血液　⑵めぐっている。

4 ⑴㋐腎臓　㋑ぼうこう
⑵にょう
⑶からだの外に出される。

5 ⑴臓器
⑵㋒大腸　㋓心臓　㋔胃　㋕小腸
⑶㋐　⑷㋓　⑸酸素、養分
⑹二酸化炭素　⑺㋑、㋒、㋔、㋕
⑻かかわり合っている。

丸つけのポイント

1 ⑷血液という言葉とそれを送り出すことが書かれていれば正解です。

てびき **1** ⑵⑶肺では、空気中の酸素の一部が血液にとり入れられ、血液からは二酸化炭素が出されます。

⑷〜⑺心臓は規則正しく縮んだりゆるんだりして血液を全身に送り出しています。この心臓の動きを拍動といいます。拍動は血管を通して手首やあし首などにも伝わり、脈拍として感じられます。そのため、15秒間の拍動数と脈拍数は同じになります。

2 全身をめぐって二酸化炭素が多くなった血液は、心臓にもどった後、肺に運ばれます。肺では二酸化炭素と酸素が入れかわり、酸素が多くなった血液が心臓にもどってきます。酸素が多い血液は再び全身に送り出されます。血液は、小腸でとり入れた養分や、からだの各部分でいらなくなった物も運んでいます。

わかる! 理科

酸素が多い血液…肺から心臓にもどる血液、心臓から全身に運ばれる血液
二酸化炭素が多い血液…全身から心臓にもどる血液、心臓から肺に運ばれる血液
養分が多い血液…小腸で養分を吸収して、肝臓に向かう血液
いらなくなった物が少ない血液…腎臓でいらなくなった物がとり除かれた後の血液

3 写真のように、メダカのからだのすみずみにも血管が張りめぐらされ、血液が全身をめぐっています。

4 ⑴血液の中のいらなくなった物をからだの外に出すことにかかわっているのが、腎臓やぼうこうです。からだの中でいらなくなった物は血液によって腎臓へ運ばれます。腎臓では、いらなくなった物が、血液の中からとり除かれ、にょうがつくられます。

⑵⑶腎臓でつくられたにょうは、一時的にぼうこうにためられ、からだの外に出されます。

5 ⑴からだの中で、生きるために必要なはたらきをする部分を臓器といいます。臓器には、消化や吸収にかかわるもの、血液の流れにかかわるものなどがあります。

⑶呼吸には気管や肺(㋐)が関係しています。

⑷〜⑹血液の流れには心臓(㋓)が関係しています。血液は全身をめぐりながら、酸素や養分、二酸化炭素やいらなくなった物を運んでいます。

⑺消化や吸収に関係しているのは、大腸(㋒)、胃(㋔)、小腸(㋕)です。吸収した養分の一部は、肝臓(㋑)でたくわえられ、必要なときに全身に送り出されます。

3　植物のからだのはたらき

22ページ　基本のワーク

1 (1)①下がる
(2)②2　③1　④3
(3)⑤水

まとめ　①根　②葉　③通り道

23ページ　練習のワーク

1 (1)ア　(2)ウ　(3)横…㋐　縦…㋓
(4)㋕　(5)水の通り道　(6)イ
(7)①水の通り道　②からだ全体

てびき **1** (1)ホウセンカは、根がついたまま、土ごとほり上げます。そして、根についた土を水の中で洗い落とします。

(2)水は根からとり入れられて、葉やくきなどを通って運ばれます。そのため、時間がたつにつれて水面の位置が下がっていきます。

(3)～(7)赤く染まった部分が水の通り道です。植物によって、水の通り道は決まっています。根からとり入れられた水は、この水の通り道を通って、植物のからだ全体へ運ばれます。

24ページ　基本のワーク

1 (1)①多くつく　②あまりつかない
(2)③葉　④蒸散

2 ①水蒸気　②蒸散

まとめ　①水蒸気　②蒸散

25ページ　練習のワーク

1 (1)ア　(2)㋐　(3)ア

2 (1)根　(2)葉　(3)㋑
(4)水蒸気
(5)蒸散

てびき **1** (1)気温の高い、晴れた日は、植物が根から水をさかんにとり入れ、からだから水を出します。そのため、実験の結果がわかりやすくなります。

(2)(3)ホウセンカの根からとり入れられた水は、くきを通って葉に運ばれます。そして、主に葉から水蒸気となって出ていくため、㋐のふくろの内側に水てきが多くつきます。くきからはあまり出ていかないので、㋑のふくろの内側には㋐ほど多くの水てきはつきません。

2 植物の根からとり入れられた水は、からだ全体に運ばれ、主に葉から出ていきます。葉の表面には㋑のようなあながたくさんあります。水は水蒸気となって、このあなから出ていきます。このことを、蒸散といいます。

26・27ページ　まとめのテスト1

1 (1)ア　(2)イ　(3)縦…㋕　横…㋒
(4)㋗　(5)ある。　(6)水　(7)いえる。
(8)根　(9)根→くき→葉

2 (1)イ　(2)気温の高い、晴れた日
(3)ア　(4)葉
(5)①根　②くき　③葉　④水蒸気
⑤蒸散

3 (1)イ　(2)㋑　(3)たくさんある。

てびき **1** (1)根から水がとり入れられるので、根を切り落としてはいけません。

(2)ホウセンカにとり入れられた色水の分だけ、水面が下がります。

(3)～(9)水は、植物の根からとり入れられ、くきを通って、葉へと運ばれます。水が運ばれる通り道は植物によって決まっています。

わかる！理科　植物の水の通り道を道管(どうかん)といいます。道管の通っているところは植物によってちがいます。ホウセンカなどのくきでは、(3)の㋒のように、輪のように並んでいます。

2 (1)㋐では、くきと葉から出てきた水の量を調べることができます。㋑では、くきから出てきた水の量を調べることができます。㋐と㋑を比べると、葉から出てきた水の量がわかります。

(2)水を根からとり入れたり、葉から出したりする量が多い、気温の高い、晴れた日に実験します。

(3)～(5)水は主に葉から植物のからだの外に出ていきます。そのため、㋐で多くの水が出ていきます。水は、気体の水蒸気になって出ていきますが、ふくろの内側で水蒸気が液体の水になり、ふくろに水てきがつきます。

3 (1)けんび鏡を日光が直接当たるところで使うと、目をいためてしまい、危険(きけん)です。日光が直接当たらない、明るいところで使いましょう。

(2)(3)葉の表面には、㋑のあながたくさんあり

ます。水蒸気はこのあなから出ていきます。

28ページ **基本のワーク**

1 (1)①変化しない　②変化する
③変化しない
(2)④ない　⑤ある　⑥ない
(3)⑦日光　⑧でんぷん

まとめ ①日光　②でんぷん

29ページ **練習のワーク**

1 (1)ウ　(2)エタノール
(3)(うすい)ヨウ素液
(4)変化する。
(5)ろ紙

2 (1)㋐変化する。　㋑変化しない。
(2)でんぷん
(3)葉に日光が当たること
(4)できる。

[てびき] 1 (1)葉を湯につけてやわらかくします。
(2)葉に緑色があると、うすいヨウ素液にひたしたときの色の変化がわかりにくいので、葉の緑色をとかし出します。このとき、湯であたためたエタノールを使います。エタノールは火がつきやすいので、直接熱しないようにします。
(3)(4)でんぷんがあるかどうかを調べるときには、ヨウ素液を使います。葉にでんぷんがあると、うすいヨウ素液にひたしたときに青むらさき色に変化します。
(5)たたき染めでは、葉をろ紙にはさんで軽くたたくことで、葉にできたでんぷんをろ紙にうつしています。

2 植物の葉は、日光が当たるとでんぷんをつくります。でんぷんは、植物が成長するための養分になります。日光が当たらないと、葉にでんぷんはできません。

30・31ページ **まとめのテスト2**

1 (1)イ　(2)ア
(3)(うすい)ヨウ素液
(4)㋑　(5)㋑
(6)葉に日光が当たるとでんぷんができること。
(7)いえる。

2 (1)イ　(2)ア
(3)葉の緑色をとかし出すため。
(4)日光に当てた葉

3 (1)ろ紙　(2)イ
(3)でんぷん
(4)ある。

丸つけのポイント

1 (6)葉、日光という言葉を使って、でんぷんができていることが書かれていれば正解です。

2 (3)葉の緑色をぬくためと書いても正解です。

[てびき] 1 実験を行う前日の午後から葉にアルミニウムはくでおおいをして、日光が当たらないようにします。そして、次の日の朝、㋐の葉を切りとって調べ、日光に当てる前の朝の時点で、葉にでんぷんがないことを確かめます。午後、日光に当てた㋑ではでんぷんができていますが、アルミニウムはくでおおいをしたままにした㋒ではでんぷんができていません。朝にはでんぷんがなかったことから、葉に日光が当たってでんぷんができたことがわかります。

2 でんぷんがあるかどうかを調べる実験では、うすいヨウ素液を使います。葉の緑色はうすいヨウ素液による色の変化をわかりにくくしてしまうので、やわらかくしてからエタノールで葉の緑色をとかし出します。このとき、エタノールを直接熱してあたためると、引火することがあるので、必ず、湯の中に入れてあたためます。

3 たたき染めでは、葉の中にできたでんぷんをろ紙にうつすことができます。そのままの葉に比べ、ろ紙にうつる緑色はうすいので、ヨウ素液の色の変化もわかりやすくなります。

4 生き物どうしのかかわり

32ページ 基本のワーク

1 ①でんぷん（養分） ②養分

2 (1)① ↘ ② ← ③ ↗ ④ ↓

(2)⑤食物連鎖

まとめ ①養分 ②食物連鎖

33ページ 練習のワーク

1 (1)ウ

(2)植物

(3)できない。

(4)できる。

2 (1)㋐→㋓→㋒→㋑

(2)植物

(3)ミカヅキモ

(4)㋔→㋕→㋖→㋗

(5)プレパラート

(6)食物連鎖

34ページ 基本のワーク

1 (1)①16 ②5 ③18 ④3

(2)⑤二酸化炭素 ⑥酸素

2 ①50～70 ②83 ③発芽 ④必要

まとめ ①二酸化炭素 ②水

35ページ 練習のワーク

1 (1)二酸化炭素

(2)大きくなった。

(3)小さくなった。

(4)①二酸化炭素 ②酸素

2 (1)[あ]酸素 [い]二酸化炭素

(2)[う]二酸化炭素 [え]酸素

(3)呼吸

(4)している。

3 (1)必要。

(2)㋑

(3)ふくまれている。

(4)必要。

てびき 1 植物は、日光が当たると自分で養分をつくることができます。しかし、動物は自分で養分をつくることができません。そのため動物は、植物やほかの動物を食べてその中の養分をとり入れます。

2 陸上の生き物も、水の中の生き物も、生き物どうしは「食べる」「食べられる」という関係でくさりのようにつながっています。植物は草食の動物に食べられ、草食の動物は肉食の動物に食べられます。また、肉食の動物がほかの肉食の動物に食べられることもあり、実際の自然のなかの生き物のかかわりは図よりも複雑になっています。

(5)水の中には、たくさんの種類の生き物がいます。小さなものではミドリムシ、やや大きなゾウリムシやミカヅキモ、さらに大きなミジンコなどがいます。しかし、これらの生き物のほとんどはけんび鏡を使わないと観察できません。けんび鏡で観察するときは、プレパラートをつくって観察します。

(6)実際の自然のなかでは、例えば、カエルがダンゴムシやバッタなどを食べたり、鳥やヘビなどに食べられたりと、複雑にかかわり合っています。

てびき 1 (1)植物は日光に当たると、二酸化炭素をとり入れて酸素を出します。二酸化炭素は空気中に少し（0.04％ぐらい）しかふくまれていないので、気体検知管で調べやすいように、初めに息をふきこんで二酸化炭素の体積の割合を大きくしておきます。そうすると、実験の結果（二酸化炭素の体積の割合が小さくなったこと）がわかりやすくなります。

(2)表から、16％から18％へと、酸素の体積の割合が大きくなっていることがわかります。

(3)表から、5％から3％へと、二酸化炭素の体積の割合が小さくなっていることがわかります。

2 (1)植物に日光が当たると、二酸化炭素をとり入れて、酸素を出します。

(2)(3)植物は、動物と同じように絶えず呼吸をしています。

(4)植物は、昼も夜も呼吸をしています。日光が当たっているときは、呼吸で酸素をとり入れて二酸化炭素を出すはたらきよりも、二酸化炭素をとり入れて、酸素を出すはたらきのほうが大きくなります。そのため、植物は昼には酸素だけを出しているように見えます。

わかる！理科 植物に日光が当たると、でんぷんができます。このはたらきを、光合成（こうごうせい）といいます。光合成をするとき、植物は二酸化炭素をとり入れ、酸素を出します。

・植物に日光が当たっていないとき
→呼吸をする。光合成はしない。
つまり、酸素をとり入れて、二酸化炭素を出しています。

・植物に日光がよく当たっているとき
→呼吸をする。光合成もする。
つまり、呼吸で酸素をとり入れると同時に、光合成で酸素を出しています。ただし、呼吸でとり入れている酸素の量よりも、光合成で出している酸素の量のほうがはるかに多いので、実験では酸素を出すはたらきしか行っていないように見えます。

3 (1)(2)植物の発芽や成長には、水が必要です。雨が長い間降らなかったり、水をあたえなかったりすると、植物はかれてしまいます。

(3)人の体重の約50～70%は水だといわれています。

(4)生き物は、水があるおかげでからだのはたらきを保って生きています。アフリカなどの雨の少ない地域では、動物たちが水辺に集まるすがたが見られます。このように、生き物は水がないと生きていけません。

36・37ページ まとめのテスト

1 (1)①動物　②植物　③植物
(2)動物
(3)でんぷん　(4)ウ

2 (1)㋐　(2)㋓
(3)肉食（の動物）
(4)食物連鎖
(5)ある。

3 (1)大きくなっている。
(2)小さくなっている。
(3)二酸化炭素をとり入れて酸素を出している。
(4)①、③、⑥、⑦、⑩に○

4 (1)必要。
(2)必要。
(3)①水蒸気　②雲　③雨
(4)めぐっている。

丸つけのポイント

3 (3)二酸化炭素をとり入れることと、酸素を出すことの両方が書かれていれば正解です。

てびき

1 (1)～(3)動物は自分で養分をつくることができません。そのため、植物やほかの動物を食べて、養分をとり入れています。植物は日光に当たるとでんぷんをつくり、成長します。

(4)植物は、生きているときだけでなく、かれてからも動物に食べられると養分になります。落ち葉は、ダンゴムシやミミズなどに食べられます。

2 陸上の生き物も水の中の生き物も、「食べる」「食べられる」という関係でつながっています。このようなつながりを食物連鎖といいます。

3 植物は日光に当たると、二酸化炭素をとり入れて、酸素を出すはたらきを、さかんに行います。

(4)②、④、⑤、⑧は二酸化炭素について、⑨はちっ素について書かれているものです。

4 (1)(2)植物も動物も、生きていくためには水が必要です。

(3)(4)地上の水は、蒸発して水蒸気になり、上空で雲となって、雨や雪となり、川の水は海へ流れます。このように、水は地球をめぐっています。生き物は、水をとり入れたり、使ったりして生きています。

5　月の形と太陽

38ページ　基本のワーク

1. ①反射　②球
2. (1)①ふえた
   (2)②位置

まとめ　①反射　②太陽

39ページ　練習のワーク

❶ (1)月…イ　太陽…イ
(2)ア　(3)イ

❷ (1)㋐→㋒→㋑
(2)㋐三日月　㋑半月
(3)西　(4)[え]
(5)光って見える側　(6)エ

てびき ❶ 月も太陽も地球も同じ球形をしています。そのうち、太陽だけが強い光を放っています。月も地球も、自らは光を出していません。

❷ (1)日ぼつ直後に見える月は、光っている部分が、日ごとに少しずつふえていきます。また、位置が東のほうへ変わります。

(3)太陽は東からのぼり、南の空を通って西にしずむように位置が変わります。

(4)(5)㋐のときは日ぼつ直後なので、太陽は西にあります。また、太陽は月の光って見える側にあるので、三日月の光っている側の[え]の側にあります。

40ページ　基本のワーク

1. ①月　②太陽
2. (1)①新月　②三日月　③満月　④半月
   (2)⑤太陽　⑥位置関係

まとめ　①太陽　②月

41ページ　練習のワーク

❶ (1)図１…㋐　図２…㋓
(2)㋐新月　㋓満月

❷ (1)右
(2)①新月　③半月　⑤満月
(3)イ
(4)㋐→㋕→㋓→㋗→㋑→㋖→㋒→㋔
(5)できない。
(6)東

てびき ❶ (1)図１では、かい中電灯の光は人から見えている側の反対側に当たっています。図２では、かい中電灯の光は人から見えている側に当たっています。

(2)㋐では、人から見えている側には光が当たっていないので、ボールの明るい部分は見えません。㋓では、人から見えている側全体に光が当たり、その部分が光って見えます。

❷ 月は太陽がある側が光っています。月が①にあるときは、地球から月を見ることができません。⑤は丸く光って見えます。③も⑦も半月ですが、地球の位置からは、光って見える側が反対になります。③は右半分が、⑦は左半分が光って見えます。このように、地球からは、②～④の月は右側が光って見え、⑥～⑧の月は左側が光って見えます。①～⑧のように、太陽と月の位置関係が変わることで、月の形が変わって見えます。

(6)㋑の月は満月です。満月は、図１の⑤の位置にあるので、地球から見て太陽と反対側にあることがわかります。太陽は西の空にしずむので、日ぼつ直後の満月は反対側の東の空に見えます。

わかる！理科　日によって地球から見たときの月と太陽の位置関係が変化するため、月の形が変化して見えます。

新月の後、右側から明るい部分がふえていき、満月になります。そして、右側から明るい部分が減っていき、新月にもどります。

42・43ページ　まとめのテスト

1 (1)㋑
(2)球形
(3)ア
(4)太陽の光を反射しているから。

2 (1)ア
(2)ア
(3)㋐　㋑　㋒

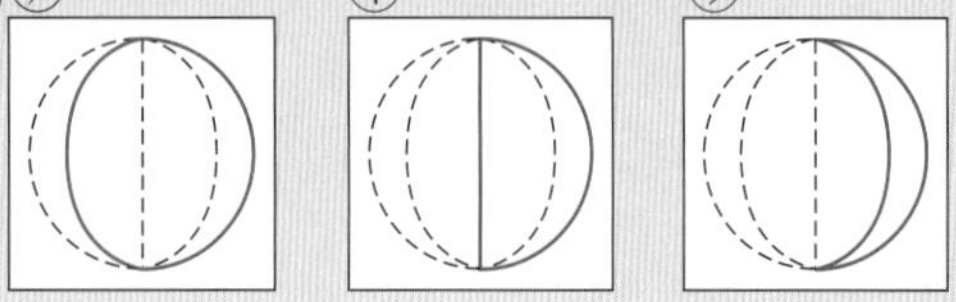

3 (1)西　(2)イ　(3)㋐　(4)[え]

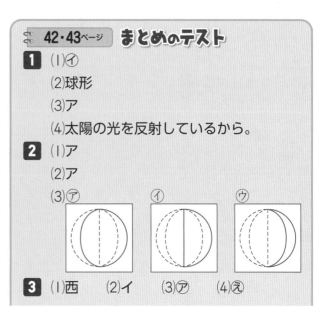

(5)あ新月　い三日月　う半月　お満月
(6)約1か月(約30日)

[4] (1)人…地球　電灯…太陽　ボール…月
(2)㋐⑧　㋑⑦　㋒②　㋓④　㋔⑤
(3)太陽と月の位置関係が変わるから。

丸つけのポイント

[1] (4)太陽の光という言葉と、反射しているということが書かれていれば正解です。

[4] (3)太陽と月、位置関係が変わるということが書かれていれば正解です。

てびき [1] (3)太陽は、自ら強い光を放っています。

(4)月は、自ら光を出していません。明るく光って見えるのは、太陽の光を反射しているからです。

[2] (1)日ぼつ直後に見える月は、日がたつにつれて東のほうに位置が変わっていきます。

(2)(3)地球(人)から見たとき、㋐は太陽の光が当たっている部分が多く、㋒はかげになっている部分が多いです。㋑は太陽の光が当たっている部分とかげになっている部分が半分ずつになっています。

[3] (1)(2)太陽は、月の光って見える側にあります。図1の半月は右側が光っているので、太陽は右側(西)にあります。

(3)(4)右側が光って見える月は、日がたつにつれて明るく見える部分がふえて、日ぼつ直後に見られる位置は㋐の方向(西から東)に変わっていきます。

(6)月の形は、約1か月でもとにもどります。

[4] ボールの明るく見える部分が、月の光って見える部分を表しています。人の場所から見ると、①は明るい部分が見えず、②から⑤へと明るく見える部分が少しずつふえていきます。⑤から⑧へと明るく見える部分が少しずつ減っていきます。

(2)それぞれの位置のボールが表している月は、①新月、②三日月、③半月(右側が明るい)、⑤満月、⑦半月(左側が明るい)です。

(3)月の光って見える部分は、月が太陽からはなれるとふえ、太陽に近づくと減ります。

6 大地のつくり

44ページ 基本のワーク

❶ (1)①地層
(2)②大きさ

❷ (1)①どろ　②砂　③れき
(2)④火山灰

まとめ　①地層　②火山灰

45ページ 練習のワーク

❶ (1)地層　(2)どろ　(3)エ
(4)火山灰
(5)層によってちがう。
(6)イ

❷ ①×　②○　③○　④○　⑤×　⑥○
⑦○

てびき ❶ (1)〜(3)地層は、れき、砂、どろなどが層になって重なってできています。れきは大きさが2mm以上のつぶです。砂は大きさが0.06mm〜2mmのつぶ、どろは大きさが0.06mm以下のつぶです。

(4)地層には、火山からふき出した火山灰でできている層もあります。

(5)(6)地層は、色や形、大きさがちがうつぶが層になって積み重なっているため、しま模様に見えます。

❷ ①②がけを観察するときは、安全に注意します。服装は長そでの服と長ズボンで、ぼうしをかぶり、軍手をしましょう。

⑦地層は横にも、おくにも、層になって広がっています。

46・47ページ まとめのテスト

[1] (1)地層　(2)イ
(3)2mm
(4)おくにも広がっている。
(5)①○　②×　③×　④○

[2] (1)㋑　(2)㋓
(3)れき→砂→どろ

[3] (1)イ→ウ→エ→ア
(2)そう眼実体
(3)火山灰

[4] (1)ウ

(2)ボーリング試料
(3)イ
(4)㋐れき　㋑砂

[てびき] **1** (1)(2)地層は層をつくっているつぶの大きさや形、色がちがうため、しま模様に見えます。

(3)れきは、大きさが2mm以上のつぶのことをいいます。

(4)地層は、がけの表面だけでなくがけのおくにも広がっています。また、地面の下にも層が積み重なっています。

(5)がけのようすを観察するときは、安全な服装を心がけましょう。長そでの服、運動ぐつや軍手などを身につけます。持ち物はナップザックなど、観察のじゃまにならない物を選びます。

2 ㋐はれき、㋑は火山灰、㋒はどろ、㋓は砂です。

(1)火山灰には、ガラスのようなとう明なつぶが混じっています。

(2)(3)れき、砂、どろは、つぶの大きさで分けています。大きいほうかられき、砂、どろの順になります。

3 (1)(2)火山灰は、つぶに細かいちりのような物がついているので、まず、水を加えてよく洗い、よごれを落とします。にごった水はすてて、新しい水にとりかえ、くり返し洗います。つぶがきれいになって、水がにごらなくなったら、水をすてます。残ったつぶをペトリ皿に移してかんそうさせたら、そう眼実体けんび鏡やかいぼうけんび鏡で約10倍の倍率で観察します。

(3)地層をつくるそれぞれの層は、主にれき、砂、どろ、火山灰などでできています。

4 (1)ボーリング調査は、新しく大きな建物を建てるときなどに、地下のようすを知るために、機械で地面をほって行います。

(2)ボーリング調査でほり出した土がボーリング試料です。どの場所の、どのくらいの深さでほり出した土なのかなどを記録し、容器に保管されます。

(4)がけの地層がおくまで広がっているように、地下の地層も広がっています。ボーリング調査では、その一部をほり出していて、ある場所の地層の重なり方はすぐ近くの地層の重なり方と同じようになっていると考えることができます。図2の重なり方を見ると、それぞれの層の厚みは少しちがいますが、層の並び方はどれも同じと考えられます。したがって、㋐はれきの層、㋑は砂の層と考えられます。

48ページ　基本のワーク

1 (1)①角　②まるみ　③大きい　④小さい
(2)⑤砂　⑥どろ
(3)⑦地層

まとめ　①流れる水　②堆積

49ページ　練習のワーク

1 (1)㋐どろ　㋑砂
(2)上に積もる。
(3)(流れる)水のはたらき
(4)ウ

2 (1)①どろ　②れき　③砂
(2)㋐でい岩　㋑れき岩　㋒砂岩
(3)まるみを帯びた形

[てびき] **1** (1)砂やどろをふくむ土を水の中に流しこむと、つぶの大きさによって分かれ、層になって積もります。このとき、つぶの大きい物の上に、つぶの小さい物が積もります。

(2)(3)2回流しこむと、1回目の層の上に2回目の層が積もります。このように、水のはたらきで土が流され、くり返し層になって積み重なると地層ができます。

2 (1)(2)れき岩、砂岩、でい岩は、それぞれ、れき、砂、どろが、その上に堆積した物の重みで固まってできた岩石です。でい岩はどろが固まった物であることに注意しましょう。

(3)れき岩にふくまれているつぶは、まるみを帯びています。これは、流れる水のはたらきによって、角がとれ、まるみを帯びたつぶが固まって岩石になったためです。

わかる！理科

水のはたらきでできた地層のれきの特ちょう
・まるみを帯びている。
・川原のれきに似ている。

50ページ 基本のワーク

[1] ①化石

[2] (1)①溶岩　②火山灰　(2)③角ばった

まとめ　①化石　②溶岩

51ページ 練習のワーク

[1] (1)化石
(2)㋐アンモナイト　㋑木の葉
㋒魚
(3)砂

[2] (1)火山灰　(2)ある。
(3)角ばったつぶが多い。
(4)溶岩　(5)ない。

てびき [1] 水のはたらきでできた地層からは、写真のような、化石が見つかることがあります。化石は大昔の生き物のからだや生き物がすんだあとなどが、砂やどろでうまって固まった物です。

[2] 火山の噴火によってふき出された火山灰が堆積すると、地層ができることがあります。また、火山からふき出された溶岩が流れ、大地をおおうこともあります。

52・53ページ まとめのテスト②

[1] (1)地層
(2)まるみを帯びている。
(3)似ている。
(4)(流れる)水のはたらき
(5)化石
(6)ある。

[2] (1)れき岩　(2)砂岩　(3)でい岩
(4)まるみを帯びた形

[3] (1)㋐川　㋑海
(2)㋒　(3)㋕
(4)①、④に○
(5)海の底
(6)長い年月の間に、大きな力が加わって、大地がおし上げられたから。

[4] (1)広がっている。　(2)㋖
(3)火山灰
(4)イ、ウ
(5)火山のはたらき

丸つけのポイント
[3] (6)大地がおし上げられたことが書かれていれば正解です。

てびき [1] (2)～(4)地層の中のれきはまるみを帯びていて、川原のれきと似ています。これは、地層の中のれきが、川原のれきと同じように、水のはたらきでできたからだと考えられます。

(6)地層や化石は、海底などで堆積した後、長い年月の間に大きな力が加わっておし上げられ、陸上で見られることがあります。

[2] (1)～(3)地層の中のれき、砂、どろは、長い年月をかけて固められると、岩石になります。れきが砂などで固められた岩石をれき岩、砂が固められた岩石を砂岩、どろが固められた岩石をでい岩といいます。

(4)(流れる)水のはたらきで堆積したれきは角がとれ、まるみを帯びています。

[3] (1)土が川を流れて海の底に堆積するようすを表しています。

(2)(3)水の中では、土は、つぶの大きさによって分かれて積もります。2回流しこむと、1回目の層の上に、2回目の層が積もります。どちらの層も、砂の上にどろが積もります。

(4)(5)れきや砂がふくまれている地層は(流れる)水のはたらきによって海や湖などの底に堆積してできたと考えられ、つぶはまるみを帯びています。

[4] (1)地層はがけのおくや、地面の中にも広がっていて、その地域の昔のことをいろいろ教えてくれます。

(2)層の重なり方から左側の地層と右側の地層はもともとつながっていたと考えられます。左右の層の積み重なり方を比べると、㋐の層と㋖の層がつながっていたと考えられます。

(3)～(5)図2はつぶが角ばっているので、火山灰のつぶを観察した物だとわかります。このことから、㋓は火山のはたらきでできた層だとわかります。火山のはたらきでできた層の石は、角ばっていたり、小さなあながたくさんあいていたりします。

7 変わり続ける大地

54ページ **基本のワーク**

[1] (1)①断層　②地割れ
(2)③津波
(3)④火山灰　⑤溶岩
(4)⑥火山灰

まとめ ①地震　②噴火

55ページ **練習のワーク**

[1] (1)断層　(2)地震
(3)地割れ　(4)ある。
(5)津波

[2] (1)あ火山灰　い溶岩
(2)ある。　(3)ある。
(4)ア、エ　(5)ハザードマップ

てびき [1] (1)(2)地層がずれている部分を断層といいます。断層がずれると地震が起きます。

(3)～(5)大きな地震が起きると、地割れが生じたり、がけがくずれたりして、大地のようすが変化することがあります。また、津波という大きな波によって海水が広いはん囲におし寄せることもあります。建物がこわれたり、道路がくずれたりすることもあります。ほかにも、火災が起きたり、電気、ガス、水道が使えなくなったりすることもあります。

[2] (1)火山が噴火すると、火口から火山灰や溶岩がふき出され、大地のようすが変化することがあります。

(2)(3)火山の噴火によって新しい山ができたり、ふき出された火山灰や溶岩で大地がおおわれたり、島が陸続きになったりすることがあります。

(4)火山は大きな災害を起こすことがあります。一方で、温泉や美しい景観、熱を利用した発電所などのように、私たちにめぐみもあたえてくれます。

56・57ページ **まとめのテスト**

[1] (1)断層
(2)①、④、⑥、⑦に○
(3)津波
(4)ア

[2] (1)多い。
(2)㋐火山灰　㋑溶岩
(3)②、③、④に○

[3] (1)溶岩
(2)ある。
(3)①、④に○
(4)ある。
(5)きん急地震速報
(6)ある。

[4] ①火　②×　③地　④×　⑤火　⑥◎
⑦地　⑧火　⑨◎　⑩×

てびき [1] (1)断層がずれると、地震が起きます。断層は、写真のように地表に現れることがあります。

(2)(3)地震が起きると、地面が持ち上げられたり、地面の高さが下がったりすることがあります。津波によって海水がおし寄せたり地下水があふれてきたりすることもあります。

(4)地震は同じ場所で何度も起きる可能性があります。災害から生命を守るために、ふだんから備えておきましょう。

[2] (1)日本は火山が多い国です。今後も火山が噴火する可能性があるので、ふだんから備えておきましょう。

(3)溶岩はとても温度が高く、とけてしまうので化石がふくまれることはありません。

[3] (1)(2)火山が噴火すると、火口から溶岩が流れ出して、建物がおおわれることがあります。

(3)火山からは溶岩のほかに火山灰や軽石がふき出します。ふき出した軽石が海にふると、海流にのって港に流れ込んで船の往来をさまたげたりします。

(4)地震が起きると、断層が地表に現れたり、地割れが生じたりすることがあります。

(6)火山の噴火や地震によって、大地が大きく変化し、災害が起こることがあります。

[4] ②大きな火山の噴火では火山灰が空に広がり、太陽が見えなくなることもありますが、雨とは関係がありません。

⑨日本は地震も火山の噴火も多い国です。過去から学んで、災害によって受けるえいきょうを小さくできるように、さまざまなとり組みを行っています。

8 てこのはたらきとしくみ

58ページ 基本のワーク

❶ (1)①作用点　②支点　③力点
(2)④てこ

❷ ①小さく　②小さく

まとめ ①作用点　②力点

59ページ 練習のワーク

❶ (1)てこ　(2)①㋑　②㋒　③㋐
(3)㋐作用点　㋑支点　㋒力点

❷ (1)ウ　(2)ア、イ
(3)小さくなる。
(4)イ　(5)ア、ウ
(6)大きくなる。

てびき ❶ てこの支点、力点、作用点の位置とはたらきを整理しておきましょう。

❷ (1)(2)支点と作用点の間のきょりを変えたときの手ごたえのちがいを調べるので、支点と作用点の間のきょりを変え、支点と力点の間のきょりは変えません。そのためには、支点と力点の位置は変えず、作用点の位置だけを変えます。

(3)支点と作用点の間のきょりを短くすると、手ごたえは小さくなります。

(4)(5)支点と力点の間のきょりを変えたときの手ごたえのちがいを調べるので、支点と力点の間のきょりを変え、支点と作用点の間のきょりは変えません。そのためには、支点と作用点の位置は変えず、力点の位置だけを変えます。

(6)支点と力点の間のきょりを短くすると、手ごたえは大きくなります。

60ページ 基本のワーク

❶ (1)①大きさ　②きょり
(2)③120　④60　⑤40　⑥30
⑦×　⑧20

❷ ①きょり　②重さ　③てんびん

まとめ ①きょり　②てんびん

61ページ 練習のワーク

❶ ㋐○　㋑左　㋒○　㋓右

❷ (1)①支点からのきょり　②力の大きさ
(2)40　(3)4　(4)2個

❸ (1)60
(2)①60g　②30g　③20g　④10g

てびき ❶ ㋐は、左右のうでで、おもりの重さと支点からのきょりが同じなので、てこが水平につり合います。

㋑は、左右のうでで、支点からのきょりが同じですが、おもりの重さは左のうでは40g、右のうでは20gなので、左にかたむきます。

㋒は、(おもりの重さ)×(おもりの位置)が、左のうでは40×1＝40、右のうでは20×2＝40なので、てこが水平につり合います。

㋓は、(おもりの重さ)×(おもりの位置)が、左のうでは40×1＝40、右のうでは20×3＝60なので、右にかたむきます。

❷ (1)てこをかたむけるはたらきは、(力の大きさ)×(支点からのきょり)で表すことができ、これがてこの左右のうでで等しくなると、水平につり合います。

(2)左のうでのてこをかたむけるはたらきは、40×1＝40

(3)右のうでのてこをかたむけるはたらきが40となればよいので、10×□＝40、□＝4より、4の位置につるすと、てこが水平につり合います。

(4)右のうでのてこをかたむけるはたらきが40となればよいので、□×2＝40、□＝20より、20g(2個)のおもりをつるすとてこが水平につり合います。

❸ (1)おもり1個は10gなので、左のうでのてこをかたむけるはたらきは、10×6＝60

(2)右のうでのてこをかたむけるはたらきが60となればよいので、それぞれ
①□×1＝60より、60g
②□×2＝60より、30g
③□×3＝60より、20g
④□×6＝60より、10g
のおもりをつるすとてこが水平につり合います。

わかる！理科 てこが水平につり合っていて、支点からのきょりが2倍、3倍、…になったとき、おもりの重さを2分の1倍、3分の1倍、…にするとてこは水平につり合います。このように、支点からのきょりとおもりの重さには、反比例の関係があります。

62ページ 基本のワーク

1 ①作用点 ②力点 ③支点
④支点 ⑤力点 ⑥作用点
⑦支点 ⑧作用点 ⑨力点
⑩支点 ⑪作用点 ⑫力点

まとめ ①道具 ②ちがう

63ページ 練習のワーク

1 (1)図1…② 図2…②
(2)㋑、㋓、㋘
(3)㋒、㋔、㋖
(4)図1…大きくなる。 図2…大きくなる。
図3…小さくなる。

2 (1)㋐作用点 ㋑力点 ㋒支点
(2)イ (3)ウ

てびき **1** (4)くぎぬきは、支点から力点までのきょりが支点から作用点までのきょりより長いので、作用点に加わる力は、力点で加えた力より大きくなります。せんぬきは、支点から力点までのきょりが支点から作用点までのきょりよりも長いので、作用点に加わる力は、力点で加えた力より大きくなります。糸切りばさみ(和ばさみ)は、支点から力点までのきょりが支点から作用点までのきょりより短いので、作用点に加わる力は、力点で加えた力より小さくなります。

2 てこのはたらきを利用した道具では、どこに力を加えるか(力点)、どこで力がはたらくか(作用点)を考えます。トングやピンセットは、支点と作用点の間に力点があり、力点で加えた力より作用点に加わる力のほうが小さくなります。

64・65ページ まとめのテスト

1 (1)㋐作用点 ㋑支点 ㋒力点
(2)㋐ (3)㋑、㋒ (4)②
(5)㋐、㋑ (6)④
(7)①短く ②長く

2 (1)図1…水平につり合う。
図2…右にかたむく。
(2)㋑ (3)②に○

3 ①120 ②60 ③6 ④3
⑤50 ⑥30 ⑦5 ⑧2

4 (1)㋐作用点 ㋑支点 ㋒力点
(2)㋓支点 ㋔作用点 ㋕力点
(3)㋖作用点 ㋗力点 ㋘支点
(4)①○ ②× ③× ④○ ⑤○

てびき **1** (3)作用点の位置と手ごたえとの関係を調べるので、支点と力点の位置を変えてはいけません。

(4)支点と作用点の間のきょりを短くするほど、手ごたえが小さくなります。

(5)力点の位置と手ごたえとの関係を調べるので、支点と作用点の位置を変えてはいけません。

(6)支点と力点の間のきょりを長くするほど、手ごたえが小さくなります。

2 (1)てこをかたむけるはたらきは、(おもりの重さ)×(おもりの位置)で表され、それぞれの図で次のようになっています。
図1 左：20×3＝60 右：20×3＝60
なので、てこは水平につり合います。
図2 左：20×3＝60 右：20×4＝80
なので、てこは右にかたむきます。

(2)図3で、てこのうでを左にかたむけるはたらきは20×2＝40なので、右にかたむけるはたらきが40となるようにします。20×□＝40、□＝2より、おもりを2の位置につるすとてこはつり合います。

3 それぞれで、左右のうでの(おもりの重さ)×(おもりの位置)が等しくなるようにします。

①□×1＝30×4となるので、□＝120より、120gのおもりをつるすと、てこは水平につり合います。

②□×2＝30×4、□＝60

③30×□＝45×4となるので、□＝6より、6の位置につるすと、てこは水平につり合います。

④60×□＝45×4、□＝3

⑤25×6＝□×3、□＝50

⑥25×6＝□×5、□＝30

⑦50×4＝40×□、□＝5

⑧50×4＝100×□、□＝2

4 (4)②せんぬきは、作用点が支点と力点の間にあります。

③ピンセットは、力点が支点と作用点の間にあります。

9 電気と私たちのくらし

66ページ 基本のワーク

❶ (1)①発電
(2)②明かりがつく
③明るく明かりがつく
④明かりがつかない

❷ (1)①発電
(2)②明かりがつく
③明るく明かりがつく
④明かりがつかない

まとめ ①発電 ②光電池

67ページ 練習のワーク

❶ (1)手回し発電機
(2)(明かりが)つく。
(3)(明かりが)消える。(つかない。)
(4)明るく (5)ア

❷ (1)(明かりが)つく。
(2)弱くなる。 (3)イ (4)大きくなる。
(5)(明かりが)消える。(つかない。)
(6)発電 (7)㋑

てびき ❶ (1)(2)手回し発電機は、中にモーターが入っていて、ハンドルを回すとモーターのじくが回り発電することができます。
(3)ハンドルを回すのをやめると発電しないため、豆電球の明かりは消えます。

❷ (1)(5)光電池は、光を当てると発電し、光を当てるのをやめると発電しません。
(2)(3)光電池を半とう明のシートでおおうと、光電池に当たる光が弱くなり、豆電球の明かりは暗くなります。
(6)電気をつくることを発電といいます。家庭用の電気は、火力発電所や水力発電所などでつくられています。

68ページ 基本のワーク

❶ (1)①ためる ②蓄電
(2)③光 ④音 ⑤運動

❷ (1)①変化する
(2)②発熱

まとめ ①コンデンサー
②発光ダイオード

69ページ 練習のワーク

❶ (1)イ (2)出す。 (3)回る。 (4)光
(5)色が変化する。 (6)①電気 ②熱

❷ ㋐光 ㋑音 ㋒熱 ㋓運動

てびき ❶ (1)コンデンサーには手回し発電機で発電した電気をためることができます。このことを蓄電(充電)といいます。
(2)(3)ためた電気は、電気器具につないで利用することができます。
(4)豆電球や発光ダイオードは、電気を光に変えて利用することができます。
(5)(6)示温シールは、低い温度では青色ですが、高い温度ではピンク色に変化します。示温シールの色が変化したことから、電気が熱に変わったことがわかります。

❷ 身のまわりには、電気を光、音、運動、熱などに変えて利用している電気器具がたくさんあります。何に変えて利用しているのか、調べてみましょう。

70ページ 基本のワーク

❶ (1)①発光ダイオード (2)②少ない

❷ ①プログラム ②プログラミング

まとめ ①電気の量 ②プログラム

71ページ 練習のワーク

❶ (1)ア (2)発光ダイオード (3)ア

❷ (1)イ (2)㋐ (3)プログラム
(4)プログラミング

てびき ❶ (1)同じ量の電気をためて実験をするときは、手回し発電機のハンドルの回し方を同じにします。
(2)発光ダイオードは、豆電球より使う電気の量が少ないので、長い時間明かりをつけることができます。
(3) 豆電球では電気の一部が発光ダイオードより多く熱に変わっています。

わかる! 理科 明かりがついた後の豆電球はあたたかく感じます。豆電球では、電気が光だけでなく熱にも変わっているからです。発光ダイオードでは熱に変わる電気の量が少なく、効率よく電気が光に変えられています。

2 ⑴人が近づくと明かりがつき、人が通らないと明かりが消えるので、センサーは人の動きを感知することがわかります。

⑵図１で、人の動きを感知すると明かりがつくので、明かりがつくのはセンサーが感知している㋐です。

⑷プログラムをつくることをプログラミングといいます。

72・73ページ まとめのテスト

1 ⑴㋐手回し発電機　㋑コンデンサー
⑵回る。　⑶ア
⑷回る。　⑸イ

2 ⑴光電池
⑵イ　⑶ウ

3 ①㋐　②㋓
③㋑　④㋒

4 ⑴発光ダイオード
⑵豆電球
⑶発光ダイオードは電球よりも少ない電気で明かりがつけられるから。

5 ⑴プログラミング
⑵センサー（人感センサー）
⑶㋑ア　㋒イ

丸つけのポイント

4 ⑶発光ダイオードと電球を比べて、発光ダイオードのほうが使う電気が少ないことが書かれていれば正解です。発光ダイオードのほうが電気を効率よく使うことができるから、などと書いても正解です。

てびき **1** 手回し発電機のハンドルを回すと、発電することができます。発電した電気はコンデンサーにためることができます。

2 ⑴図は、家庭の庭などに使われている、夜になると明かりがつく器具を表しています。図の器具は㋐の部分に光電池がついていて、日光が当たると発電し、㋑の部分に電気をためることができます。

⑵図の器具は昼に明かりがつかず、夜になると自動で明かりがつきます。これは、明るさを感知するセンサーのはたらきです。

⑶ため池や広い空き地などに光電池をたくさん並べて発電する方法を太陽光発電といいます。

3 それぞれ、電気を主に何に変えているかを考えます。

①アイロンは、電気を主に熱に変えて利用する器具です。温度の表示などにも電気が使われていることがあります。

②電気を主に光に変えて利用しているのが、信号機です。白熱電球を使用したものは、電気が熱にも変わっていますが、発光ダイオード（LED）を使用したものは、むだな熱をほとんど出しません。

④電気自動車は電気をいろいろなものに変えていますが、主に運動に変えて利用しています。そのほかに、ライトやエアコン、ホーンなどにも利用しています。

わかる！理科 テレビでは、電気を光や音に変えています。このように、１つの電気製品で電気をいろいろなものに変えて利用していることがあります。

4 ⑵同じ量の電気をためたコンデンサーで明かりをつけると、発光ダイオードのほうが長い時間明かりがつきます。このことから、豆電球のほうが発光ダイオードよりもたくさんの電気を使うと考えられます。

⑶電球よりも発光ダイオードのほうが明かりをつけるときに使う電気が少ないので発光ダイオードの利用がふえています。

5 ⑵まわりの明るさや人の動きなどを感知するものをセンサーといいます。

10　水溶液の性質とはたらき

74ページ　基本のワーク

❶ (1)①とう明　②とう明
③ない　④ある　⑤ある
⑥残る　⑦残る
(2)⑧固体

❷ (1)①保護めがね
(2)②3　③2
(3)④手

まとめ　①食塩水　②水　③固体

75ページ　練習のワーク

❶ (1)㋒　(2)㋓、㋔　(3)㋐、㋑
(4)固体

❷ (1)保護めがね
(2)㋑、㋔
(3)②、③、⑥、⑦、⑩に○

てびき ❶ (1)炭酸水はあわが出ているので、見た目でちがいがわかります。

(2)うすい塩酸とうすいアンモニア水は、つんとしたにおいのする水溶液です。

(3)(4)食塩水と重そう水は、固体がとけている水溶液なので、水を蒸発させると固体が残ります。炭酸水、うすい塩酸、うすいアンモニア水は、水を蒸発させると何も残りません。

❷ (1)(2)実験をするときは、薬品や水溶液が、皮ふについたり、目に入ったりしないように注意しましょう。ビーカーや試験管に水溶液を入れるときは、液がこぼれる危険があるので、入れすぎに注意しましょう。

(3)①②水溶液が手についたら、すぐに大量の水で洗いましょう。実験の後も手を洗いましょう。

⑤⑥水溶液を熱しているときは、水溶液にふくまれている気体が空気中に出ていったり、水溶液がはねたりすることがあるので、顔を近づけてはいけません。

⑦⑧水溶液から水を蒸発させる実験をするときは、必ず窓をあけて、かん気をすることが大切です。

⑨実験で使った水溶液は、流し場にすてず、決められた入れ物に集めます。

⑩ピペットは、使うたびに水でよく洗いましょう。きけんなので、液体が入ったままピペットの先を上に向けてはいけません。

76ページ　基本のワーク

❶ (1)①(線こうの)火が消える
(2)②(石灰水が)白くにごる
(3)③二酸化炭素
(4)④へこむ
(5)⑤とけた

まとめ　①炭酸水　②石灰水

77ページ　練習のワーク

❶ (1)何も残らない。　(2)ウ
(3)白くにごった。
(4)イ、ウ

❷ (1)へこむ。　(2)ア
(3)炭酸水

てびき ❶ (1)(2)炭酸水には二酸化炭素がとけています。気体がとけている水溶液の水を蒸発させると何も残りません。

(3)炭酸水から出るあわは二酸化炭素です。石灰水を入れてよくふると白くにごります。

(4)炭酸水、うすい塩酸、うすいアンモニア水などには気体がとけています。重そう水には、固体がとけています。

❷ (1)(2)ペットボトルの中の二酸化炭素が水にとけたため、ペットボトルがへこみます。

(3)二酸化炭素が水にとけてできた水溶液を炭酸水といいます。ペットボトルの中には炭酸水ができています。

わかる! 理科

気体のとけた水溶液の例
- 炭酸水…二酸化炭素がとけていて、においはない。
- うすい塩酸…塩化水素(えんかすいそ)がとけていて、つんとしたにおいがある。
- うすいアンモニア水…アンモニアがとけていて、つんとしたにおいがある。

特ちょう：水を蒸発させると何も残らない。

78ページ 基本のワーク

[1] (1)①赤　②青　③青
④赤　⑤赤　⑥青
(2)⑦青くなった。
(3)⑧中性　⑨アルカリ性　⑩酸性
⑪酸性

まとめ　①酸性　②アルカリ性　③中性

79ページ 練習のワーク

[1] ①酸性　②中性　③アルカリ性
④炭酸水　⑤食塩水
⑥うすいアンモニア水

[2] (1)赤色
(2)酸性、アルカリ性
(3)ピンセット
(4)ガラス棒
(5)②に○

[3] 黄色

てびき [1] 酸性の水溶液は、青色のリトマス紙を赤色に変える性質があります。アルカリ性の水溶液は、赤色のリトマス紙を青色に変える性質があります。中性の水溶液は、どちらのリトマス紙の色も変えません。

[2] リトマス紙には赤色と青色があり、その色の変化で、水溶液をなかま分けできます。リトマス紙は、手についていたあせなど、少しの物でも色が変わってしまうことがあるので、ピンセットで持ちましょう。ガラス棒を使って少量の水溶液をリトマス紙につけます。

[3] ムラサキキャベツの液で調べると、同じ酸性でも強い酸性と弱い酸性で色がちがい、アルカリ性でも、強いアルカリ性と弱いアルカリ性で色がちがいます。

80・81ページ まとめのテスト①

[1] (1)炭酸水
(2)うすいアンモニア水、うすい塩酸
(3)食塩水、重そう水
(4)気体
(5)①○　②○　③×　④×

[2] (1)へこむ。
(2)二酸化炭素が水にとけるから。
(3)炭酸水
(4)酸性

[3] (1)固体
(2)炭酸水
(3)二酸化炭素
(4)㋐重そう水　㋑食塩水
(5)イ

[4] (1)①赤くなる。　②変わらない。
③変わらない。　④変わらない。
⑤青くなる。　⑥変わらない。
(2)⑦酸　⑧アルカリ　⑨中

丸つけのポイント

[2] (2)二酸化炭素という言葉と、水にとけたということが両方書かれていれば正解です。

てびき [1] (1)炭酸水からはあわが出ています。これは、炭酸水にとけていた二酸化炭素が出てきたものです。うすいアンモニア水やうすい塩酸も気体がとけた水溶液ですが、炭酸水のようにあわは出ません。

(2)～(4)水溶液の水を蒸発させると、うすいアンモニア水とうすい塩酸では、つんとしたにおいがします。これはにおいのする気体がとけているからです。炭酸水はにおいがしません。食塩水と重そう水は固体がとけているので、水を蒸発させると固体が残ります。

(5)③水溶液のにおいは、手であおぐようにしてかぎます。

④使い終わった水溶液は、決められた入れ物に集めます。

[2] (1)(2)ペットボトルの中の二酸化炭素が水にとけてペットボトルがへこみます。

(3)(4)二酸化炭素がとけた水溶液を炭酸水といいます。炭酸水は酸性の水溶液です。

[3] (1)～(4)実験1より、㋐、㋑は固体がとけている水溶液なので食塩水と重そう水だとわかります。実験2より、㋒は炭酸水だとわかります。また、赤色のリトマス紙が青くなったことから、㋐はアルカリ性の重そう水だとわかり、㋑は食塩水だとわかります。

(5)実験3より、㋓と㋔はうすいアンモニア水とうすい塩酸だとわかります。うすいアンモニア水はアルカリ性、うすい塩酸は酸性の水溶液なので、BTB溶液の色の変化で区別できます。

[4] 酸性、中性、アルカリ性の水溶液をリトマス

紙につけたときの色の変化を確かめておきましょう。青色のリトマス紙と赤色のリトマス紙の両方の色の変化を調べることで、水溶液をなかま分けできます。

82ページ　基本のワーク
❶ (1)①あわを出してとける
　　②あわを出してとける
　(2)③変化が見られない
　　④変化が見られない

まとめ　①金属　②水

83ページ　練習のワーク
❶ (1)ア
　(2)あわを出してとける。
　(3)いえる。
　(4)鉄…とけない。
　　アルミニウム…とけない。
❷ (1)うすい塩酸…イ
　　水…イ
　(2)うすい塩酸…ア
　　水…イ
　(3)イ　　(4)イ

てびき❶ (1)(2)うすい塩酸を鉄(スチールウール)やアルミニウムに注ぐと、それぞれあわを出してとけます。このときに出るあわは、水素という気体です。
　(3)うすい塩酸には、鉄やアルミニウムなどの金属をとかすはたらきがあります。
　(4)水は、鉄やアルミニウムをとかしません。
❷ (1)(2)うすい塩酸は酸性の水溶液なので赤色のリトマス紙の色は変化せず、青色のリトマス紙が赤くなります。
　(3)(4)うすい塩酸は鉄をとかしますが、水は鉄をとかしません。このように、酸性の液体には、鉄をとかすものがあります。

84ページ　基本のワーク
❶ (1)①白色
　(2)②あわを出してとける。
　　③あわを出さずにとける。
　(3)④とける。
　(4)⑤別の物
　(5)⑥ある

まとめ　①もとの金属　②別

85ページ　練習のワーク
❶ (1)ア　　(2)とける。
　(3)イ　　(4)イ
　(5)いえる。
❷ (1)あわを出してとける。
　(2)イ
　(3)別の物
　(4)イ

てびき❶ (1)～(4)アルミニウムはうすい銀色でつやがあり、塩酸を加えるとあわを出してとけます。塩酸にアルミニウムがとけた液から水を蒸発させて出てきた固体は白色で、塩酸にあわを出さないでとけます。また、アルミニウムは水にとけませんが、出てきた固体は水にとけます。このように、色、塩酸や水を注いだときのようすがちがうのでアルミニウムと出てきた固体は、別の物だとわかります。
❷ 鉄はこい銀色でつやがあり、塩酸にあわを出してとけます。塩酸に鉄がとけた液から水を蒸発させて出てきた固体は、黄色で、塩酸にあわを出さないでとけます。このように、色、塩酸を注いだときのようすがちがうので、出てきた固体は、もとの鉄とは別の物に変化しています。

86・87ページ　まとめのテスト❷
1 (1)ウ
　(2)変化が見られない。(とけない。)
　(3)あわを出してとける。
　(4)あわを出してとける。
　(5)水…ない。
　　塩酸…ある。
　(6)水…ない。
　　塩酸…ある。
2 (1)イ　　(2)エ

3 (1)アルミニウム…あわを出してとける。
固体㋐…あわを出さずにとける。
(2)アルミニウム…とけない。
固体㋐…とける。
(3)別の物
(4)固体㋑
(5)別の物
(6)別の物に変化させるはたらき

4 (1)㋐イ　㋑ア　㋒エ　㋓ウ
(2)あわを出さずにとける。

丸つけのポイント

3 (6)ちがう物に変えるはたらき、などと書いても正解です。

てびき 1 塩酸には鉄やアルミニウムをとかすはたらきがあります。水には鉄やアルミニウムをとかすはたらきはありません。塩酸を注ぐと、鉄やアルミニウムは、あわを出しながらとけます。

2 アルミニウムはうすい銀色、鉄はこい銀色の固体です。塩酸にアルミニウムや鉄がとけた液から水を蒸発させて出てきた固体は、もとの金属とはちがう色をしています。また、もとの金属にあったつやもなくなっています。

3 (1)(4)アルミニウムや鉄に塩酸を注ぐと、どちらもあわを出してとけますが、固体㋐や固体㋑に塩酸を注ぐと、どちらもあわを出さずにとけます。

(2)アルミニウムに水を注いでも、変化は見られませんが、固体㋐に水を注ぐと、あわを出さずにとけます。

(3)(5)見た目と塩酸や水を注いだときのようすなどから、アルミニウムと固体㋐、鉄と固体㋑はそれぞれ別の物といえます。

(6)アルミニウムも鉄も塩酸によって別の物に変化したので、塩酸には、アルミニウムや鉄などの金属を別の物に変化させるはたらきがあると考えられます。

4 (1)実験3の結果から、㋐と㋑の液は、水か、気体がとけた塩酸と考えられます。実験1の結果で、アルミニウムがあわを出してとけたことから、㋐の液は塩酸だとわかります。実験2の結果から、㋑の液は水だとわかります。また、実験3で出てきた固体の色から、㋒の液はアルミニウムが塩酸にとけた液、㋓の液は鉄が塩酸にとけた液だとわかります。

(2)㋒は、アルミニウムが塩酸にとけた液で、その液から水を蒸発させて出てきた固体は、アルミニウムとは別の物である白色の固体です。この白色の固体に塩酸である㋐を加えたので、固体はあわを出さずにとけます。

11　地球に生きる

88ページ **基本のワーク**

1 ①すめなくなる　②ガソリン
③健康　④植物

まとめ　①空気　②減少

89ページ **練習のワーク**

1 (1)㋐、㋑
(2)㋒、㋓

2 (1)よごれる。
(2)二酸化炭素
(3)イ
(4)イ

3 ①×　②○　③○　④○

てびき 1 (1)水は、㋐のように、食器やいろいろな物を洗うために使われます。また、㋑のように、工場などでは、物をつくるときなどにも大量に使われています。

(2)空気は、人が呼吸をするのになくてはならない物です。そのほかに、物が燃えるときに使われます。㋒のように、自動車が、ガソリンや軽油などを燃やして走るときに出る気体は、空気をよごす原因の1つになっていると考えられています。また、㋓のように、調理実習では、ガスこんろを使います。ガソリンを燃やしたり、ガスこんろで火を使ったりすると、空気中に二酸化炭素などを出します。

2 (1)家庭や工場で使われた水を、そのまま川に流すと、川の水のよごれがひどくなります。何も対策をしないと、よごれた水が原因で、いやなにおいがしたり、水にすむ魚などがすめる場所が減ったりします。

(2)化石燃料の大量消費による空気中の二酸化炭素の増加が、地球の気温が上がる主な原因だと考えられています。

(3)(4)多くの木材を切り出したり、開発のために森林の木を切ったり燃やしたりすると、森林が減少します。森林が減少すると、植物が少なくなったり、野生の動物のすむ場所がなくなったりします。その結果、さまざまな生き物が生きていけなくなります。

3 ①海をうめ立てたり、森林の木を切ったりすると、そこにすんでいた植物や動物のすむところがなくなります。

③はい気ガスで空気がよごれます。

④地球の平均気温が上がると、海水の体積が大きくなったり陸地の氷がとけたりして、海水面が上しょうして島がしずんでしまうことが心配されています。

90ページ 基本のワーク

1 (1)①下水処理場　②化石燃料
③二酸化炭素　④風力発電
⑤自転車
(2)⑥地震　⑦こう水

まとめ ①環境　②噴火

91ページ 練習のワーク

1 (1)石油や石炭
(2)太陽光発電
(3)二酸化炭素
(4)下水処理場
(5)地震　(6)清そう活動
(7)自転車　(8)水力発電

2 (1)ウ　(2)ウ

てびき 1 (1)(2)(8)風力発電、太陽光発電、水力発電は、石油や石炭などの化石燃料を燃やすことがなく、二酸化炭素を出さない発電方法です。

(5)地震のゆれで建物がくずれないように、補強工事が行われています。液状化現象などへの対策も重要です。

(6)清そう活動によって川や海をきれいにすることで、生き物がすむ環境を守ることができます。

2 (1)台風などで大雨が降ると、川の水があふれて、こう水になることがあります。そのため、こう水をふせぐために、水をためるしせつをつくったり、河川敷(かせんじき)に水をためられるようにしたりしています。

92・93ページ まとめのテスト

1 (1)下水処理場
(2)イ
(3)ア

2 (1)上がってきている。
(2)ア
(3)ア、ウ
(4)化石燃料
(5)二酸化炭素

3 (1)①㋒　②㋐　③㋑
(2)①、②に○

4 (1)ウ
(2)地震のゆれで建物がくずれないようにするため。
(3)ためる。

丸つけのポイント

4 (2)地震のゆれの対策であることが書かれていれば正解です。

てびき 1 (1)(2)下水処理場で処理した水は、川にもどしています。

(3)下水処理場がないと、よごれた水がそのまま川や海に流れこみ、水の中の植物や動物がすめなくなってしまいます。

2 (1)(2)(4)地球の気温は上がってきています。この理由はまだはっきりしてはいませんが、空気中の二酸化炭素がふえ、地球から宇宙に出ていくはずの熱が出ていかなくなることが原因の１つではないかと考えられています。二酸化炭素がふえているのは、化石燃料を大量に消費していることによると考えられています。

(3)地球の気温が上がると、北極や南極の氷がとけたり、海水の体積が大きくなって海水面が上しょうしたりすると考えられます。そのため、今陸地になっている場所が海水面の下にしずんでしまうことが心配されています。

3 (1)①風力発電は、風の力でプロペラを回して発電するため、化石燃料を使わずに発電できます。

②木を切りすぎてあれた森林や、計画的に木を切り出した部分に、もともと生えていた種類の植物のなえ木を植えると、森林の減少をおさえることができます。

③電気自動車は、見た目ではガソリンで走る

自動車とあまり区別はつきませんが、はい気ガスを出しません。

⑵③農地やダムは必要な場合もありますが、森林の木を切り出すには、いろいろなえいきょうをよく考える必要があります。

④観光を優先すると、自然が守られないことが多くあります。貴重な自然は、国立公園にしたり、開発を規制したりして保護する必要があります。

4 ⑴SDGs(持続可能な開発目標)は、2015年に国際連合の会議でかかげられたもので、17の目標があります。

⑶こう水を防ぐため、あふれそうになった川の水を一時的にためる地下のしせつがつくられている地域もあります。

プラスワーク

94〜96ページ **プラスワーク**

1 ⑴酸素　⑵二酸化炭素
⑶窓をあけてかん気する。
⑷消える。　⑸空気　⑹ア

2 ⑴酸素　⑵二酸化炭素　⑶呼吸
⑷肺　⑸酸素

3 ⑴赤く染まる。
⑵ある。
⑶根を青い色水に入れておく方法。

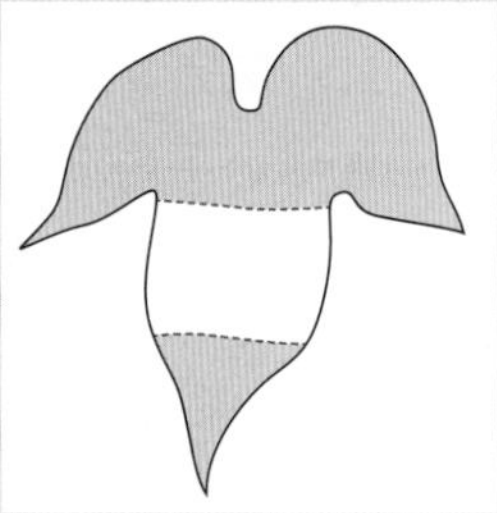

4 ⑴右図
⑵でんぷん

5 ⑴太陽のある側　⑵右側
⑶

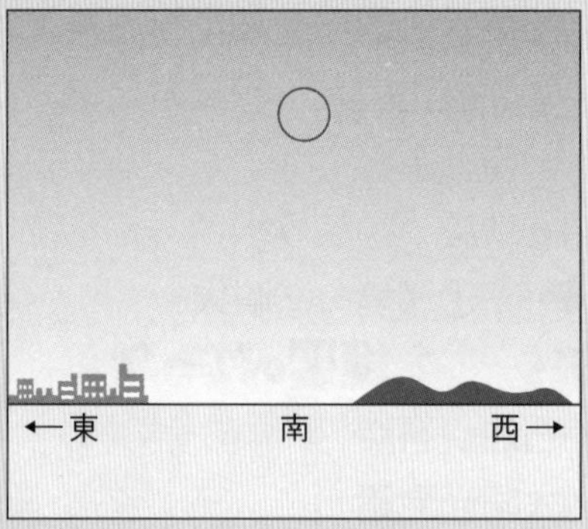

⑷

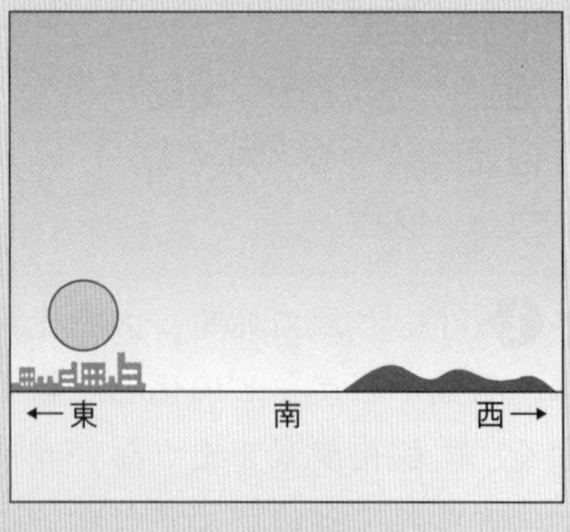

6 ⑴短くする。　⑵長くする。
⑶㋐　⑷㋐　⑸㋐

7 ⑴光電池に光を当てる。
手回し発電機のハンドルを回す。
⑵発光ダイオード…光　ラジオ…音
⑶少ない電気で明かりをつけられる点

8 ⑴あわを出してとける。
⑵あわを出してとける。
⑶塩酸が容器をとかしてしまうから。
⑷とかさない。

1 (3)窓をしめていると、酸素が少なくなってしまいます。実験をするときは、窓をあけ、かん気をするようにしましょう。

(4)～(6)物が燃え続けるためには、空気が絶えず入れかわる必要があります。燃えている物にぬれたぞうきんをかぶせたり、アルコールランプにふたをしたりすると、空気が入れかわらず、火が消えます。(6)の**イ**や**ウ**では、ガスや木などの燃える物がなくなって、火が消えます。

2 私たちは、絶えず呼吸をして、酸素をとり入れ、二酸化炭素を出しています。しめきった部屋では空気が入れかわらず、酸素が減って二酸化炭素がふえてしまいます。必ず定期的にかん気をして、部屋の中の酸素が少なくなりすぎないように注意しましょう。

3 (1)(2)植物がとり入れた水は、水の通り道を通って、からだ全体に運ばれます。この通り道は花にもあります。水の通り道は赤く染まるので、花も赤く染まります。

(3)水の通り道が花にもあることから、水の色を青くしておくと、水の通り道が青色に染まり、花が青色になると考えられます。

4 アルミニウムはくは日光を通しません。そのため、アルミニウムはくでおおった部分にはでんぷんができません。ヨウ素液にひたすと、でんぷんがあるところだけ色が変化します。

5 (2)日ぼつ直後に見られる半月は、右側(太陽のしずんだ西側)が光って見える半月です。左側が光って見える半月は、午前中に見られます。

(3)右側が光って見える半月は、日ぼつ直後、南の空に見えます。

(4)月が太陽と反対側にあるときに見られるのは、満月です。日ぼつ直後、満月は東からのぼります。

6 (1)(2)支点と作用点の間のきょりを短く、支点と力点の間のきょりを長くすると、より小さい力で物を持ち上げることができます。

(3)～(5)支点を㋐の方向に動かすと、支点と作用点の間のきょりが短くなるだけでなく、支点と力点の間のきょりが長くなるので、より小さい力で物を持ち上げることができます。

7 (1)図のかい中電灯は、光電池と手回し発電機がついているので、これらを使って発電することができます。

(2)発光ダイオードでは電気が光に、ラジオでは電気が音に変えられます。

(3)発光ダイオードは、電球に比べて、少ない電気で明かりをつけることができます。

8 塩酸は、アルミニウムや鉄などの金属をとかす性質があります。そのため、塩酸を保存するときに金属製の容器に入れると、容器そのものがとけてしまいます。塩酸はガラスをとかさないので、ガラスのびんで保存することができます。

実力判定テスト 夏休みのテスト①

1 次の図のように、底のない集気びんを用意し、中でろうそくを燃やしました。あとの問いに答えましょう。 1つ4〔16点〕

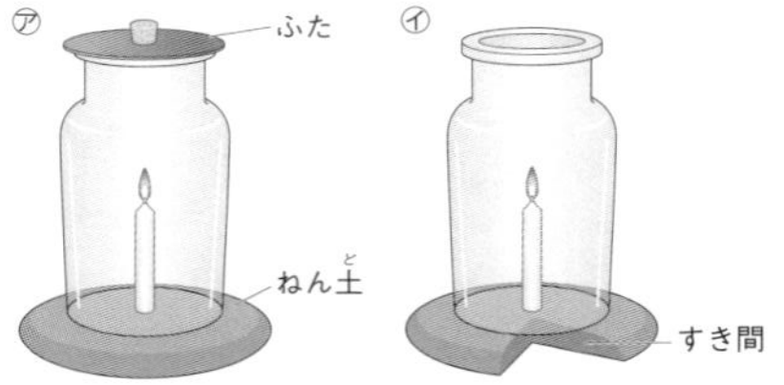

㋐
ふた
ねん土
㋑
すき間

(1) ㋐で、ろうそくは燃え続けますか、火が消えますか。（ 火が消える。 ）

(2) ㋑で、ろうそくは燃え続けますか、火が消えますか。（ 燃え続ける。 ）

(3) ㋑で、下のすき間に線こうのけむりを近づけると、けむりはびんに入っていきますか。（ 入っていく。 ）

(4) 物が燃え続けるには、どのようなことが必要ですか。（ 常に空気が入れかわること ）

2 次の図のような酸素、ちっ素、二酸化炭素を集めたそれぞれのびんに、火のついたろうそくを入れ、燃えるようすを調べました。あとの問いに答えましょう。 1つ8〔24点〕

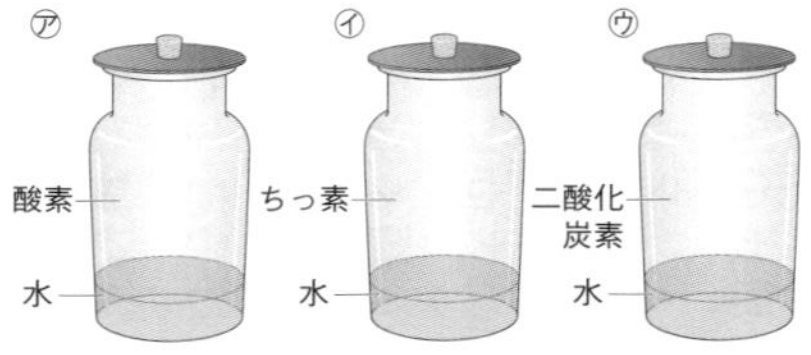

㋐
㋑
㋒
酸素
水
ちっ素
水
二酸化炭素
水

(1) ろうそくが激しく燃えるのは、㋐〜㋒のどれですか。（ ㋐ ）

(2) 酸素には、どのようなはたらきがありますか。（ 物を燃やすはたらき ）

(3) ちっ素や二酸化炭素に、(2)のはたらきはありますか。（ ない。 ）

3 人のからだのつくりとはたらきについて、あとの問いに答えましょう。 1つ4〔40点〕

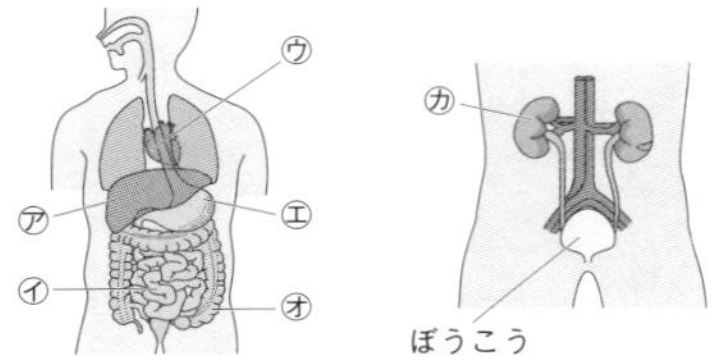

㋒
㋐
㋓
㋑
㋔
㋕
ぼうこう

(1) ㋐〜㋕の臓器をそれぞれ何といいますか。

㋐（ 肝臓 ） ㋑（ 小腸 ）
㋒（ 心臓 ） ㋓（ 胃 ）
㋔（ 大腸 ） ㋕（ 腎臓 ）

(2) 次のはたらきをしている臓器を、それぞれ㋐〜㋕から選びましょう。

① 消化された養分を吸収する。（ ㋑ ）
② 血液を全身に送り出す。（ ㋒ ）
③ 血液によって運ばれたいらなくなった物を、血液の中からとり除く。（ ㋕ ）
④ 消化液の胃液が出される。（ ㋓ ）

4 次の図のように、㋐には吸う空気、㋑にははき出した空気を集めました。あとの問いに答えましょう。 1つ4〔20点〕

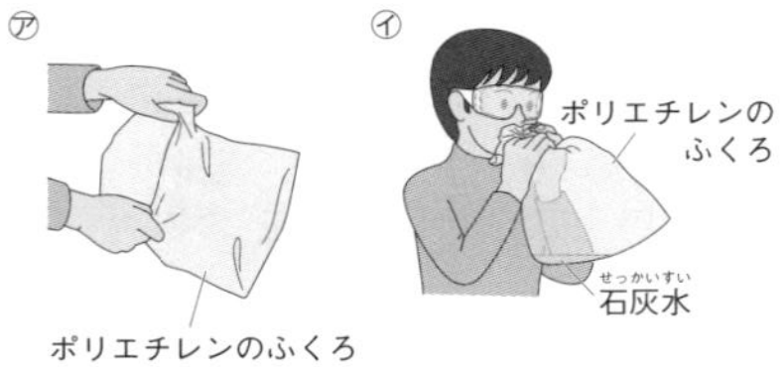

㋐
㋑
ポリエチレンのふくろ
ポリエチレンのふくろ
石灰水

(1) ㋐、㋑のふくろに石灰水を入れてよくふると、石灰水はそれぞれどうなりますか。

㋐（ 変化しない。 ） ㋑（ 白くにごる。 ）

(2) 次の（ ）に当てはまる言葉を書きましょう。

人は空気を吸ったりはき出したりして、肺で空気中の①（ 酸素 ）を血液にとり入れ、血液から②（ 二酸化炭素 ）を出す。このことを③（ 呼吸 ）という。

実力判定テスト 夏休みのテスト②

1 次の図1のように、ほり上げたホウセンカを色水に入れてしばらくおきました。あとの問いに答えましょう。 1つ8〔16点〕

図1

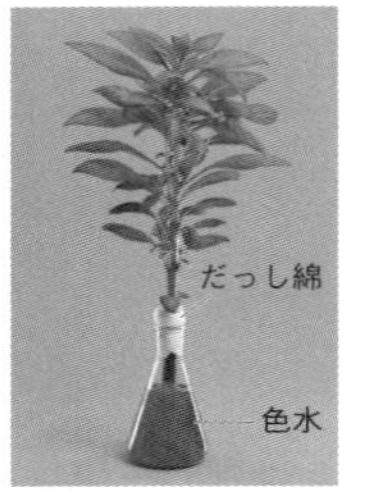

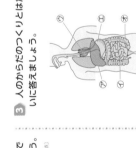

だっし綿
色水

図2

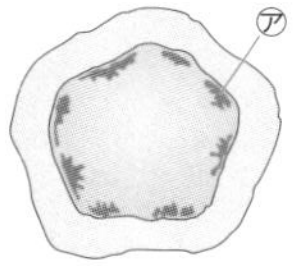

㋐

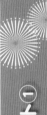

(1) 水はどのような順で植物のからだ全体に運ばれますか。根、くき、葉を正しい順に並べましょう。

（ 根 → くき → 葉 ）

(2) 図2はくきを横に切ったようすを表したものです。赤く染まっている㋐は、何の通り道ですか。（ 水 ）

2 晴れた日に、葉がついたホウセンカと葉をとったホウセンカにポリエチレンのふくろをかぶせ、しばらくおきました。あとの問いに答えましょう。 1つ9〔36点〕

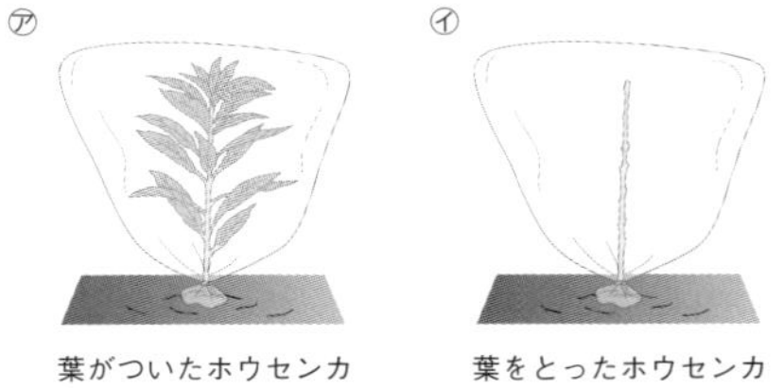

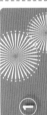

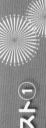

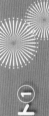

㋐
㋑
葉がついたホウセンカ
葉をとったホウセンカ

(1) ㋐、㋑のうち、ふくろの内側に多くの水てきがついたのはどちらですか。（ ㋐ ）

(2) ふくろについた水てきの量のちがいから、植物にとり入れられた水は、主にどこから出ていくと考えられますか。（ 葉 ）

(3) 植物のからだの中の水は、何になって(2)から空気中に出ていきますか。（ 水蒸気 ）

(4) 水が植物のからだから(3)になって空気中に出ていくことを、何といいますか。（ 蒸散 ）

3 次の図のように、㋐〜㋒の葉におおいをし、一晩おきました。次の日の朝、㋐、㋑のおおいをはずし、㋐をとってヨウ素液にひたしました。㋑、㋒はそのまま日光に4〜5時間当てた後、とってヨウ素液にひたしました。あとの問いに答えましょう。 1つ8〔24点〕

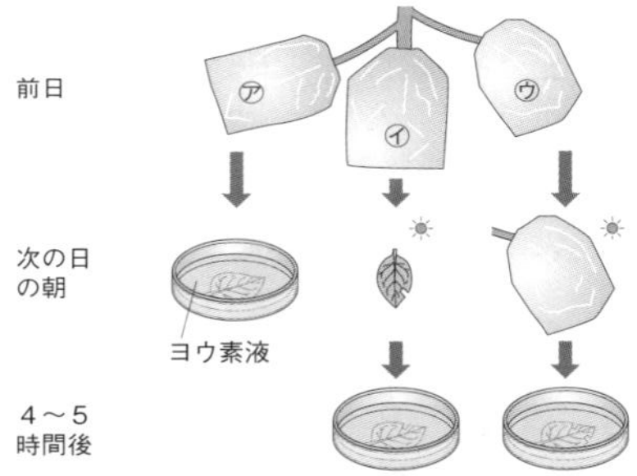

前日
㋐
㋑
㋒
次の日の朝
ヨウ素液
4〜5時間後

(1) ヨウ素液を使うと、何という養分があるかどうかを調べることができますか。（ でんぷん ）

(2) ㋐〜㋒のうち、葉の緑色をぬいた後ヨウ素液にひたすと色が変化するのはどれですか。（ ㋑ ）

(3) 葉に(1)ができるためには、何が当たることが必要ですか。（ 日光 ）

4 生き物どうしのかかわりについて、あとの問いに答えましょう。 1つ8〔24点〕

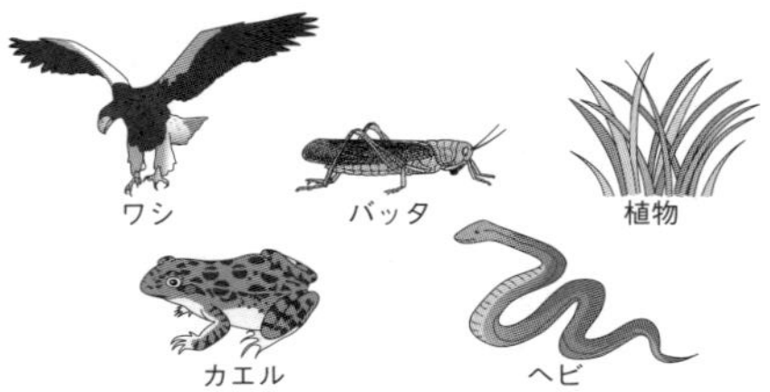

ワシ
バッタ
植物
カエル
ヘビ

(1) 植物は自分で養分をつくることができますか。（ できる。 ）

(2) 動物はどのようにして養分をとり入れますか。（ 植物やほかの動物を食べてとり入れる。 ）

(3) 図の生き物は、「食べる」「食べられる」という関係でつながっています。このようなつながりを何といいますか。（ 食物連鎖 ）

もんだいのてびきは 32 ページ

実力判定テスト　冬休みのテスト①

1 月の形の見え方と位置について、あとの問いに答えましょう。　1つ4〔40点〕

図1
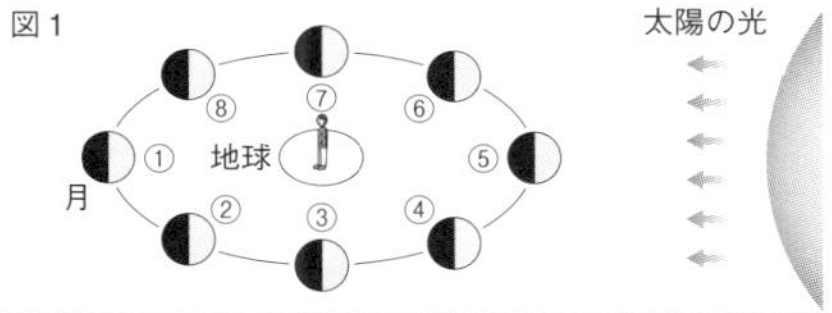
太陽の光
地球
月
①
②
③
④
⑤
⑥
⑦
⑧

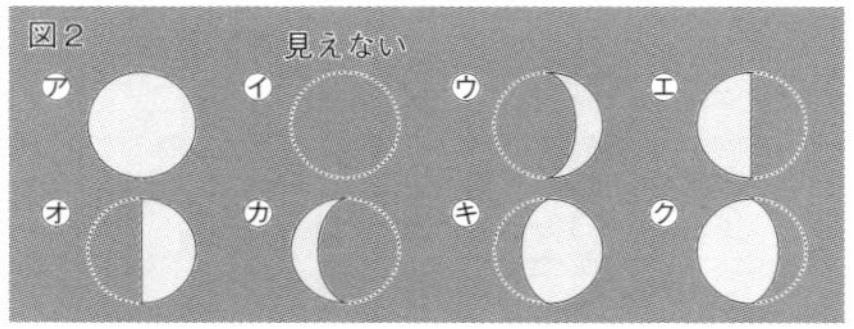
図2
見えない
㋐
㋑
㋒
㋓
㋔
㋕
㋖
㋗

(1) 図1の①～⑧の位置にある月は、地球からはどのような形に見えますか。それぞれ図2の㋐～㋗から選びましょう。
①（㋐）②（㋗）③（㋓）④（㋕）
⑤（㋑）⑥（㋒）⑦（㋔）⑧（㋖）

(2) 月の光って見える側には、いつも何がありますか。（太陽）

(3) 月の形が、日によって変わって見えるのは、なぜですか。
（太陽と月の位置関係が変わるから。）

2 次の写真は、地層から採取した岩石を表しています。あとの問いに答えましょう。　1つ4〔16点〕

㋐主にどろ　㋑主に砂　㋒主にれき

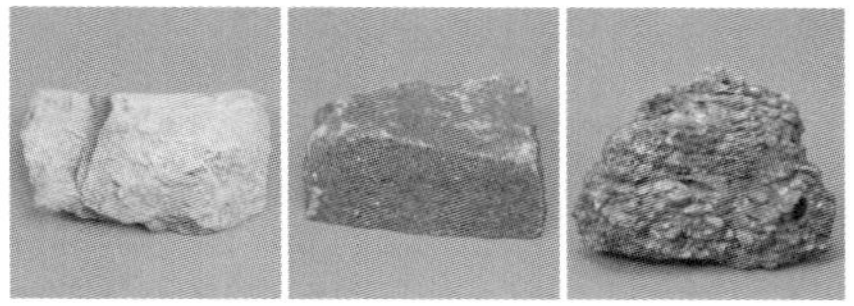

(1) ㋐～㋒の岩石の名前をそれぞれ書きましょう。
㋐（でい岩）
㋑（砂岩）
㋒（れき岩）

(2) ㋐～㋒の岩石をふくむ地層は、何のはたらきで堆積しましたか。（水のはたらき）

3 次の図1は、ある地層を観察したものです。図2は、図1のある層から採取した土を観察したものです。あとの問いに答えましょう。　1つ5〔20点〕

図1
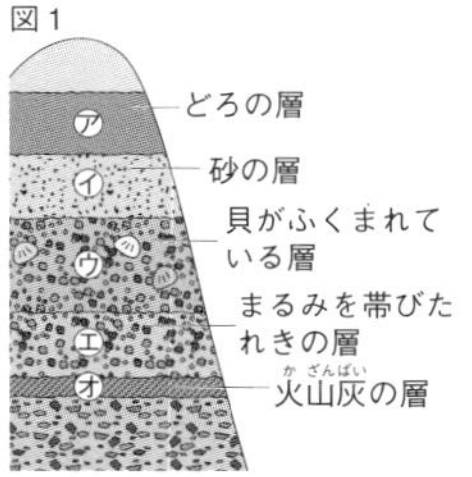
どろの層
砂の層
貝がふくまれている層
まるみを帯びたれきの層
火山灰の層
㋐
㋑
㋒
㋓
㋔

図2
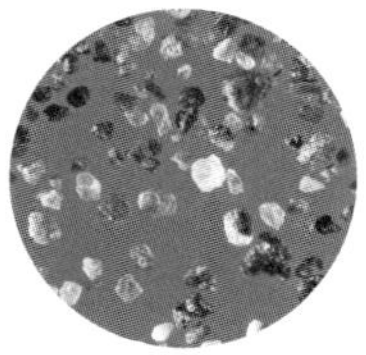

(1) 図2は、図1の㋐～㋔のうち、どの層のつぶを観察したものですか。（㋔）

(2) 図1の㋒で見られた貝のように、地層から見つかる、大昔の生き物のからだなどが残った物を何といいますか。（化石）

(3) 次の①～④のうち、火山のはたらきでできた地層にふくまれる物を2つ選び、○をつけましょう。
①（　）まるみを帯びているれき
②（○）ごつごつと角ばった石
③（○）小さなあながたくさんあいた石
④（　）貝など、大昔の生き物のからだが残った物

4 火山の噴火や地震について、あとの問いに答えましょう。　1つ8〔24点〕

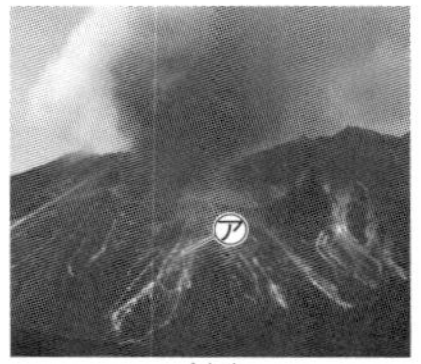
㋐

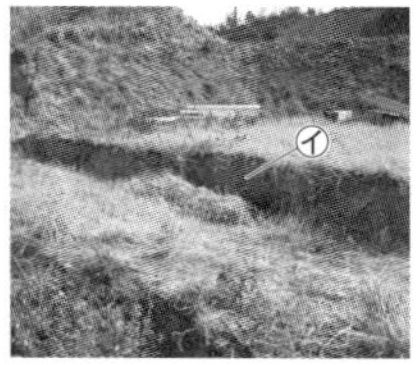
㋑

(1) 火山が噴火すると火口からふき出される㋐を何といいますか。（溶岩）

(2) ㋑のような地層がずれている部分を何といいますか。（断層）

(3) 火山の噴火や地震が起きると、大地のようすが変化することがありますか。（ある。）

実力判定テスト　冬休みのテスト②

1 てこについて、あとの問いに答えましょう。　1つ4〔24点〕

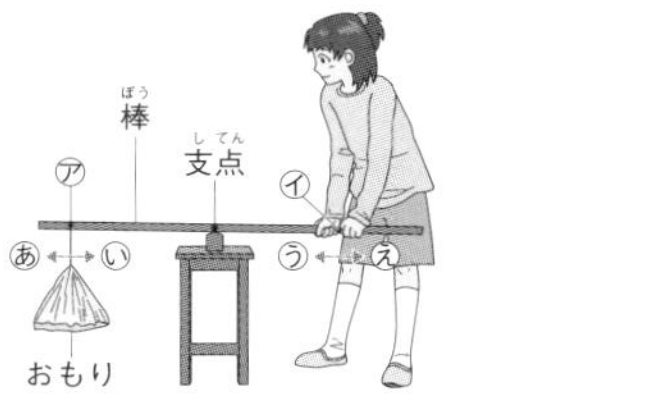
棒
支点
おもり
㋐
㋑
[あ]
[い]
[う]
[え]

(1) ㋐、㋑の位置をそれぞれ何といいますか。
㋐（作用点）㋑（力点）

(2) ㋐の位置を変えて手ごたえを小さくしたいとき、[あ]、[い]のどちらに動かしますか。（[い]）

(3) ㋑の位置を変えて手ごたえを小さくしたいとき、[う]、[え]のどちらに動かしますか。（[え]）

(4) 次の①～④のうち、より小さい力でおもりを持ち上げることができる方法を2つ選び、○をつけましょう。
①（　）支点と㋐の間のきょりを長くする。
②（○）支点と㋐の間のきょりを短くする。
③（○）支点と㋑の間のきょりを長くする。
④（　）支点と㋑の間のきょりを短くする。

2 次の図で、右のうでにおもりをつるして、てこを水平につり合わせるとき、表に当てはまる数字を書きましょう。　1つ8〔24点〕

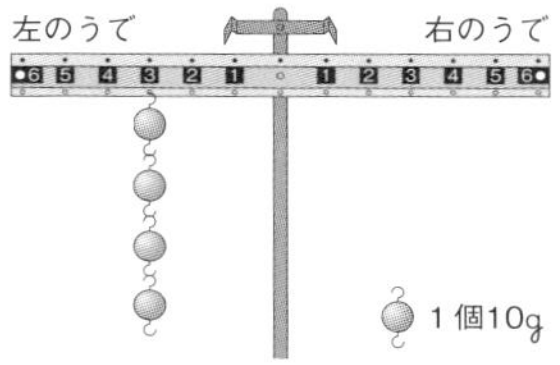
左のうで
右のうで
6 5 4 3 2 1
1 2 3 4 5 6
1個10g

	左のうで	右のうで		
おもりの位置	3	2	② 4	6
おもりの重さ(g)	40	① 60	30	③ 20

3 次の図で、手回し発電機のハンドルを回したり、光電池に日光を当てたりすると、豆電球に明かりがつきました。あとの問いに答えましょう。　1つ6〔12点〕

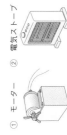

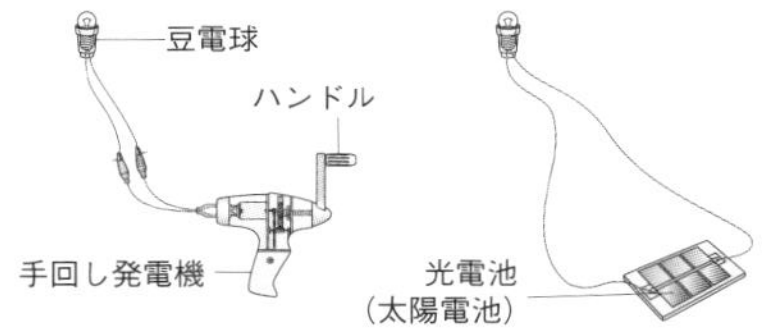
豆電球
ハンドル
手回し発電機
光電池
（太陽電池）

(1) 図のように、電気をつくることを何といいますか。（発電）

(2) 光電池に日光を当てるのをやめると、豆電球に明かりはつきますか。（つかない。）

4 電気の利用について、あとの問いに答えましょう。　1つ8〔16点〕

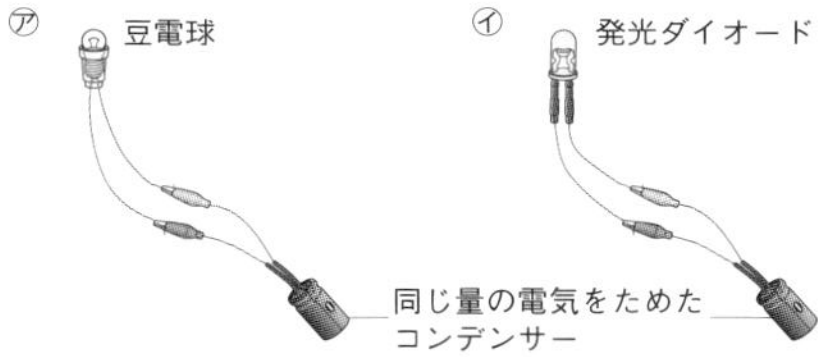
㋐
豆電球
㋑
発光ダイオード
同じ量の電気をためたコンデンサー

(1) 図の㋐、㋑のうち、長い時間明かりがついていたのはどちらですか。（㋑）

(2) 同じ時間明かりをつけたとき、豆電球に比べて、発光ダイオードが使う電気の量は多いですか、少ないですか。（少ない。）

5 次の①～③の電気製品は、電気を何に変えて利用していますか。下の〔　〕から選んで書きましょう。　1つ8〔24点〕

① モーター　② 電気ストーブ　③ 電子オルゴール

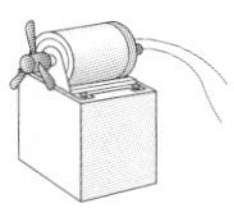

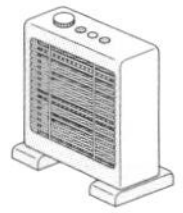

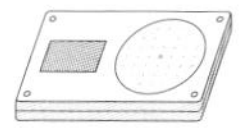

①（運動）②（熱）③（音）
〔 熱　音　運動 〕

もんだいのてびきは 32 ページ

実力判定テスト 学年末のテスト①

1 ㋐～㋓の試験管には、それぞれうすい塩酸、食塩水、炭酸水、うすいアンモニア水が入っています。あとの問いに答えましょう。 1つ4〔16点〕

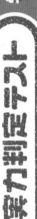

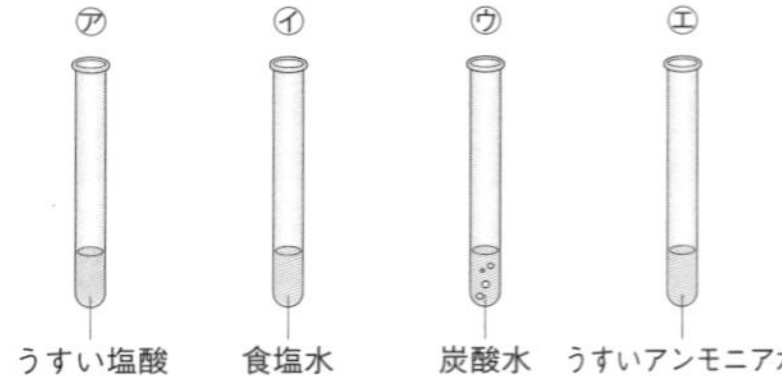
㋐
㋑
㋒
㋓
うすい塩酸
食塩水
炭酸水
うすいアンモニア水

(1) ㋐～㋓の水溶液のうち、あわが出ているものを選びましょう。 （ ㋒ ）

(2) ㋐～㋓の水溶液のうち、においのするものを2つ選びましょう。 （ ㋐ ）（ ㋓ ）

(3) ㋐～㋓の水溶液のうち、水を蒸発させると白い固体が残るものを選びましょう。 （ ㋑ ）

2 リトマス紙を使って、水溶液を3つになかま分けしました。あとの問いに答えましょう。 1つ5〔35点〕

㋐	赤色のリトマス紙だけが青色に変わる。
㋑	どちらのリトマス紙も色が変わらない。
㋒	青色のリトマス紙だけが赤色に変わる。

(1) リトマス紙の使い方について、正しいものを2つ選び、○をつけましょう。

①（ ）リトマス紙は手で直接持つ。

②（ ○ ）リトマス紙はピンセットで持つ。

③（ ○ ）ガラス棒でリトマス紙に水溶液をつける。

④（ ）リトマス紙を直接水溶液につける。

(2) ㋐～㋒は、それぞれ何性の水溶液ですか。

㋐（ アルカリ性 ）

㋑（ 中性 ）

㋒（ 酸性 ）

(3) うすい塩酸と食塩水には、それぞれ㋐～㋒のどの性質がありますか。

うすい塩酸（ ㋒ ） 食塩水（ ㋑ ）

3 次の図のように、アルミニウムにうすい塩酸を注いでしばらくおいた後、できた液を熱しました。あとの問いに答えましょう。 1つ7〔21点〕

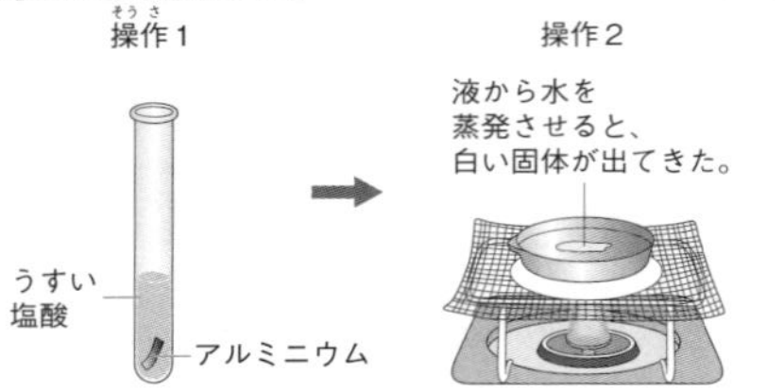
操作1
操作2
液から水を蒸発させると、白い固体が出てきた。
うすい塩酸
アルミニウム

(1) 操作1で、アルミニウムにうすい塩酸を注ぐと、アルミニウムはどうなりますか。ア～ウから選びましょう。 （ イ ）

ア あわを出さずにとける。

イ あわを出してとける。

ウ 変化が見られない。

(2) 操作2で出てきた固体を試験管にとり、うすい塩酸を注ぐと、固体はどうなりますか。(1)のア～ウから選びましょう。 （ ア ）

(3) 操作2で出てきた固体は、アルミニウムと同じ物ですか、別の物ですか。 （ 別の物 ）

4 次のうち、環境を守るためのとり組みや、災害を防ぐためのとり組みの例として、正しいものに○、まちがっているものに×をつけましょう。 1つ4〔28点〕

①（ × ）開発のために、森林の木をたくさん切ったり燃やしたりする。

②（ ○ ）生活などで出たよごれた水を、下水処理場できれいにしてから川に流す。

③（ ○ ）二酸化炭素を出さない電気自動車を利用する。

④（ × ）風力発電や太陽光発電ではなく、化石燃料を燃やして発電する。

⑤（ × ）地震のゆれで建物が燃えないように、金属の骨組みで補強工事をする。

⑥（ ○ ）買い物に行くときは、エコバッグを持って行く。

⑦（ ○ ）こう水を防ぐために、一時的に水をためるしせつをつくる。

実力判定テスト 学年末のテスト②

1 次の図のように、ご飯つぶを湯にもみ出して㋐、㋑のふくろに入れ、㋐には水をしみこませた綿棒、㋑にはだ液をしみこませた綿棒を入れました。そして、㋐、㋑を約40℃の湯につけた後、それぞれにうすいヨウ素液を入れました。あとの問いに答えましょう。 1つ8〔32点〕

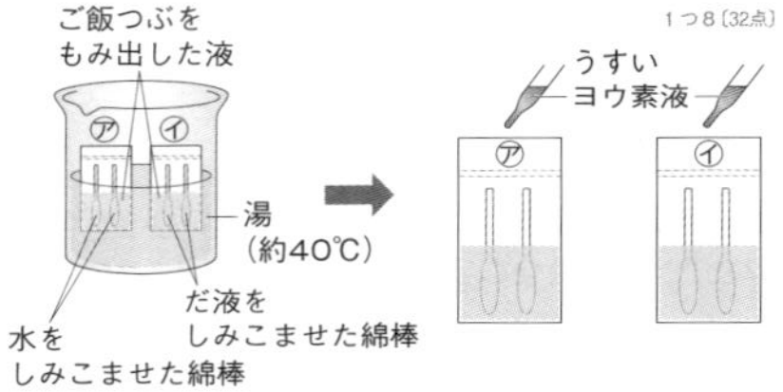
ご飯つぶをもみ出した液
㋐
㋑
湯（約40℃）
水をしみこませた綿棒
だ液をしみこませた綿棒
うすいヨウ素液

(1) それぞれのふくろにうすいヨウ素液を入れたとき、液の色が変わるのは、㋐、㋑のどちらですか。 （ ㋐ ）

(2) でんぷんがふくまれているのは、㋐、㋑のどちらですか。 （ ㋐ ）

(3) 次の文の（ ）に当てはまる言葉を書きましょう。

でんぷんは①（ だ液 ）のはたらきで、別の物に変化する。このように、食べ物をからだに吸収されやすい養分に変えるはたらきを、②（ 消化 ）という。

2 水の中の生き物どうしのつながりについて、あとの問いに答えましょう。 1つ9〔18点〕

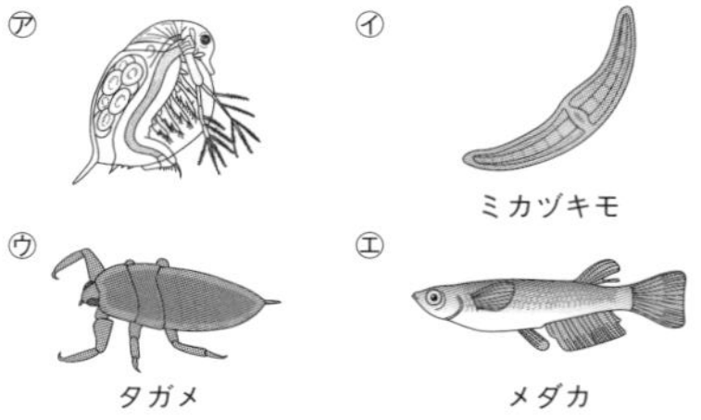
㋐
㋑
ミカヅキモ
㋒
タガメ
㋓
メダカ

(1) ㋐の生き物を、何といいますか。 （ ミジンコ ）

(2) ㋐～㋓の生き物を、食べられる生き物から食べる生き物の順に並べましょう。

（ ㋑ → ㋐ → ㋓ → ㋒ ）

3 次の図のような装置を使い、水を流して土を水そうに流しこみました。しばらくして、もういちど同じように土を流しこみ、少し待って土の積もり方を調べました。あとの問いに答えましょう。 1つ9〔18点〕

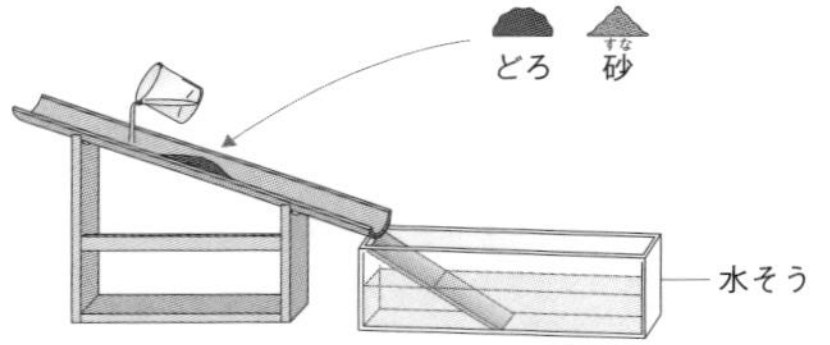
どろ
砂
水そう

(1) 2回目に土を流し、しばらく待った後の水そうのようすを、㋐～㋒から選びましょう。 （ ㋒ ）

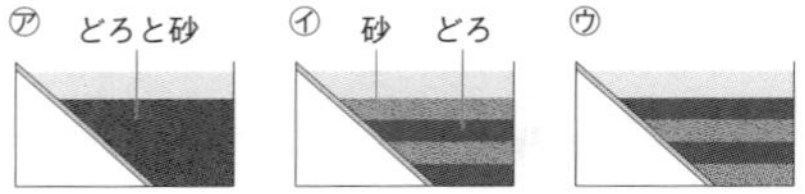
㋐ どろと砂
㋑ 砂 どろ
㋒

(2) 水のはたらきでできた地層の中のれきは、まるみを帯びていますか、角ばっていますか。

（ まるみを帯びている。 ）

4 次の図のてこを利用した道具について、あとの問いに答えましょう。 1つ8〔32点〕

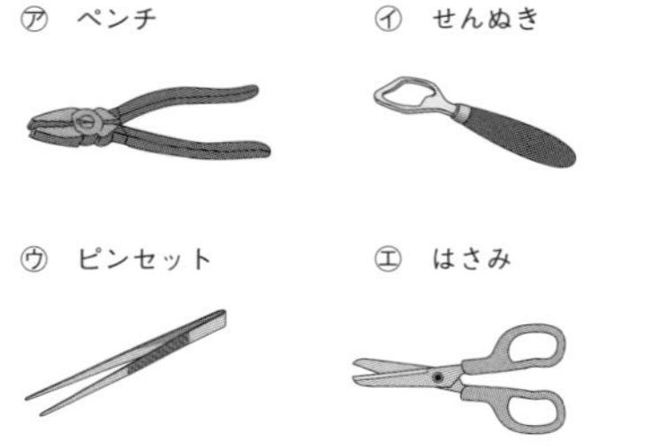
㋐ ペンチ
㋑ せんぬき
㋒ ピンセット
㋓ はさみ

(1) ㋐～㋓のうち、支点が力点と作用点の間にある道具はどれですか。2つ選びましょう。 （ ㋐ ）（ ㋓ ）

(2) ㋐～㋓のうち、作用点が支点と力点の間にある道具はどれですか。 （ ㋑ ）

(3) ㋐～㋓のうち、力点が支点と作用点の間にある道具はどれですか。 （ ㋒ ）

もんだいのてびきは 32 ページ

実力判定テスト かくにん! 実験器具の使い方

[けんび鏡の使い方]

1 けんび鏡の使い方について、次の①～③の□に当てはまる言葉を書きましょう。

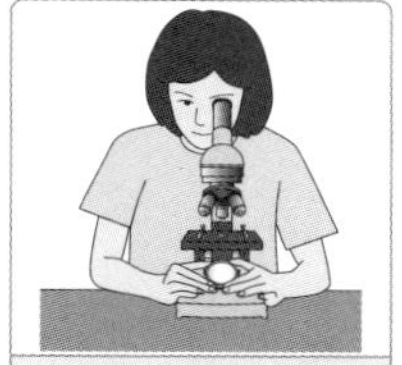

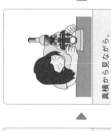

いちばん低い倍率にする。①［接眼レンズ］をのぞきながら反射鏡を動かす。

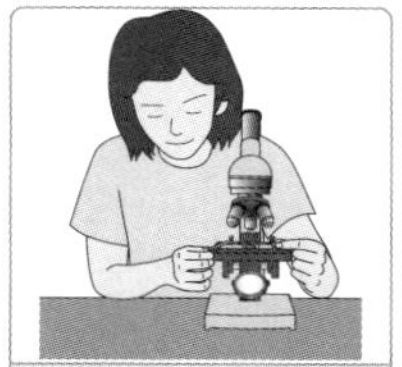

ステージの上に②［プレパラート］を置き、クリップでとめる。

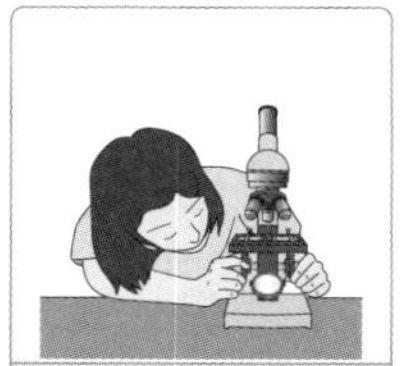

真横から見ながら、③［調節ねじ］を回し、プレパラートと対物レンズを近づける。

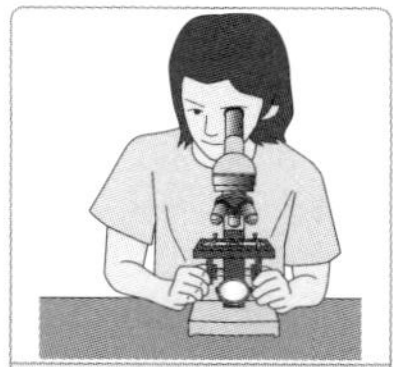

調節ねじを回して、対物レンズとプレパラートを遠ざける。はっきりと見えるところで止める。

[気体検知管の使い方]

2 気体検知管の使い方について、次の(　)のうち、正しいほうを◯で囲みましょう。

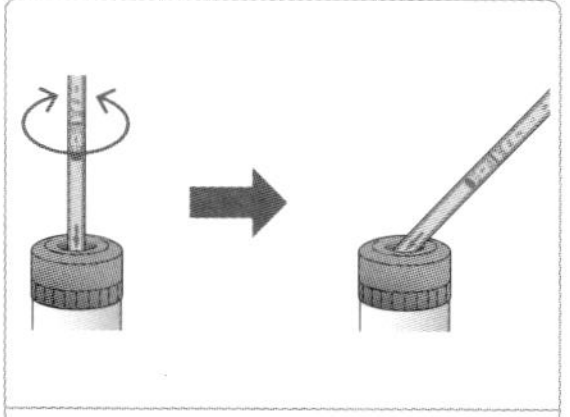

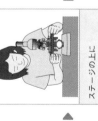

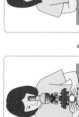

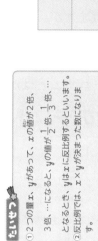

気体検知管の①(片方のはし (両はし))を折り、「G」のマークがついているほうにカバーをつける。

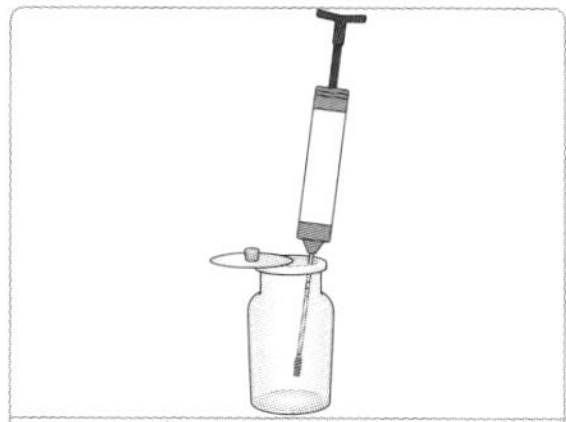

気体採取器に気体検知管をとりつけ、ハンドルを②(おして (引いて))、気体をとりこむ。

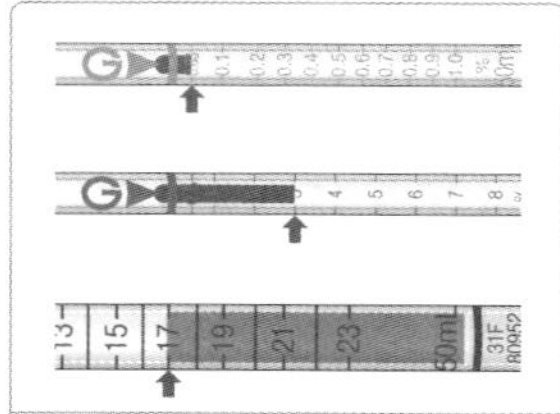

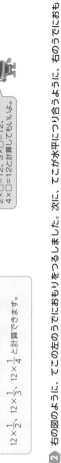

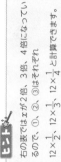

決められた時間がたったら、③((色) 温度)の変化から、体積の割合を読みとる。

[リトマス紙の使い方]

3 リトマス紙の使い方について、それぞれ正しいほうに○をつけましょう。

① リトマス紙を持つとき

㋐(　　)

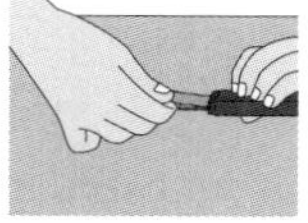

直接手で持つ。

㋑(○)

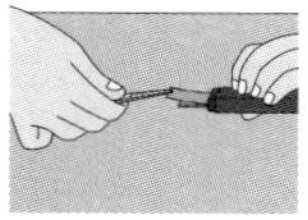

ピンセットで持つ。

② 水溶液をつけるとき

㋐(○)

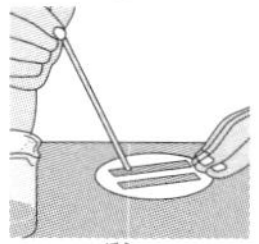

ガラス棒でつける。

㋑(　　)

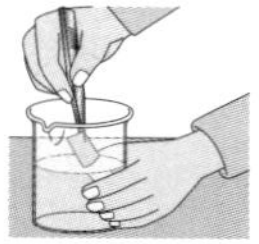

水溶液の中に入れる。

実力判定テスト かくにん! 反比例

[反比例]

1 右の表で、yがxに反比例しているとき、①～③に当てはまる数字を書きましょう。

たいせつ

① 2つの量x、yがあって、xの値が2倍、3倍、…になると、yの値が$\frac{1}{2}$倍、$\frac{1}{3}$倍、…となるとき、yはxに反比例するといいます。

② 反比例では、$x \times y$が決まった数になります。

ヒント

右の表ではxが2倍、3倍、4倍になっているので、①、②、③はそれぞれ$12 \times \frac{1}{2}$、$12 \times \frac{1}{3}$、$12 \times \frac{1}{4}$と計算できます。

x	1	2	3	4
y	12	① 6	② 4	③ 3

(2倍、3倍、4倍 / $\frac{1}{2}$倍、$\frac{1}{3}$倍、$\frac{1}{4}$倍)

$x \times y$=12になっているので、2×□=12、3×□=12、4×□=12と計算してもいいよ。

2 右の図のように、てこの左のうでにおもりをつるしました。次に、てこが水平につり合うように、右のうでにおもりをつるします。あとの問いに答えましょう。

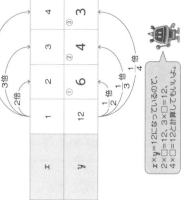

	左のうで	右のうで					
おもりの位置	3	1	2	3	4	5	6
おもりの重さ(g)	40	③ 120	④ 60	⑤ 40	30	×	⑥ 20

(2倍、3倍、6倍 / ①($\frac{1}{3}$)倍、②($\frac{1}{6}$)倍、$\frac{1}{2}$倍)

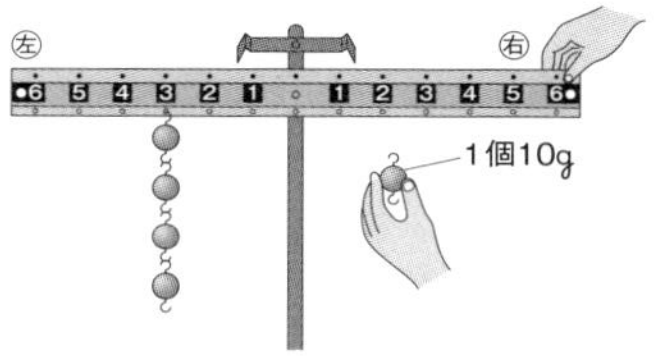

おもりの位置は、支点からのきょりを表しているよ。

(1) 左のうでで、おもりの重さ×おもりの位置は、いくつですか。　(120)

(2) ①、②の(　)に当てはまる数字を書きましょう。

(3) てこが水平につり合うとき、表の③～⑥に当てはまる数字を書きましょう。

もんだいのてびきは 32 ページ

実力判定テスト もんだいのてびき

夏休みのテスト①

[1] ろうそくは、㋑のように常に空気が入れかわると燃え続けますが、㋐のように空気が入れかわらないと火が消えてしまいます。

[4] 石灰水をふくろに入れてふったとき、㋐は、二酸化炭素がほとんどふくまれていないので、石灰水は変化しません。㋑は、二酸化炭素が多くふくまれるので、石灰水が白くにごります。

夏休みのテスト②

[2] ㋐、㋑は、葉がついているかどうかがちがうので、葉から多くの水が出ていくことがわかります。水が水蒸気となって、主に葉から空気中に出ていくことを蒸散といいます。

[3] ㋐を用意するのは、日光に当てる前の葉にでんぷんがないことを確かめるためです。㋑、㋒をヨウ素液にひたしたとき、㋑だけ色が変化するので、葉に日光が当たることででんぷんができることがわかります。

冬休みのテスト①

[1] 月は、太陽の光を反射して、光っているように見えます。太陽は月の光って見える側にあります。月の見える形は、月と太陽の位置関係によって変わります。

[3] (3)①、④は水のはたらきでできた地層にふくまれる物の特ちょうを表しています。

冬休みのテスト②

[2] 左右のうでで、てこをかたむけるはたらきが同じとき、てこは水平につり合います。左のうでで、てこをかたむけるはたらきは、
40×3＝120なので、右のうでの、てこをかたむけるはたらきが120になるようにします。

①□×2＝120　□＝60

②30×□＝120　□＝4

③□×6＝120　□＝20

学年末のテスト①

[1] (3)気体がとけている水溶液の水を蒸発させると何も残りませんが、固体がとけている水溶液の水を蒸発させると固体が残ります。㋐～㋓のうち、固体がとけているのは、㋑の食塩水です。

[3] アルミニウムにうすい塩酸を注ぐと、あわを出してとけますが、操作2で出てきた白い固体にうすい塩酸を注ぐと、あわを出さずにとけます。このことから、操作2で出てきた白い固体は、アルミニウムとは別の物だとわかります。

学年末のテスト②

[1] ご飯つぶには、でんぷんがふくまれています。でんぷんはだ液によって別の物に変化するので、㋐にはでんぷんがふくまれていますが、㋑にはでんぷんがふくまれていません。食べ物をからだに吸収されやすい養分に変えることを消化といい、だ液のように消化のはたらきをする液を消化液といいます。

[3] 砂とどろを混ぜた土を流しこむと、砂の層の上にどろの層が堆積します。2回に分けて土を流しこんだときは、1回目に堆積した層の上に、2回目の砂の層とどろの層が堆積します。

かくにん! 実験器具の使い方

[1] けんび鏡はアームをにぎって両手で運ぶ、日光が直接当たる場所ではけんび鏡を使わないなど、正しく使うようにしましょう。

かくにん! 反比例

[2] てこが水平につり合っているとき、おもりの重さは、おもりの位置に反比例していて、おもりの重さ×おもりの位置は、決まった値になります。問題の表では40×3＝120
が決まった値です。

3 2 1 0 9 8 7 6 5 4
＊ ＊ D C B A